服務業行銷與管理

Services Marketing:
An Interactive Approach, 4e

Raymond P. Fisk · Stephen J. Grove · Joby John　原著

鍾志明　譯

CENGAGE Learning

Australia · Brazil · Japan · Korea · Mexico · Singapore · Spain · United Kingdom · United States

服務業行銷與管理 / Raymond P. Fisk, Stephen J. Grove, Joby John 原著；鍾志明譯. -- 初版. -- 臺北市：新加坡商聖智學習, 2015.09
　　面；　公分
譯自：Services Marketing : An Interactive Approach, 4th ed.
　　ISBN 978-986-5632-32-8 (平裝)

1.服務業管理　2.行銷管理　3.顧客關係管理

489.1　　　　　　　　　　　　104017785

服務業行銷與管理

© 2016 年，新加坡商聖智學習亞洲私人有限公司台灣分公司著作權所有。本書所有內容，未經本公司事前書面授權，不得以任何方式（包括儲存於資料庫或任何存取系統內）作全部或局部之翻印、仿製或轉載。

© 2016 Cengage Learning Asia Pte. Ltd.

Original: Services Marketing: An Interactive Approach, 4e
　　By Raymond P. Fisk・Stephen J. Grove・Joby John
　　ISBN: 9781285057132
　　©2014 South Western, Cengage Learning
　　All rights reserved.

1 2 3 4 5 6 7 8 9 20 19 8 7 6 5

出 版 商	新加坡商聖智學習亞洲私人有限公司台灣分公司
	10349 臺北市鄭州路 87 號 9 樓之 1
	http://www.cengage.tw
	電話：(02) 2558-0569　　傳真：(02) 2558-0360
原　　著	Raymond P. Fisk・Stephen J. Grove・Joby John
譯　　著	鍾志明
總 經 銷	台灣東華書局股份有限公司
	地址：100 台北市重慶南路 1 段 147 號 3 樓
	http://www.tunghua.com.tw
	郵撥：00064813
	電話：(02) 2311-4027
	傳真：(02) 2311-6615
出版日期	西元 2015 年 9 月　　初版一刷

ISBN 978-986-5632-32-8

(15CMS0)

序　言

《服務業行銷與管理：互動式觀點，第四版》這本書將著重在服務體驗的互動本質。服務是一種特別的體驗，當服務組織與顧客面對面或遠距互動時，就產生了這種服務的體驗。本書就是從創造顧客體驗的角度來研究服務的互動本質。

前提

在全書中有兩個主題不斷重複出現："服務的劇場 (theatrical) 本質"、"科技在服務傳遞時所扮演的角色"。雖然我們從不同觀點檢視服務互動的本質，但主要的觀點在於其古老的劇場藝術形式，劇場提供了模仿人類互動的模式，服務的劇場架構 (services as theater framework) 可以讓服務情境的分析及服務行銷活動的設計都更容易。本書之前所發展的幾個章節，就是以這種劇場服務架構的觀念展開。除此以外，我們增加對現代科技角色的強調，包括在形成、促進或維持服務的互動效率等方面。由於資訊科技的驚人改變，讓服務組織可以經由人機 (person-to-machine) 或人機對人 (person-to-machine to person) 的介面，接觸與服務更大範圍的顧客。透過這種科技，即使在遙遠的小服務組織都可以服務全世界的顧客。本書將探索科技可以改善服務組織效率的各種可能途徑。

本文

如第一章最後的本書總覽，本書就是檢視服務組織所面對的服務行銷與管理議題，在章節中，我們設定了服務行銷人員所面臨的特定環境，提供他們具洞察力觀點的分析架構，以及強調科技在服務互動特質應用方面的重要性。本書的一個特色，是涵蓋了四個可以創造顧客服務之互動體驗的關鍵活動：規劃與產出服務表演、設計服務、善用人力、管理顧客組合。而在不同的章節中，我們也討論價格的動態及服務的推廣。其中，我們特別注重行銷組合如何滿足對顧客期待之互動體驗的承諾。本書的另一個特色，是涵蓋了如何傳遞與確保成功的顧客體驗，我們檢視服務的品質與保證、服務復原(recovery)與服務成敗的衡量方式。最後，我們提出了服務行銷所面臨的管理挑戰，例如發展成功的策略處理波動的需求、及服務業的全球化思維。

特色

本書依然保持了強烈的全球化觀點，包括與不同國家的服務行銷、多國籍服務廠商或是服務業的國際貿易等相關案例、圖形或軼事。為了強調服務產業在全球市場的成長，我們特別用一個章節說明全球化的服務業。更重要的，身為本書作者的我們為本書注入了全球化的觀點，因為其中一位作者生在德國並住在日本多年；另一位作者在出生後的25年都住在印度，並在印度完成學業後，赴美國攻讀博士學位。我們都在美國以外的地區旅行或演講，其中一位作者在兩次的教授休息年度時，都到美國以外的地區居住。有一位也在教授休息年度到北歐、南亞與澳洲，完成服務業的質性研究。本書第一版的前半部分是在葡萄牙的一間公寓中完成，而第四版的部分則是在芬蘭、印度與英國完成。簡言之，我們極力避免因為身為美國作者而對其他地區活動的忽視。

本書第四版在服務行銷的定義上採用了較為寬廣的觀點，不只包括了以服務為核心產品的服務行銷，也包括了可以幫助製造業行銷活動的服務。服務行銷與服務業及實體商品的製造業都有關，因為製造業的產品經常因為競爭者的模仿而逐漸成為一般的商品，所以必須透過服務的補充而強化競爭優勢。我們透過許多以良好顧客服務進行產品差異化的成功製造商案例，提出具洞察力的觀點，也討論Apple、IBM等案例，了解他們如何在所製造的產品中加入了不同層級的服務。

大學教科書的範圍通常是像百科全書一樣的廣大，但本書則採用相反的方法，不論是第幾版，我們都將服務行銷進行精簡化，我們希望讀者覺得閱讀本書是有趣的。除了精簡化,我們也努力讓本書不像傳統的教科書,盡可能透過有趣的觀察、舉例、小品文或是譬喻,讓本書能夠更活潑化。

本書五個部分的每一部分都是由說明每章目標的小品文開頭,第四版多了三個新的小品文。而每章中至少有三個說明關鍵觀念的聚焦(Spotlights),第四版中有將近三分之二的聚焦都是新的。每章最後都會附上"網際網路練習題",讓學生到網路上尋找與學習本章所提及的各種不同觀念。

目標讀者

本書主要是設計給大學的高階學生或碩士研究生使用,我們假設讀者已經從其他課程或個人經驗熟悉了行銷,所以本書不再重複介紹行銷的概念。另外,如同前面提及的,我們希望對本書有興趣的讀者包括美國以外的教師與學生。

一本精簡的教科書可以適應不同的教學型態與偏好,本書既可以當作單獨的教科書使用,也可以搭配其他的個案、論文或補充教科書。我們並不提供可以讓個案或論文,讓教師設計課程更彈性化,因為我們相信,教室的服務體驗是由教師與學生互動後的結果,每一種教師與學生的組合都會創造單一的教、學型態。本書的精簡提供教師的教學彈性,例如本書的前三版曾在大學或研究所、在職專班使用,也在健康產業行銷或運動產業行銷等不同領域中使用。

格式上的考慮

本書在格式上有幾點考慮,例如,我們偏好使用一般性的"組織"名詞,代替常用的"廠商"或"公司",因為許多的服務組織並非公司型態。此外,我們盡量避免使用"他或她",此點經常被視為性別的議題,通常會以"我們"來避免性別的問題。

目　　錄

序言
　　前提 iii
　　本文 iii
　　特色 iv
　　目標讀者 iv
　　格式上的考慮 v

第一部分　　**服務行銷的基礎** 1

第一章　　**瞭解服務行銷** 7
　　服務的定義 8
　　服務行銷與實體商品行銷有何差異？ 9
　　服務的特質 11
　　　　無形性(Intangibility) 11
　　　　不可分割性(Inseparability) 12
　　　　變動性(Variability) 12
　　　　不可保存性(Perishability) 13
　　　　租用／使用(Rental/Access) 13
　　服務的分類 14
　　　　基於服務領域的分類法 15
　　　　基於服務顧客的分類法 16
　　　　Lovelock分類法 16
　　　　服務行銷三角形 17
　　本書總覽 18

第二章	**管理顧客體驗的架構** ······················· 23
	服務體驗的組成元素 ······························· 25
	將服務體驗架構化 ································· 27
	服務行銷組合 ································· 27
	服務產品架構 ································· 29
	服務劇場架構 ································· 31
	服務體驗架構的比較 ······························· 33
	升起服務劇場的帷幕 ······························· 34
第三章	**連結資訊時代** ······························· 39
	服務與資訊時代 ··································· 40
	核心服務中的科技 ····························· 42
	將科技視為輔助的服務支持工具 ················· 42
	誘發互動式體驗 ··································· 43
	透過科技授權(Empower)員工 ··················· 44
	授權顧客 ····································· 46
	整理顧客資訊 ····································· 48
	處理服務科技的負面影響 ··························· 49
	使用科技管理顧客介面的挑戰 ······················· 50
	科技化顧客介面連結不足 ······················· 50
	改善科技的顧客介面步驟 ······················· 51
第二部分	**創造互動式體驗** ····························· 55
第四章	**規劃與產生服務表演** ························· 57
	服務表演 ··· 59
	補充基本的服務表演 ······························· 60
	服務表演的差異化 ································· 62
	客製化服務表演 ··································· 64

	編寫服務表演的劇本	67
	為服務表演製作藍圖	69
	網路與服務表演	71
	服務的情緒面	72
第五章	**設計服務設施**	75
	什麼是服務設施？	76
	設計服務設施的關鍵考慮點	77
	服務設施的使用期間	77
	做為營運工具的服務設施	78
	將服務設施當作服務識別	78
	將服務設施作為導引工具	79
	服務設施的吸引力	81
	將服務設施作為員工"家以外的家"	81
	將服務設施作為行銷工具	83
	管理有形的證明	84
	前台與後台的決策	86
	服務設施的實驗	87
	將電子服務場景作為服務設施	88
第六章	**善用人力資源**	91
	服務人員與他們的行為	93
	為何服務人員如此重要？	93
	所有的員工都一樣重要嗎？	94
	哪一個比較重要：技術技能或社交技能？	94
	確保員工達到卓越	95
	處理員工的不佳績效	98
	授權服務員工	99
	授權的效益	99

	授權的成本	100
	服務即興演出的需要	102
	服務的情緒面	103
	讓服務員工穿上戲服	104
	服務員工生產力最大化	106
第七章	**管理顧客組合**	113
	被服務的顧客與他們的行為	114
	顧客與顧客之互動	116
	顧客對服務人員之互動	117
	友善的互動	118
	不友善的互動	118
	太友善的互動	118
	選擇與訓練顧客	119
	顧客訓練的指引	120
	顧客訓練工具	122
	管理顧客的抓狂	125
第三部分	**互動式服務體驗之承諾**	133
第八章	**服務之定價**	137
	為什麼服務價格會變動？	139
	服務的產出管理	140
	定價目標與方法	142
	服務價格與價值的關係	143
	計算服務成本	144
	組合式定價	147
	其他的定價考慮因素	150

第九章	**互動式服務體驗之推廣** ⋯⋯⋯⋯⋯⋯⋯⋯⋯ 155
	服務與整合行銷溝通 ⋯⋯⋯⋯⋯⋯⋯⋯⋯⋯⋯ 156
	行銷溝通與服務 ⋯⋯⋯⋯⋯⋯⋯⋯⋯⋯⋯⋯⋯ 157
	推廣組合 ⋯⋯⋯⋯⋯⋯⋯⋯⋯⋯⋯⋯⋯⋯⋯⋯ 159
	廣告 ⋯⋯⋯⋯⋯⋯⋯⋯⋯⋯⋯⋯⋯⋯⋯⋯ 160
	促銷 ⋯⋯⋯⋯⋯⋯⋯⋯⋯⋯⋯⋯⋯⋯⋯⋯ 160
	人員銷售 ⋯⋯⋯⋯⋯⋯⋯⋯⋯⋯⋯⋯⋯⋯ 161
	宣傳與公關 ⋯⋯⋯⋯⋯⋯⋯⋯⋯⋯⋯⋯⋯ 161
	為服務做廣告 ⋯⋯⋯⋯⋯⋯⋯⋯⋯⋯⋯⋯⋯⋯ 162
	廣告目標 ⋯⋯⋯⋯⋯⋯⋯⋯⋯⋯⋯⋯⋯⋯ 162
	服務廣告的指引 ⋯⋯⋯⋯⋯⋯⋯⋯⋯⋯⋯ 163
	強化服務廣告的鮮活度 ⋯⋯⋯⋯⋯⋯⋯⋯ 167
	促銷與服務 ⋯⋯⋯⋯⋯⋯⋯⋯⋯⋯⋯⋯⋯⋯⋯ 168
	人員銷售與服務 ⋯⋯⋯⋯⋯⋯⋯⋯⋯⋯⋯⋯⋯ 170
	宣傳與服務 ⋯⋯⋯⋯⋯⋯⋯⋯⋯⋯⋯⋯⋯⋯⋯ 171
	在網路上推廣服務 ⋯⋯⋯⋯⋯⋯⋯⋯⋯⋯⋯⋯ 172
第四部分	**傳遞並確保成功的顧客經驗** ⋯⋯⋯⋯⋯⋯⋯ 177
第十章	**藉由服務品質創造顧客忠誠度** ⋯⋯⋯⋯⋯⋯ 181
	什麼是服務品質？ ⋯⋯⋯⋯⋯⋯⋯⋯⋯⋯⋯⋯ 184
	顧客如何評估服務品質 ⋯⋯⋯⋯⋯⋯⋯⋯⋯⋯ 188
	為何以及何時給予服務保證 ⋯⋯⋯⋯⋯⋯⋯⋯ 193
	什麼造就了非凡的服務保證 ⋯⋯⋯⋯⋯⋯⋯⋯ 194
	如何設計服務保證 ⋯⋯⋯⋯⋯⋯⋯⋯⋯⋯⋯⋯ 194
第十一章	**透過顧客服務與服務補救重新獲得顧客信心** ⋯ 199
	顧客服務 ⋯⋯⋯⋯⋯⋯⋯⋯⋯⋯⋯⋯⋯⋯⋯⋯ 200
	將顧客服務視為一種策略功能 ⋯⋯⋯⋯⋯⋯⋯ 200

　　　　客服單位成為訊息中心 201
　　　　客戶服務可做為改進服務的來源 201
　　　　客戶服務是增進顧客關係的機會 201
　　發展顧客服務文化 202
　　服務補救的需求 204
　　　　流失顧客的高成本 204
　　　　何時需要服務補救？ 206
　　　　辨別補救需求的其他方式 208
　　服務補救的步驟 209
　　　　道歉 209
　　　　立即改善 209
　　　　引發同理心 210
　　　　象徵性贖罪 210
　　　　後續追蹤 211
　　服務補救的隱藏利益 212

第十二章　研究服務的成功與失敗 215

　　為何需要研究服務的成功與失敗？ 216
　　為何成功的服務難以達成？ 217
　　服務的研究方法 217
　　　　觀察技巧 218
　　　　神祕顧客 221
　　　　員工報告 221
　　　　調查／市調 221
　　　　焦點團體 225
　　　　實驗性現場測試 225
　　　　關鍵事件技術 226
　　　　關鍵時刻的影響分析 226
　　　　建立服務品質資訊系統 228

	評量甚麼？	229
	如何使用資訊	229
第五部分	**服務行銷的管理議題**	**233**
第十三章	**發展服務的行銷策略**	**237**
	服務組織的行銷策略概況	237
	掃描環境	239
	經濟和競爭的環境	242
	道德與法律環境	243
	社會、文化和人口環境	245
	科技環境	245
	規劃服務行銷策略	246
	規劃策略	246
	設計策略	247
	執行策略	248
	控制策略	248
	定位和服務區隔	249
	行銷組合策略	250
	服務的策略挑戰	251
	領導	251
	員工	252
	顧客	253
	表演	254
	需求	254
	設施	254
	服務品質	255
	獲得競爭優勢的服務策略	255
	超越你的競爭對手	256

	將表演戲劇化	256
	建立關係	257
	利用科技	257
	讓你的服務傳遞變成爵士樂	257
第十四章	**處理服務的波動需求**	261
	為什麼服務需求會造成問題呢？	262
	服務需求的本質	263
	服務產能追逐需求	266
	平穩需求以滿足服務產能	269
	最大產能與最佳產能的比較	273
第十五章	**全球化思維："這個世界很小"**	277
	服務與文化	279
	文化的自然取向	280
	文化的活動取向	280
	文化的時間取向	280
	文化的他人取向	280
	全球化的服務貿易	281
	境外服務輸出：將服務提供者送到國外市場	283
	境內服務輸出：帶國外客戶到自己的國家服務	283
	遠端服務輸出：以電子方式向外國市場提供服務	283
	全球服務市場的進入策略	285
	直接投資國外	285
	加盟	285
	合資企業	285
	全球化服務的標準化與適應化	286
	標準化	288
	適應化	289

	多語言的服務系統	290
	科技和全球化服務	291
附錄	服務業的職涯	295
	服務業的職涯選擇	295
	健康照護產業	295
	金融服務	295
	專業服務	295
	知識服務	295
	旅行與觀光業	296
	娛樂服務	296
	資訊服務	296
	支持服務	296
	個人與維修服務	297
	政府、準政府與非營利產業	297
	職涯搜尋程序	297
	服務職涯市場的趨勢	299
	需求評估	299
	你的個人目標	300
	技能評估	300
	競爭定位	300
	目標雇主	301
	推廣你自己	301
	持續追蹤	301

索引　　303

第一部分

服務行銷的基礎

　　第一部分的章節主要說明服務行銷的基礎。第一章介紹行銷服務的觀點,並討論服務的定義,同時也說明服務行銷與實體產品行銷的差異、服務的特質及服務的分類。第二章檢視幾種瞭解服務體驗的架構,包括服務行銷組合、服務產品(servuction)、服務劇場的架構。第三章檢視資訊科技在服務體驗方面的影響,包括透過科技授權員工與授權顧客的內涵,同時也討論強化互動式體驗、獲取顧客資訊及管理顧客介面的科技議題。

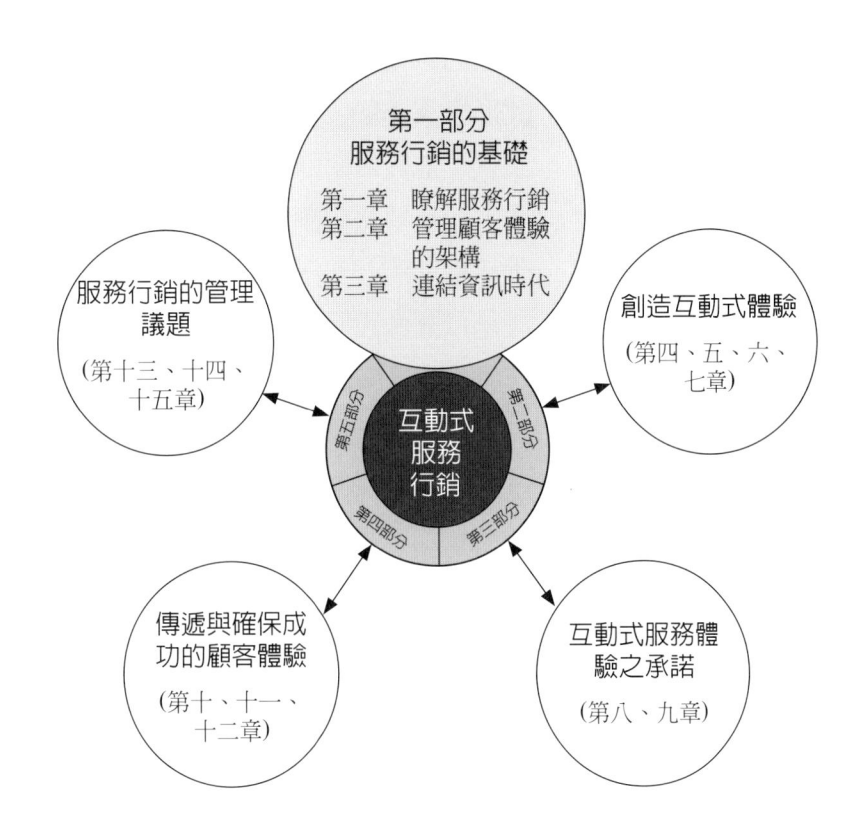

第一部分 服務行銷的基礎
- 第一章　瞭解服務行銷
- 第二章　管理顧客體驗的架構
- 第三章　連結資訊時代

服務行銷的管理議題（第十三、十四、十五章）

創造互動式體驗（第四、五、六、七章）

傳遞與確保成功的顧客體驗（第十、十一、十二章）

互動式服務體驗之承諾（第八、九章）

中心：互動式服務行銷

第一章
瞭解服務行銷

服務的定義
服務行銷與實體商品行銷有何差異？
服務的特質
服務的分類
本書總覽

第二章
管理顧客體驗的架構

服務體驗的組成元素
服務體驗架構化
服務體驗架構的比較
升起服務劇場的帷幕

第三章
連結資訊時代

服務與資訊時代
透過科技授權員工
授權顧客
促進互動式體驗
取得顧客資訊
處理服務科技的負面影響
使用科技管理顧客介面的挑戰

Source: Apple (2011), "Let's Talk iPhone," Apple Special Event, October 4, 2011.

Apple 設計優雅的服務體驗

Apple 以設計優雅的消費性電子產品聞名，但其實它在設計優雅的服務體驗方面也不遑多讓。史蒂夫·賈伯斯 (Steve Jobs) 與史蒂夫·沃茲尼克 (Steve Wozniak) 在1976年創辦了蘋果公司 (Apple Computer)，他們第一個知名的產品就是蘋果二號，但 Apple 達到第一個高峰則是來自於1984年麥金塔電腦 (Macintosh，簡稱 Mac) 的超成功行銷戰役 (http://www.youtube.com/watch?v=OYecfV3ubP8)。從1984年起，Apple 就以獨特的創新設計成為傳奇，但這條路上並不是沒有巨大的挑戰。

Mac 是1984年功能最強大的個人電腦，但賈伯斯在1985年被逐出 Apple 公司，在他被逐出後，Apple 因為犯了許多錯誤而失去方向，他們只對 Mac 做了一些審慎的改良。在十年內，微軟 (Microsoft) 以 Windows 95 追上 Apple 在 Mac 軟體方面的創新 (圖形化的使用者介面)。

Apple 在1997年幾乎破產，所以他們迎回了賈伯斯，當時知名的戴爾 (Dell) 電腦創辦人麥克·戴爾 (Michael Dell) 曾如此形容 Apple："他們應該做甚麼？應該關掉公司並把錢還給股東。"當賈伯斯回歸後不久，提出："Apple 的解藥不是降低成本，而是要藉由創新脫離現在的困境。"賈伯斯開始提出數位生活型態的想法，這是 Apple 創新的第一個訊號，過去 Apple 就是以圖像設計聞名，但為數位生活型態而設計的決策，讓公司將設計更深化與廣化。

在賈伯斯回歸後，他們透過積極且連續的創新，推出了一系列創新的經典設計：iMac、iPod、iPhone 與 iPad。每一個新產品比前一個產品獲得更大量的媒體關注，但卻很少人了解 Apple 如何透過服務的延伸以支持他們的軟體與硬體。Apple 的第一個主要服務就是它的網站，今天 Apple 網站提供了延伸的產品資訊、採購系統與支援服務。

Apple 在2001年開啟了第二個主要的服務—專賣店，但當時許多人都嘲笑這個決定，因為許多個人電腦公司所開設的專賣店都已失敗，但 Apple 卻看到專賣店可以充分展示他們獨特性產品的市場機會，現在 Apple 在全球已開設超過 360 間的專賣店，並創造驚人的坪效。更重要的是，這些專賣店提供顧客與潛在顧客體驗與把玩 Apple 產品的機會，他們也透過"天才吧檯 (Genius Bar)"提供許多額外的服務。

在 2001 年以前，Apple 像其他公司一樣提供了線上與線下 (bricks and clicks) 的商業模式，之後就開始了讓競爭者大吃一驚的產品－服務創新循環。

第一支 iPod 在 2001 年上市，它只是一支可以播放 MP3 檔案的簡單裝置，當時許多公司推出的產品功能更強大，但 iPod 以其簡單且直覺式的設計而勝出。Apple 的第三個主要服務—iTunes 商店在 2003 年推出，提供顧客購買與下載數位音樂到 iPod 或個人電腦。最初，音樂只能下載到 Apple 的 Mac 電腦，每首只要九十九分美元，但很快的，iTunes 的服務就擴及 Windows 電腦的使用者。

iPhone 在 2007 年 1 月上市，一上市就獲得誇張的成功。iPhone 最主要的創新在於落實最自然的人機使用介面—接觸式介面 (touch interfaces)，Apple 也認為 iPhone 要成功，公司應該改名為 Apple 公司 (去除掉"電腦")，所以在 iPhone 上市的同一天宣布改名。

在第一支 iPhone 上市後一年，因為由獨立軟體開發人員為 iPhone 設計的數以千計應用程式已產生，App 商店 (the App-store) 在 2008 年以 iTunes 的服務項目面市。現在 App 商店已有超過 500,000 支的應用程式，價格範圍從免費到十元美金。Apple 宣稱在 2011 年 10 月前，應用程式的下載量已超過 180 億次，每月下載量已超過十億次。Apple 收取 30% 的應用程式費用，70% 分給開發者，在 2011 年 10 月前，收取的費用已超過三十億美金 (Apple 2011)。

iPad 在 2010 年上市獲得更大的注目，為 iPad 所設計的新應用程式很快就出現，但這只是開始，Apple 在 2011 年夏天推出了 iCloud 服務。iCloud 服務的前身是 Apple 的 MobileMe 雲端服務，任務是支援顧客與產品，但這個服務因為有許多問題而失敗。許多顧客認為 MobileMe 雲端服務的收費太高，而且仍有許多信賴度與連結度的嚴重問題。

Apple 的 iCloud 服務代表該公司對整體產品與服務生態系統的反省，在 iCloud 服務之前，必須要有一台個人電腦 (無論是 Apple 的 Mac 或 Windows) 支援或同步任何 Apple 作業系統 (iOS) 的裝置。但現在，iCloud 支援擁有許多 Apple 產品之顧客所需要的服務。如同賈伯斯所說，有了 iCloud，不管是 Mac、iPod、iPhone 或 iPad，這些都只是被 iCloud 所服務的裝置。由於 iCloud 服務是免費的，Apple 相信 iCloud 將成為 Apple 體驗的中心。

在商業界，通常會討論水平或垂直的整合策略，Apple 在此點也一如往常地提出另類思考 (think different)。Apple 藉由連結產品 (如 Mac、iPod、iPhone 或 iPad) 與軟體或服務 (如 OSX 軟體、iOS 軟體、iTunes、App 商店與 Mac App 商店) 的體驗，打造使用者體驗的整合策略。當然，這些體驗也會連結到 Apple 的網站商城及專賣店。Apple 的體驗整合讓顧客可以在這些服務系統間，以近乎無縫接軌的方式遨遊與瀏覽。Apple 的這種整合方法被稱為生態策略，如果要與 Apple 競爭，競爭者也必須像 Apple 一樣，將其所提供的硬體、軟體與服務整合成一個生態系統，以服務或支援他們的顧客。

在十年內或更長的時間之內，相信很少有公司可以像 Apple 一樣，將自己轉型得這麼成功。賈伯斯在 2004 年初發現得到胰臟癌，所以不得不在 2011 年 8 月 24 日辭去 CEO，並於 2011 年 10 月 5 日過世。在無數的悼詞中最常提及的就是：賈伯斯是改變數百萬人生活型態的創新者。美國總統歐巴馬說："對賈伯斯的成功最好的稱讚莫過於，這世界是透過他發明的裝置得知他的一生"。

當提姆‧庫克 [Tim Cook (Apple 的新 CEO)] 在 iPhone 4 發表會 (賈伯斯過世的前一天) 時，他用下列的一段話結束他的發表："當你想到 iPhone 4S 時，你會發現只有 Apple 可以做出如此令人驚喜的軟體、硬體與服務，並將它們整合成為威力強大的體驗。" (Apple 2011)。

Apple 現在是最大且最具科技成熟度的消費者服務公司之一，Apple 被《財富雜誌》(*Fortune* magazine) 選為 2012 年世界最被尊崇的品牌，2012 年也多次在公司市場價值排名世界第一。如果 Apple 可以持續賈伯斯的創意精神與兇猛無比的創新腳步，這個由 Apple 創造的、瘋狂偉大的 (insanely great) 服務生態系統將仍會不斷成長。

第一章
瞭解服務行銷

例如 Apple 的個案，服務可以是非常複雜、科技化、具挑戰性，而且服務非常重要。Apple 提供顧客許多科技化的服務，所以如果你要行銷類似 Apple 的服務，你可以想像將會面臨許多的挑戰與機會。本章介紹服務行銷者會面對的獨特情境，建立行銷服務時對不同方法的需求，並說明本書的大綱。本章有四個具體的目標：

- 檢視服務的本質
- 區別服務行銷與實體商品行銷或其輔助 (facilitating) 行銷的差異
- 解釋所有服務的特質
- 說明服務的分類

服務已是世界上已開發國家的主要經濟活動，許多國家如美國、德國、日本與英國等，最主要的勞力都投入在服務產

圖 1.1　服務經濟

聚焦 1.1
在人類歷史中的服務

人類在地球上已將近 250,000 年，遠比二十一世紀學者開始注意到服務經濟時還早，許多型態的服務活動早就已成為人類文化與文明的基礎。服務是為人而執行，也就是說服務活動被置入於社會學者所描述的五種人類文明基礎的社會機制：家庭、教育、政府、經濟與宗教 (Popenoe 1980)，大部分的服務分類法都會將政府、教育與宗教視為服務 (Fisk, Grove and John 2008)。另外，雖然經濟有包含農業與製造，但一些工具性的服務如金融、交通與通訊，對人類文明的成長都非常重要。最後，家庭除了是人類文化的生物或社會單元的基本，家庭也是基本的服務單元。服務牽涉到人類的關係與互動，這些關係與互動是來自於家庭機制內的學習。總而言之，五種基本社會機制中所執行的服務，是人類文化與文明演化的必要要素。

Source:Fisk, Raymond P. and Stephen J. Grove (2010), "The Evolution and Future of Service: Building and Broadening a Multidisciplinary Field," in *Handbook of Service Science*, Paul P. Maglio, Cheryl A. Kieliszewski and James C. Spohrer, eds., New York: Springer, 641–661, with kind permission from Springer Science+Business Media B.V.

業。在大多數的國家中，服務活動已取代製造，成為經濟成長與國際貿易的主要動力 [美國 GDP 中的服務活動比例為 76.8% (The CIA World Factbook 2011)]（如圖 1.1 描述服務活動在人類歷史中的重要角色）。簡言之，服務是經濟的命脈，也是學習服務行銷的學生主要工作機會來源。

服務的定義

> **服務**是"一種行為、演出、努力)"(Rathmell 1966)

服務幾乎可以是任何的人類活動，本書中使用了一個古老但萬用的定義，**服務** (service) 是 "一種行為 (deed)、演出 (performance)、努力 (effort)" (Rathmell 1966)。注意，服務不是東西，雖然服務在演出時常需要依賴實體的東西。例如，服務不是一瓶可樂，但一瓶可樂可以被服務給你。搭乘出租車是一種服務，但出租車本身不是服務。iPhone 不是服務，但它提供大量服務的連結。你可能會說，服務不會砸你的腳、存在盒子裡或是遺忘在抽屜中。

- 在辦公大樓前賣熱狗的推車小販是提供服務，這些賣熱狗的人可能是獨立的企業家，因為他們會為所提供的服務作所有關鍵行銷決策，或者他們也有可能是為一家私人公司做兼差服務的大學學生。不論是企業家或兼差學生，他們所提供的服務是每天生活中的一部分。
- 服務也可以是一種高風險的油田服務，例如由 Red Adair 公司 (http://redadair.com) 提供的服務。當世界上任何一個油田發生火災時，來自 Boots and Coots 公司 (http://www.boot-sandcoots.com/) 的一組油田消防員就會衝到火場，並且很快地組合滅火方案將火撲滅。就不同的火勢，撲滅的時間可能從幾分鐘到幾個月，像這種油田消防員的高風險工作很少是例行性而不變的。

在推車小販的例子中，大部分個人消費者所體驗的服務屬於此種類型，稱為消費者服務。事實上，在我們生活中有許多類似的服務，只是我們很少去想到它們，除非它們在執行上產生了問題。高風險的油田消防服務，則是數以千計的企業對企業 (B to B) 服務的一種。

服務行銷與實體商品行銷有何差異？

在服務行銷領域發展之前，大家都相信行銷觀念與策略在所有商品與情境都適用且相同，早期的服務學者質疑這種假設，在 1980 年代挑起了激烈的爭論 (Berry and Parasuraman 1993; Fisk, Brown, and Bitner 1993)。在定義服務行銷與實體商品行銷有何差異的過程中，這些早期的學者催生了服務行銷領域。Lynn Shostack 提出，從無形主導之服務到有形主導之實體商品的連續帶 (Shostack 1977) 區分實體商品與服務 (圖 1.2)。

有些服務可能存在有形的一面，有些實體商品也可能包括無形的一面，在連續帶的一端是純服務，另一端則是純商品。雖然很難說有純服務或純商品存在，但像諮詢服務與食鹽可能就清楚地落在連續帶的兩端。根據 Shostack 所言，一個產品的有形與無形比例決定了行銷的主體是產品或服務。

圖 1.2 有形性程度

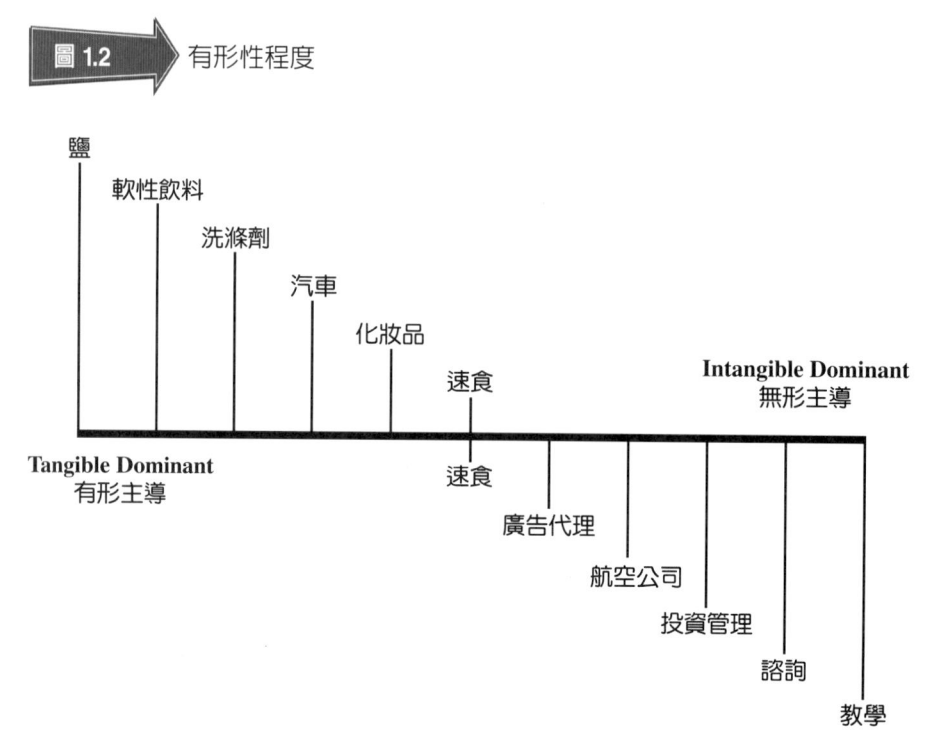

```
鹽
軟性飲料
洗滌劑
汽車
化妝品
速食
                                            Intangible Dominant
                                            無形主導
                              速食
Tangible Dominant             廣告代理
有形主導                         航空公司
                                 投資管理
                                     諮詢
                                         教學
```

Source: G. Lynn Shostack (1977), "Breaking Free from Product Marketing," *Journal of Marketing*, 41 (April), 73–80. Reprinted by permission from the American Marketing Association.

　　早期對服務行銷與實體商品行銷的爭論，通常會鼓勵人們以二分法去思考服務或實體商品。說實話，這種二分法並不正確。製造產品如割草機或汽車也都會產生售後服務，其他的實體耐久型產品如個人電腦、影印機、家電用品也都有保固期的服務，這些保固期與售後服務代表了對有形產品的補充服務 (supplementary services)。即使是對非耐久型商品與消費性產品如包裝食品，也經常擁有顧客服務的元素。的確，大多數的企業對企業服務都包含了大量的補充服務，我們將在第四章更詳細討論補充服務。

　　最近，服務行銷領域的成長與成功帶來了新的爭論，Vargo 與 Lusch (2004a) 的得獎論文中主張，顧客中心的服務導向現在已成為行銷的主導。擴大來說，這篇論文宣示了服務行銷思維對整個行銷領域的成功影響力。此後，服務行銷不只是與服務產出者有關，也與實體商品製造商有關，許多成功的製造商藉由卓越的顧客服務提供產品的差異化，這也就是 Apple 在專賣店、iTunes、iCloud 上成功的精髓。

服務的特質

服務與實體商品相比，通常有幾個不同的特質。最容易被辨別的是"**無形性** (intangibility)"，其他則是"**不可分割性** (produced and consumed simultaneously)"、"**變動性** (variable)"與"**不可保存性** (perishable)"，我們會使用這四個特質說明典型的服務與實體商品不同之處。最近這四個特質招來了一些實質的批評，Lovelock 與 Gummesson (2004)、Vargo 與 Lusch (2004) 都認為這四個特質有一些缺點，因為它們並不適用於所有服務。Lovelock 與 Gummesson (2004) 提出了一個新的特質："**租用／使用** (rental/access)"，我們將在討論中補充說明。

無形性 (Intangibility)

服務的定義經常是基於無形性這個明顯的特點，大部分的服務是無法被看到、碰觸、持有或放在架上，因為它們缺乏實體的形式或存在。但服務不只是一種無形的產品，無形性不是一個形容詞，而是一種存在的狀態。顧客不能購買一個"體驗 (如娛樂)"、"時間"或"程序 (如烘乾)"的實體擁有權，這個無形性的本質讓顧客無法在使用前檢視服務。

> **無形性**—大部分的服務是無法被看到、碰觸、持有或放在架上。

相對於購買實體商品，顧客在購買服務前會感到比較高的風險。行銷人員對此的反應是採用可以減少顧客認知風險的戰術，例如專業服務的提供者如醫師、律師、會計師或建築師，會藉由展示學歷與執 (證) 照降低顧客的認知風險，室內裝修設計師或髮型設計師會藉由展示以前作品的圖片，將無形的服務程序變成看得到的結果。同樣地，度假飯店、旅館、娛樂場所、遊樂園在行銷文件上增加設施的照片，以增加服務的有形性。所有這些戰術都是用來提高顧客對無形服務的評價。

不可分割性 (Inseparability)

> **不可分割性**—對大部分的服務而言，服務的生產與消費是同時發生的。

對大部分的服務而言，服務的生產與消費是同時發生的。不可分割性的特質是本書所著重的互動性主要來源，因為當服務發生時，顧客與服務者的互動一定會出現。顧客經常存在於服務者的實體環境，在許多例子中（如旅館、醫院、航空公司等），顧客必須到服務產生的場所。顧客經常成為服務提供時的共同產出者，經由資訊的提供與某些特別任務的執行，顧客創造了他所消費的產品。例如病人去看醫生或是客人到髮廊做髮型，這兩個例子都顯示出，服務的產品是否良好，部分決定於客人的合作或是客人在服務生產過程中的指示、參與程度。

這種消費者在接受服務時身處服務工廠（或場所）、或稱消費者是服務的共同生產者的事實，擴大了服務組織的行銷活動範圍。比起製造產品，生產與消費的同步性產生更多的消費者接觸，服務行銷者必須管理顧客在服務中的角色，以確保服務傳遞的效果與效率。例如學生所收到的課程大綱，是教授用來設定期望、行為規則、學習目標、閱讀書籍、課堂作業及繳交期限的一種方法，而這項課程大綱對課堂的服務是否有效，跟這位學生被服務的共同生產者有必要的關係，課程大綱是教授用來管理學生在課堂服務中所扮演角色的幾種方法之一。

生產與消費的同步性也讓服務很難脫離服務提供者，例如喜劇演員（娛樂）、大學教授（教育）、醫師（醫療診斷）或律師（法律諮詢），我們很難區分服務者本身與所提供的服務。在這些例子中，這些滿足服務角色的人本身就是服務，實際上，顧客購買的服務就是這些個人的技能。

變動性 (Variability)

在服務領域中，要保持服務的一致性品質是很困難的。不像實體的產品，服務經常仰賴人們的執行，所以會因為工作者及顧客而改變，也有可能每次執行品質與上一次不同。而且，因為服務的消費與生產是在同一時間，所以不太可能有機會在提供服務給顧客前就進行瑕疵的修正。換言之，服務的變動性特質讓服務機構難於標準化服務品質，因此，服務組織天生就必須面對許多品質控制的問題。服務組織必須設計他們的服務傳遞系統，雇用及訓練人員以促進與顧客正面的互動，監督與調整服務的執行，才能適應服務的這項特質。即使如此，服務犯錯的機會仍經常存在，因為服務是活的（會變動的）。今日的專業服務提供者（不論是建築師、律師事務所或金融顧問），必須了解顧客技巧的重要性，這些重要性過去在大部分的服務職能都已強調，例如銀行櫃員、醫院掛號處的護士或飯店的櫃台人員。好的服務組織會將顧客技巧納入員工訓練、評估與獎酬之中。

> **變動性**—服務機構難於標準化他們的服務品質。

不可保存性 (Perishability)

大部分的服務是不可保存的，也就是說，它們無法在被消費前就生產與儲存，它們只存在於被生產之時，有些服務的產能若無法在服務產生時被使用，就會失去賺錢的機會，例如空的飛機座位或旅館的床位都是很好的例子。這個特質就是服務行銷者之所以要面對供需問題的主要原因，服務行銷者經常將行銷重點放在管理需求，價格促銷被使用於改變服務的需求，例如高爾夫球課程、滑雪場、影城、酒吧與飯店。另外一種方法是採用服務的訂位與預約系統，例如美髮、牙醫治療、不動產與法律服務等。一旦服務行銷者學習到如何預測服務顧客所需的產能，他們可以運用訂位與預約系統去平衡顧客到達時間與需求型態的波動。

> **不可保存性**—大部分的服務們無法在被消費前生產與儲存，它們只存在於被生產之時。

租用／使用 (Rental/Access)

不像實體產品，服務無法進行所有權的轉移，但服務提供了短暫的擁有或使用而取代所有權。服務行銷者租用各種實體產品，這些實

> **租用／使用**—服務提供了短暫的擁有或使用取代所有權。

體產品可以提供短暫的擁有。例如對顧客而言，租車、租屋、租家具或租其他物品，往往能產生財務上的吸引力，服務組織以各種不同費用讓顧客使用他們所提供之服務的價值，這些費用通常會視使用時間的不同而有差異，例如紐奧良地區旅館的房價在狂歡節日的收費是全年最高的，高爾夫球的果嶺費也是週末較高。

服務在這五種特質(傳統的四個加上租用／使用)上的程度並不相同，有些服務在某些特質相同，但在其他特質則有差異。因此，可能需要將服務分成不同的類型，有相似特質的服務可以嘗試相似的行銷策略與戰術，例如聚焦1.2描述此種現象。

服務的分類

將服務分類的挑戰就像為地球上的生活型態分類一樣，因為這兩個情況都有無限的多樣性而讓分類變成困難，特別是很少有服務分類

聚焦 1.2
讓你和你的寵物獲得心安

Veterinary Pet Insurance (VPI)(http:www.petinsurance.com)是美國最老也是最大的寵物醫療保險公司，由一位獸醫 Jack L. Stephens在1980年成立，現在VPI提供安心服務給五十州與哥倫比亞地區的寵物主人，一個大型的美國保險公司—Nationwide Insurance在2008年購併了VPI。VPI的使命宣言是"我們讓寵物主人與獸醫共同為寵物做出最佳的醫療決策"，為了此目的，VPI已經發出一百萬張以上的保險單，以保護狗、貓、小鳥及其他來自異國的寵物，這些保險單覆蓋超過6,400個醫療的問題與狀況，包括意外與疾病，你也可以為日常及預防的照護購買保險。購買VPI保險單的寵物主人可以到世界上任何一個簽約的獸醫或動物醫院看病，保險會為其所覆蓋的醫療問題支付行政費用、開處方、治療、檢驗、X光、手術及住院等費用。不論你的寵物面臨的是小問題，還是威脅生命的大問題，VPI讓必要的高科技治療或照護成為可負擔的服務，以減少因為無法負擔醫藥費而讓寵物安樂死的風險。

Source: Veterinary Pet Insurance (2011), http://www.petinsurance.com/ (accessed September 7).

可以通過科學上完全互斥的分類來檢驗。在此介紹四種分類法：基於服務領域的分類法、基於服務顧客的分類法、Lovelock 分類法以及服務行銷三角形。

基於服務領域的分類法

Fisk 與 Tansuhaj (1985) 將服務組織分成十個大類，我們修改這些分類並以特定產業為例說明如下：

- 健康服務：醫院、診所、健康管理組織、醫生。
- 金融服務：銀行、保險公司、經紀人。
- 專業服務：會計、法律事務所、不動產、廣告、建築公司、工程、營造、諮詢。
- 知識服務：(教育)學校、家教、研究所、高職、大專學院、大學、員工訓練；(研究)資訊管理服務、研究公司、資訊服務與圖書館。
- 旅遊與住宿服務：旅館、飯店、航空公司與旅行社。
- 娛樂服務：(運動)賽車、自行車比賽、棒球賽、籃球賽、足球賽、冰上曲棍球賽、奧林匹克比賽；(藝術)芭蕾舞、歌劇、劇院；(娛樂)搖滾音樂會、馬戲團、怪物卡車拉力賽。
- 資訊服務：廣播、電視、有線電視、電話、衛星、電腦網路、網際網路服務。
- 供應服務：(通路)零售、批發、加盟與代理(聚焦 1.3 的案例說明線上專賣店 Zappos 如何提供鞋子與超棒的服務)；(實體配銷)運送與配送；(租賃)戲服租用、租車、營造機具租用；(公用事業)電力、瓦斯、水、汙水；及其他供應組織。
- 個人與維護服務：(個人)求職、髮型設計、復健、殯葬、家政服務；(維護)汽車維修、水管維修服務、草坪維護服務。
- 政府、準政府、非營利服務：(政府)中央政府、州政府、地方政府、公用事業、警察服務；(準政府)社會行銷、政治行銷、甚至郵政服務，美國郵政服務部分是獨立的代理機構；(非營利)宗

聚焦 1.3
Zappos：顧客服務的冠軍

　　Zappos (http://zappos.com) 在 1999 年以網路鞋子專賣店成立，但很快地就不只銷售鞋子，它用了十年多的時間成為顧客服務的冠軍，在 1999 年的營業額是美金 160 萬元，但在 2008 年已成長至美金十億元。Zappos 的執行長謝家華 (Tony Hsieh) 相信，他們的成功主要是專注在顧客幸福〔謝執行長最近的一本書就是《傳遞幸福》(Delivering Happiness)〕。根據 Zappos 所說：＂我們對卓越顧客服務的堅持，讓我們可以延伸產品到手提包、衣服或其他更多的東西。＂他們的顧客服務哲學包括免費寄送與長達一年有效的免費退貨，不像其他公司，客服人員在答覆顧客時不會被計算時間，他們被允許可以讓顧客暢所欲言。

Source: Shinn, Sharon (2010), "Entrepreneurial Sole," *BizEd*, 9(5), 18–25; Whitby, Bob (2011), "Corporate Culture Shock," *American Way*, August 1, 40–44; Zappos (2011), http://zappos.com/ (accessed September 8).

教、慈善機構、博物館、社團等[*]。

基於服務顧客的分類法

　　服務可以依所服務的顧客進行分類，主要分成兩種顧客型態。消費者服務提供給為自己需求而購買的顧客，這一類型的服務活動在許多地方都能清楚看到：銀行、學校、教堂、醫院、雜貨店、飯店等。企業對企業的服務則是提供給為組織需求而購買的顧客，許多服務組織提供企業基本與必要的服務，包括專業服務、運輸、電訊廠商等，企業對企業的服務通常不易在公共場合見到。

Lovelock 分類法

　　Christopher H. Lovelock (1983) 在一篇得獎論文中提出，有五種可以分類服務的不同方式：服務的本質、與顧客的關係、客製化程度、需求波動程度、服務傳遞的方法。Lovelock 的第一個分類法是著重在＂服務是給人或物＂、＂服務行動的本質是有形還是無形＂，結果會成

---

[*] 在這種服務分類中的十個類別幾乎是互斥的，但政府、準政府與非營利服務的分類可能與其他類別重疊。雖然如此，此分類依然被保留，因為這些組織得運作與追求營利之組織相當不同。

為一個四分類的表格如表1.1。對人的身體提供的有形服務包括健康、旅館與航空等的服務，對人的心靈提供的無形服務包括教育、廣告與娛樂等服務。對實體物品的有形服務包括洗衣／乾洗、家電維修、園藝等服務，對無形資產的無形服務包括會計、銀行、保險等服務。在同一分類的服務會面臨相似的問題，並可能提供解決方法給同一分類的其他服務廠商。例如落在對人的有形服務分類通常會涉及與顧客面對面的互動，並經常發生在服務提供者控制的環境中，而為了適應這種環境所帶來的特定挑戰，例如旅館就可能向醫院學習，髮廊可能向飯店學習。

服務行銷三角形

服務行銷的三角形分類首先由 Grönroos (1990) 提出，之後由

表 1.1　Lovelock 的分類

服務行動的本質	服務的直接接收者是人或物	
	人	物
有形的行動	對人身體的服務： 健康照護 旅館 航空公司 美容沙龍 健身中心 飯店／酒吧 理髮店 葬儀社	對實體物品的服務： 洗衣／乾洗 園藝／草坪維護 維修 空運 倉庫／儲存 看門服務 零售通路 處理／回收
無形的行動	對人心靈的服務： 教育 廣告 藝術與娛樂 廣播／有線電視 管理諮詢 資訊服務 音樂會	對無形資產的服務： 會計 銀行業務 保險 法律服務 程式撰寫 研究 軟體諮詢

Source: Lovelock, Christopher H. (1983), "Classifying Services to Gain Strategic Marketing Insights," *Journal of Marketing*, 47(3), 9-20.

Kotler (1994)、Brown 與 Bitner (2006) 做更詳細的說明，圖1.3 就是 Brown 與 Bitner (2006) 的版本。服務行銷三角形是建立在三個關鍵的組成元素：組織、提供者與顧客，連結這三個組成元素的是三種服務行銷的型態：內部行銷、外部行銷與互動行銷。內部行銷是組織對提供服務的人員所進行的行銷努力，在公司，這些努力的對象可能包含許多員工及中階管理者；在非營利組織，則還要再加上義工。外部行銷是組織對顧客的行銷努力，包含許多行銷決策：推廣、有創意的定價、服務產品的設計、區位與可用性的考量。互動行銷則是由服務提供者對組織的顧客所提供的行銷努力，包括在任何服務提供者與任何顧客之間的所有互動。

Brown 與 Bitner (2006) 增加此三角形的最後一個構面：承諾在服務行銷中的角色。內部行銷使承諾變成可能，外部行銷則做出承諾，而互動行銷維持承諾。簡言之，互動行銷就是組織對顧客承諾的證明。互動行銷的重要性，也是本書命名為互動式服務行銷的主要原因。

本書總覽

如前面所提，本書非常強調服務的互動式本質，這個本質是現代

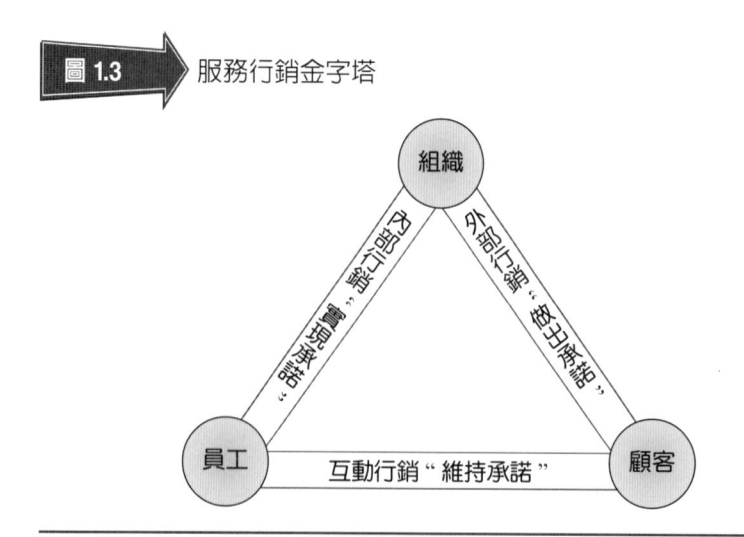

圖 1.3 服務行銷金字塔

```
            組織
           /    \
   內部行銷      外部行銷
  "實現承諾"    "做出承諾"
       /            \
     員工 ─ 互動行銷"維持承諾" ─ 顧客
```

服務活動及其所處環境背後的重要力量。除此以外，本書所討論的服務包括以服務為核心產品的服務及促進型 (facilitating) 的服務。本書由五個部分組成，第一部分涵蓋了服務行銷的基礎，包括瞭解服務行銷、檢視幾種管理顧客服務體驗的架構、討論科技在服務中的角色。第二部分討論互動式體驗的創造，包括規劃與產出服務、設計服務、善用人力及管理顧客組合。第三部分檢視對互動式體驗的承諾，包括對服務的定價與推廣。第四部分檢視服務傳遞的方法及確保正向的顧客體驗，包括建立顧客忠誠度、經由顧客服務與復原重新取得顧客信心、研究服務的成功與失敗。第五部分檢視服務行銷的重要管理議題，這些議題包括發展服務的行銷策略、處理服務的需求波動及全球化思維。圖1.4是一個簡單的展示模型，表現出本書所提的服務行銷元素。

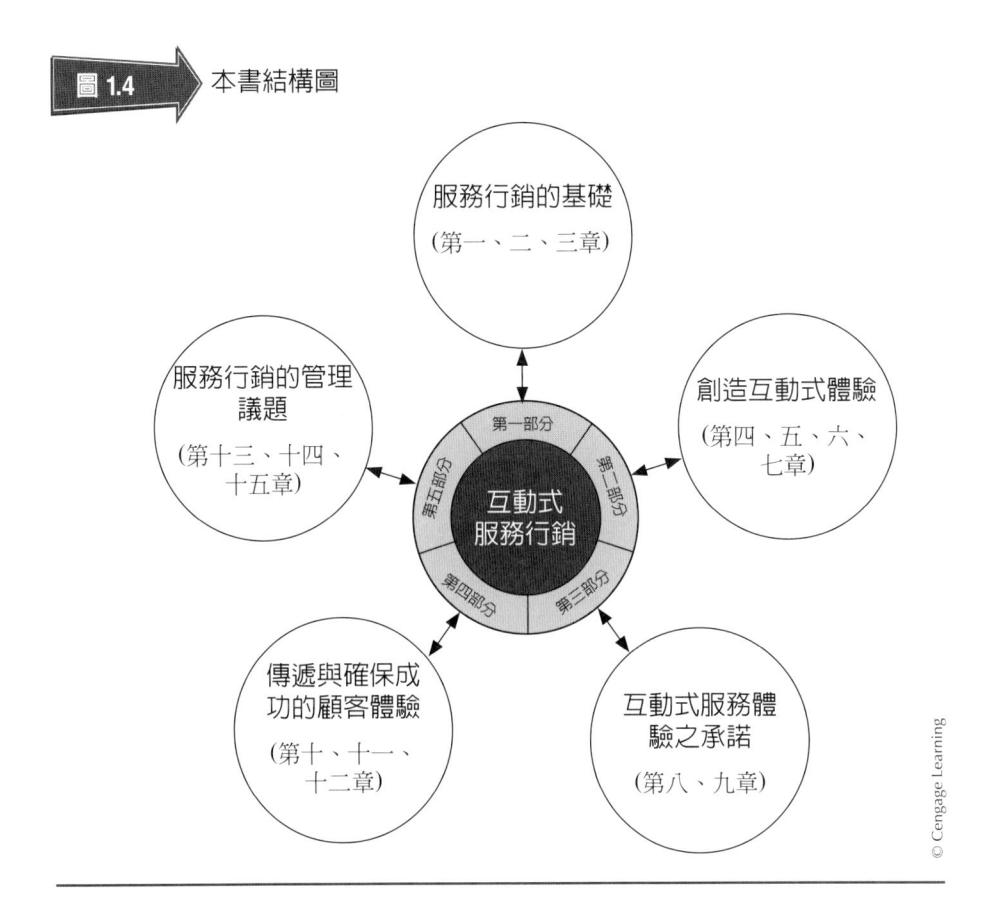

圖 1.4　本書結構圖

- 服務行銷的基礎（第一、二、三章）
- 創造互動式體驗（第四、五、六、七章）
- 互動式服務體驗之承諾（第八、九章）
- 傳遞與確保成功的顧客體驗（第十、十一、十二章）
- 服務行銷的管理議題（第十三、十四、十五章）

中心：互動式服務行銷（第一部分、第二部分、第三部分、第四部分、第五部分）

© Cengage Learning

摘要與結論

在本章，我們定義服務是一種"行為、演出、努力"，許多服務的典型特質是無形性、不可分割性（同時性）、異質性（變動性）、不可保存性與租用／使用。服務可以就其服務領域、服務顧客的特質分類，或是依服務的本質分類，以及依服務行銷三角形分類。

沒有人可以避免服務的領域，服務的消費在人類日常生活中扮演了非常重要的角色。現代經濟依賴服務經濟以創造福利，因此，建立與維持服務行銷的卓越是非常重要的。由於全球服務產業日益重要，研讀本書的學生在未來一定會直接或間接參與服務產業。

練習題

1. 列出三種服務業並回答下列問題：
   a. 這些服務業屬於哪一個服務產業的分類？請使用本章的一個分類架構回答。
   b. 描述服務的特質如何影響這些服務的行銷。
2. 思考 Lovelock 四個分類中的服務案例並回答下列問題：
   a. 在這四個分類中，行銷者所面對的挑戰與機會有何差異？
   b. 在這四個分類中，行銷者的行為應有何差異？
3. 若你未來的職涯可能會在任一服務產業，你會想在哪一服務業工作？請說明原因。

網際網路練習題

網際網路讓服務組織可以接觸到全世界，在 Google 輸入關鍵字 "Apple"，雖然這也是一種水果名，但 Google 不會先發現水果。

1. Apple 在多少國家有營運？
2. 從你的搜尋中可以了解 Apple 的哪些其他事情？
3. 隨便選一個服務的特質，並將此特質與 Apple 的行銷做關聯。

References

Berry, Leonard L. and A. Parasuraman (1993), "Building a New Academic Field—The Case of Services Marketing," *Journal of Retailing,* 69 (Spring), 13–60.

Brown, Stephen W. and Mary Jo Bitner (2006), "Mandating a Services Revolution for Marketing," in *The Service-Dominant Logic of Marketing: Dialog, Debate and Directions,* Robert F. Lusch and Stephen L. Vargo, eds., Armonk, NY: M.E. Sharpe, Inc.

The CIA World Factbook, 2011, "United States," https://www.cia.gov/library/publications/the-world-factbook/geos/us.html (accessed October 26).

Fisk, Raymond P. and Patriya Tansuhaj (1985), *Services Marketing: An Annotated Bibliography,* Chicago: American Marketing Association.

Fisk, Raymond P., Stephen W. Brown, and Mary Jo Bitner (1993), "The Evolution of the Services Marketing Literature," *Journal of Retailing,* 69 (Spring), 61–103.

Grönroos, Christian (1990), *Service Management and Marketing,* Lexington, MA: Lexington Books.

Kotler, Philip (1994), *Marketing Management: Analysis, Planning, Implementation and Control,* 8th ed., Englewood Cliffs, NJ: Prentice Hall.

Lovelock, Christopher H. (1983), "Classifying Services to Gain Strategic Marketing Insights," *Journal of Marketing*, 47 (Summer), 9–20.

Lovelock, Christopher H. and Evert Gummesson (2004), "Whither Services Marketing? In Search of a New Paradigm and Fresh Perspectives," *Journal of Service Research,* 7 (1), 20–41.

Popenoe, David (1980), *Sociology,* 4th ed. Englewood Cliffs, NJ: Prentice-Hall, Inc.

Rathmell, John M. (1966), "What Is Meant by Services?" *Journal of Marketing,* 30 (October), 32–36.

Shostack, G. Lynn (1977), "Breaking Free from Product Marketing," *Journal of Marketing,* 41 (April), 73–80.

Vargo, Stephen L. and Robert F. Lusch (2004a), "Evolving to a New Dominant Logic for Marketing," *Journal of Marketing*, 68 (January), 1–17.

Vargo, Stephen L. and Robert F. Lusch (2004b), "The Four Service Marketing Myths: Remnants of a Goods-Based Manufacturing Model," *Journal of Service Research,* 6 (4), 324–335.

第二章
管理顧客體驗的架構

第一部分開頭的小品文提及的 Apple，就是一家用先進科技服務全球顧客的全方位公司。Apple 所創造的服務體驗，是由各種可以滿足顧客期望利益所組成。Apple 的服務元素包括銷售與支援的人員、龐大的科技系統、銷售商品的實體商店與線上入口網站，以及一系列與溝通相關的資訊提供機制。支持這些元素的力量是背後的基礎設施，以組織及更新各種基礎工作，包括產品與服務的組合或是集體產出溝通用科技資訊之人員架構，及規劃與協調 Apple 所有活動的管理人員。所有 Apple 的元素都被整合，以傳遞完整的服務體驗給顧客。本章讓讀者了解服務體驗的複雜性，如此才能讓顧客體驗的管理更有效率與效果。本章有四個具體的目標：

- 檢視服務體驗的組成元素
- 描述各種分析顧客服務體驗的架構
    ◆ 服務行銷組合
    ◆ 服務產品模型架構
    ◆ 服務劇場架構
- 對"服務就像是劇場"進行深度的舉例說明
- 討論服務體驗的情緒構面

想想你最近曾有過的服務體驗，可能是與朋友在附近餐館的午餐，在牙醫診所的恐怖約會，在假日搭乘飛機去看親戚，或者其他類似的事情。現在，思考一下在服務期間的所有服務特質，例如在餐館用餐期間，你可能非常讚賞銀器的乾淨、桌面擺飾的無瑕疵、侍者的微笑與清新的制服、用餐區的裝潢以及非常可口的蟹肉沙拉。另一方面，你也有可能對餐點的擺設、菜單已磨損的邊緣、隔壁桌小孩的哭鬧聲感到失望，有許多因素會讓你產生負面的用餐體驗。事實上，你可能難以想起所有會影響你服務體驗的因素，不過這家餐館中的所有因素，都會讓你產生正面或負面的感覺。對致力於設計及傳遞能取悅顧客的服務行銷者而言，這些資訊都是無價的。

任何服務體驗的中心是**服務遭遇** (service encounter)，服務遭遇是指一段期間，在這一段期間內，顧客與服務組織某些部分會產生直接互動。通常服務遭遇會發生在服務組織所控制的環境中，但服務體驗也可能是藉由自動化科技在遠處發生，例如現在流行在網路世界提供服務。服務遭遇的結果可能從非常滿意到非常不滿意，而且可能因服務的類型、服務的行為及顧客的知覺，引發各種可能的情緒與行為反應。

> **服務遭遇**是指一段期間，在這一段期間內，顧客與服務組織某些部分會產生直接互動。通常服務遭遇會發生在服務組織所控制的環境中。

要了解顧客體驗，必須從確認能引起顧客對服務反應的因素開始，有些服務體驗的因素可能比其他更明顯(例如服務人員的禮貌相對於建築物的顏色)。不是所有的體驗都有相同的因素，但是重要的因素可以被獨立出來，以描述及分析服務的體驗，藉由確認這些服務體驗的關鍵因素，服務行銷者可以創造有用的服務架構，這些架構可以作為分析影響顧客服務體驗之因素的地圖。

服務架構 (service frameworks) 必須具備下列幾種重要的功能：

1. 可以藉由將服務拆解成個別組成元素的方式，協助服務行銷者了解服務體驗。
2. 架構可以讓不同服務的溝通更容易，因為它們可以提供所有服務都能應用的組成元素。
3. 架構可以辨認出在服務傳遞之設計時應考慮的議題。
4. 在結合各種元素以提供顧客體驗時，架構可以指出這些元素之間的關係。

不論如何，一個好的架構可以將抽象的服務體驗現象變成真實化。

服務體驗的組成元素

任何服務體驗可以被分類成四種組成元素：(1) 服務人員 (service workser)，(2) 服務設施 (service setting)，(3) 被服務的顧客，及 (4) 服務流程。這四個組成元素在每一種服務體驗中可能有不同的影響程度，以服務人員在服務體驗中扮演的角色為例，相對於清潔牙齒的牙醫助理而言，電影院工作人員的影響相對就比較不重要。此外，服務體驗經常被情緒放大，例如銀行櫃員的協助及餐館的環境，都會正面或負面地影響顧客的感覺。聚焦2.1說明在一個簡單的電話會談中，服務人員如何影響顧客的體驗，並創造出顧客的情緒反應。

服務人員包括與顧客互動的人員（例如桌邊服務人員及銀行櫃員），也包括那些顧客看不到、但對服務傳遞有貢獻的人員（例如主廚及銀行的會計）。**服務設施**包括服務顧客時的環境（例如包廂或銀行的大廳），以及顧客通常不會接觸的組織環境（例如飯店的廚房或銀行的地窖）。**被服務的顧客**當然包括接受服務的顧客（例如用餐者或存款的人），也包括與他們一起分享服務內容的人。最後，**服務流程**是指傳遞服務所需要的活動順序（也就是顧客與組織的活動，這些活動可以組成顧客用餐或銀行的體驗）。我們將會在後面的章節中詳細說明這四個組成元素，在此，重要的是了解它們的影響及它們如何組合以創造服務體驗。這四個服務體驗的組成元素在建立服務體驗本質時都扮演了重要的角色，例如在描述航空服務時，很難不提及機師與空服員（服務人員）、座位區與飛機（環境）、在飛機上的旅客（顧客），以及在飛行中的一系列活動（程序）。更進一步說，每一個組成元素都可能對服務的細節有所貢獻，例如飛機的環境、可能的噪音、座位的舒適度、空氣的循環、亮度、年齡、裝潢、洗手間設備的使用、飛機上的讀物、頭頂行李箱的大小等影響顧客的體驗。無論如何，在所有的互動體驗中，不是所有服務體驗的組成元素都是同樣明顯。例如，當一個顧客用電話向 L.L.Bean (http://www.llbean.com)（一家美國目錄零售商）下訂單時，服務設施就不是服務體驗中的重要成分。為了能適合這種情況，服務體驗的架構必須能改變各種組成元素的重要性。

聚焦 2.1
以前是很容易的

我打電話到旅館，但當我聽到電話線另一端的聲音時，我知道我有麻煩了，就像美國自己有很多的麻煩一樣。那是一個年輕女人的聲音，是新時代的聲音，這種來自現代教育(沒有讀書、寫作、數學、紀律)的個人聲音就這樣被釋放到世界上。這聲音來自一種人，這種人在工作面試時的第一個問題是"什麼是我的職涯？"這種來自現代教育小孩的聲音讓社會發現(帶著恐懼與不便)，有一天它必須與需要它去做某件事的人打交道。

"不好意思…"這個聲音說道。

我說："我是 Puckett，我已經預訂了常住的362號套房，我今天晚上會比較晚到，請先幫我辦理入住，你們有我的美國運通卡檔案。"

一段很長的暫停時間～～～～

"先生，我無法找到 Duckett 的訂房紀錄。"

總是有這種事，有比這種更大的事嗎？你知道自己是否對人有耐心、善心或是體貼？還是你想要跳進電話中，把這個可憐的孩子拖出來，讓你可以掐死她？

"是 Puckett" 我說："P-u-c-k-e-t-t，已到達 Fort Worth。"

"Fort Worth 什麼？"

"請問可以告訴我妳的名字嗎？"

"先生，我是 Janet Lawrence 副理"

"請問經理在嗎？"

"他正外出用餐。"

"妳可以幫我轉給門房嗎？"

"她請病假。"

"Janet，妳可以看到立鐘嗎？"

"先生？"

"立鐘，妳可以看到有人在那附近嗎？可能是一位金髮的男子，沒有任何原因就會笑，他看起來經常在衝浪，有看到他嗎？"

"你是指 Sean？"

"就是他，他認識我。"

"Sean 今天有上班，但他現在不在。"

"當然不在，他現在可能正在車庫幫客人處理已遺失兩天的 Lexus 車子。"

"很抱歉，我不瞭解…"

"Janet，讓我跟你解釋，我不知道妳在這家旅館已經工作多久了，但我在妳這家旅館住在同一套房(362房)已經超過十年，我已經在那花了大約八、九百萬元，還不包括客房服務或是酒吧或禮品店的花費。所以不管你的電腦上有沒有我的名字，我確定有預訂，請幫個忙，並且…？"

"找到了！"

"太好了！"

"Billy Clem Puckett，你明天才會到啊！"

"我是 Billy Clyde Puckett，而且我現在已經到了。"

"你已經到 Fort Worth 了？"

"是的。"

我想我的聲音已經很疲憊了！

（續）

　　"我知道了，你是想問是否可以提早一天有房間。"

　　"不是房間，親愛的，是套房，是我常住的，而且也不是提早一天，我是按時間到達的。當Frank用餐完回來時，他會向妳解釋。"

　　"誰是Frank?"

　　"Frank Simmons，妳不知道妳自己老闆的名字?"

　　"我知道Sergio。"

　　"誰是Sergio?"

　　"他是經理。"

　　"Frank發生什麼事了?"

　　"如果他是前任經理，我聽人說他已經去佛羅里達的Ritz-Carlton了。"

　　"我今晚可能到那家旅館。"

　　"我沒有聽清楚。"

　　"沒事，請保留給我一個房間，儲藏室或甚麼都可以。"

　　"先生，我已經打開362房了，今晚是空的。"

　　"好極了。"

　　"我必須提醒，這是在抽菸樓層"

　　"正是我要的。"

　　"抱歉…"

　　"沒事，等下見。"

　　我疲倦的掛上電話，走下樓，當我抬頭時，Kelly Sue正將一杯新鮮飲料放在我面前。

　　"以前是很容易的"我說道。

Source:Dan Jenkins (1998), *Rude Behavior*, New York:Doubleday, 50–52. © 1998 by D & J Ventures, Inc. Used by permission of Doubleday, a division of Random House, Inc.

將服務體驗架構化

　　近年來，有幾個已發展的架構可以提供我們對服務體驗更深入的了解，在本書中所討論的只有少數由服務行銷學者所發展的架構，每一個架構都藉由自己的方法增加我們對服務體驗的洞察力。

服務行銷組合

　　傳統的行銷思想是由行銷組合的觀念驅動，也就是辨認出可以讓組織尋找目標顧客並滿足他們、且能被組織所控制的行銷變數。行銷組合最通用的就是4P，強調產品、價格、推廣、通路在行銷策略中所扮演的關鍵角色。但是Booms與Bitner (1981) 建議服務組織應該再增加三個元素，**服務行銷組合** (service marketing mix) 增加了三個

> **服務行銷組合**比傳統行銷組合的4P 增加了三個新的 P：參與者、實體證明與服務的流程。

新的 P：參與者 (parti-cipants)、實體證明 (physical evidence) 與服務的流程 (process of service assembly)，這三個新的元素可以攫取服務行銷的本質，並可說明服務產品與實體產品的差異。這三個新的元素也提供一個思考服務體驗的架構，並點出讓服務變成特色的關鍵因素。

　　根據 Booms 與 Bitner (1981)，參與者指所有參與服務產出的人，包括顧客與服務人員。實體證明包括服務的環境，以及其他可以在服務前、中、後協助及溝通服務的任何有形東西。服務的流程是指傳遞服務時的程序及活動流。對於任何的服務體驗，這三個新的元素中，每一個都會影響到顧客的反應。因此，藉由這三個元素中的一個或其組合，可能可以鎖定一個特別的顧客區隔。例如，要吸引敏感顧客的目標市場，一家旅館可以創造一個讓商務旅客或過夜旅客感覺與傳統經驗不同的環境，藉由實體證明強調服務的差異（圖2.1）。這種在建築物上的努力是常見的，例如萬豪酒店 (Marriott Hotels) (http://www.

圖 2.1　強調實體證明

Source: Flickr 的 http://flickr.com/photos/26728047@N05/5991539251，作者為 Doug Kline。

marriott.com) 或凱悅飯店 (Hyatt Hotels) (http://www.hyatt.com)，它們強調浮華的家具及大廳。

同樣地，一個組織也可以藉由**參與者**作為與競爭者的差異，例如 Nordstrom 百貨公司 (http://www.shop.nordstrom.com) 與 Ritz Carlton 旅館 (http://www.ritzcarlton.com)，他們的服務聲望來自於甄選、訓練與激勵銷售人員的方式。一個組織也可以藉由改變**服務流程**進行區隔，並鎖定一個特定的目標市場區隔，例如在奧斯陸 (Oslo) 的 Comfort Express 旅館 (http://www.comforthotelxpress.no)，就是以完全自動化的入住登記與結帳退房系統聞名。這個系統使用網站與手機的技術，讓客人可以設定到達的時間、房間的偏好，並且在結帳離開時不需要與服務人員打交道。當客人抵達時，能以電子化的方式溝通房間的號碼及進入的方式，例如使用手機作為鑰匙，或是從自動展示機 (kiosk) 取得房間的房卡 (Hopkins 2011)。很明顯的，經由對傳統入住登記程序的修改，這家旅館提供了不同的顧客體驗。

如同傳統的四個 P 一樣，新增加的三個 P 彼此之間是相關的。任何藉由強調某一元素而影響顧客反應的努力，都會需要其他元素的改變，或是造成其他元素的改變。重新設計服務組合程序以強化顧客在服務過程中的參與，就會需要參與者角色或是實體環境的改變。例如，要在餐廳中增加一個沙拉吧，以讓顧客可以選擇自己的沙拉，就需要修改服務環境與擺設，而且也要刪除服務人員送沙拉給顧客的需求。

整體來說，服務行銷組合架構確認行銷服務時所需要的三種元素，此架構的優點之一是建立在行銷組合觀念之上，行銷組合在行銷文獻上已建立良好的基礎。所以這一連結讓建立了此架構的正當性，並強調服務行銷與行銷實體商品的不同之處。

服務產品架構

另外一個將服務體驗的紛亂重新結構化的架構是服務產品架構，由 Langeard、Bateson、Lovelock 與 Eiglier 在 1981 年提出。Servuction

這個名詞是被用來稱呼服務產出系統（也就是 Service production = servuction）。根據服務產品架構（如圖2.2），服務體驗的元素包括服務的無形組織與系統（顧客看不到、但對服務產出有貢獻的因素），看得到的元素包括無生命的環境（服務執行時所在的環境）、接觸的人員（在服務時直接與顧客互動的職員），以及顧客A（接受服務的顧客）與顧客B（可能在服務可見區域出現的其他人）。顧客收到的整體服務利益是由與接觸人員的互動（例如禮貌與能力）及無生命的環境（例如舒適度與裝潢）所產生。然而，互動會被看不到的組織或在服務可見區域出現之顧客所發生的事而嚴重影響。例如旅館中看不見之處所發生的事（如訂房處裡、房間打掃、冷熱空調的維護），會影響到顧客所接受到的服務品質。同樣地，在建築物內的其他顧客人數與個性也會影響旅館的服務體驗。在聚焦2.2中，討論了看不到的組織或系統在許多方面對服務的重要性。

整體而言，服務產品架構主張，服務是許多對服務的演出有貢獻之因素的最高點。就像服務行銷組合一樣，它隱含一種認知，這些因

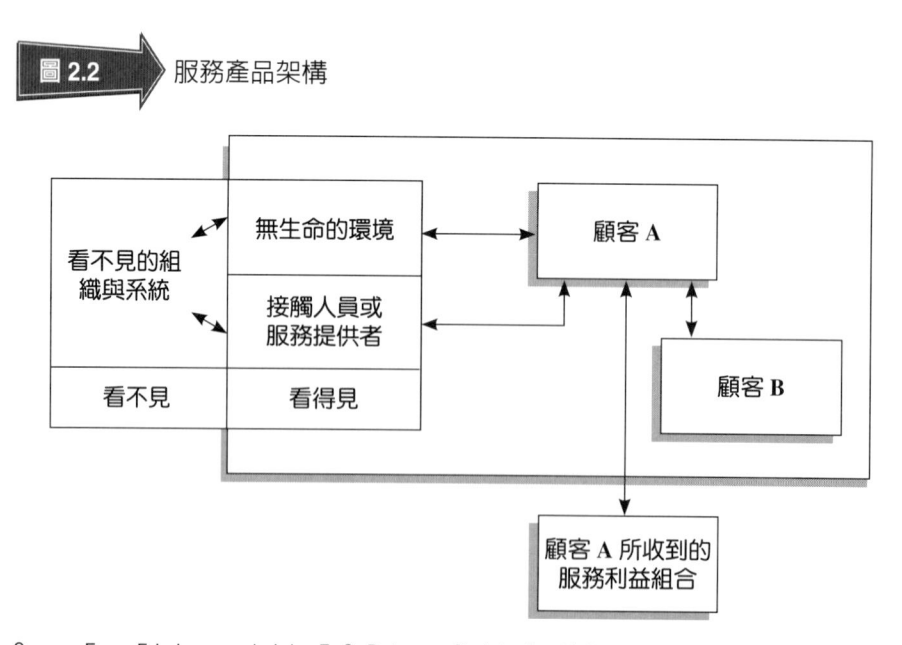

圖2.2　服務產品架構

Source: From Eric Langeard, John E. G. Bateson, Christopher H. Lovelock, and PierreEiglier (1981), *Services Marketing: New Insights from Consumers and Managers,* Cambridge, MA: Marketing Science Institute. © 1981 by Marketing Science Institute, Cambridge, Mass. Reprinted by permission.

聚焦 2.2
叫自行車 (Call-a-Bike, 類似台灣的 Ubike)：看不見的系統讓這服務變成可行

為了讓通勤者可以減少每天搭電車通勤的時間，德國一家軌道營運公司 Deutsche Bahn (http://www.bahn.de) 將數以千計的自行車散布在柏林與慕尼黑的城市中，這是**叫自行車**計畫的一部分。顧客可以在站台、隨意的街角、或是前一位使用者放置的地方提取自行車。在自行車鎖上閃爍的綠燈表示這台自行車可以使用，紋有公司紅色 DB 商標的自行車讓使用者可以踩向城市中的任一個地方。為了自行車的防盜，使用者必須有信用卡或手機（較好），騎乘者必須先向公司登記信用卡號碼，並將十二歐元存在它們的 Deutsche Bahn 叫自行車帳戶中，然後在任何想使用自行車的時候，只要打自行車鎖上的電話號碼，就可以取得打開自行車鎖的號碼。計價的方式是每分鐘八分歐元，一天中最多計價九歐元，超過四天或一週中最多計價三十六歐元。在使用完時，使用者可以簡單地鎖上自行車，並放置在城市的任何地方，然後依自行車鎖上的電話號碼打電話給公司，以停止計時並指出自行車放置之處。另外，叫自行車服務提供顧客獲得自行車的機會，購買的交易是經由手機 App 程式完成。這些自行車是特別製造的，有八段變速、自動化前燈、避震器、防鏽車體，以及為阻止零件被偷而特別設計的螺絲，這種高科技的電子支付與保全系統降低自行車被偷的可能性。

Source: Call-a-Bike (2011), http://www.callabike.de./i_english.html, (accessed June 16).

素可被改變以創造不同的服務產品。產品服務架構的一項優點是它的可直觀性，從某種意義上來說，它提供一張組成服務體驗之元素的快照，它能讓服務設計與產出時的紛亂簡化。

服務劇場架構

基於服務就像是劇場的隱喻，**服務劇場架構** (service theater framework) 包含了舞台演出的相同劇場元素 (Grove and Fisk 1983; Grove, Fisk, and John 2000)：演員、觀眾、環境、前台、後台及演出（圖 2.3）。演員（服務人員）就是一起工作為觀眾（顧客）提供服務的人，環境（服務設施）就是指行動或服務表演呈現的地

> **服務劇場架構**包含了舞台演出的相同劇場元素：演員、觀眾、環境、前台、後台及演出。

圖 2.3　服務行銷金字塔

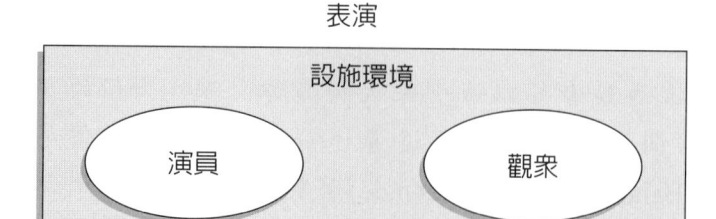

```
                    表演
    ┌─────────────────────────────────┐
    │         設施環境                 │
    │   ╭─────╮         ╭─────╮      │
    │   │ 演員 │         │ 觀眾 │      │
    │   ╰─────╯         ╰─────╯      │
    └─────────────────────────────────┘
```

Source: Adapted from Stephen J. Grove, Raymond P. Fisk, and Mary Jo Bitner (1992), "Dramatizing the Service Experience: A Managerial Approach," in Advances in *Services Marketing and Management: Research and Practice,* Vol. 1, Teresa A. Swartz, David E. Bowen, and Stephen W. Brown, eds., Greenwich, CT: JAI Press, 91–121.

方,演員為顧客提供表演的前台活動非常依賴後台的支持,後台是觀眾看不到之處,但卻是服務體驗的規劃或執行所發生的地方。環境的設計與標誌可以協助定義演員與觀眾的服務體驗,環境可以提供面對面或遠距的互動,遠距的互動如信件、廣播、電視、電話或網際網路等。完整的表演是一種由演員、觀眾與環境互動而產生的動態結果,這個結果經常被注入了情緒的特質。其他服務體驗的劇場構面可能還包括從劇場隱喻抽取出來的構面,例如顧客、道具、手稿、角色等,在這則僅展示最重要且最明顯的劇場構面。

服務劇場架構指出幾種重要的觀察方法,舉個例子,除了技能以外,服務演員(旅館櫃檯人員、髮型設計師、票務人員等)可能會因為他們的外表或行為影響觀眾對服務執行(或表演)的知覺。他們的服裝、修飾、舉止與執行任務的必要能力,都會影響顧客的情緒反應或是對所收到的服務評價,就像觀眾對劇場表演的評價會受到演員的戲服與角色影響一樣。同樣地,就服務的期望與品質而言,舞台的布置、道具(也就是設備)及許多不同的氣氛面向(如燈光、裝潢),都會定義及誘發觀眾的體驗。

在大多數的服務產出中,由於前、後台元素會發生緊密的相互作用,所以後台人員及操作上的支持對一個成功的前台服務演出是非常重要的。沒有足夠的後台努力，演員表演部分的傳遞可能會被打斷，環境的溝通及功能性的能力必須妥協，整體的服務演出效果可能被破壞。此外，讓前、後台兩個區域分離是非常重要的，讓觀眾進入後台可能會產生悲慘的結果。在許多服務運作中，服務設施與演員行動的後台和與顧客遭遇的前台，在本質上有很大的不同。例如以飯店廚房與用餐區的強烈對比，就可以確認讓兩個區域分離的重要性。

有時候，一個組織可能會決定讓顧客接觸到後台，作為與其他競爭者的區別。例如知名的紅花鐵板燒 (Benihana) (http://www.benihana.com/) 與機油服務公司 Jiffy Lube (http://www.jiffylube.com)，在執行一些服務活動時，會讓觀眾可以看到後台的運作 (備餐與換機油)，在這種案例中，這些組織必須將這些展示的活動視為前台服務活動一樣，必須同樣考慮活動設計與執行時的劇場效果。

總而言之，服務劇場架構認為，組織提供服務時，就像是將他們的核心產品以許多舞台元素所組合的劇場演出，這些舞台元素可以引發顧客的情緒與行為反應。這個架構的主要優點在於可以藉由劇場的相似名詞描述服務體驗。除此以外，就像劇場的演出，服務的演出就是一個由相關舞台元素的直接、間接效果所組成的完全型態。每一個元素都能被設計以創造不同的演出或是顧客體驗。參考聚焦2.3的集會場所，看如何使用不同的劇場元素塑造獨特的顧客體驗。

服務體驗架構的比較

如之前提過的，提供給服務行銷者的架構有很多，本章所提到的三種服務體驗架構並非全部，學者已認定有許多其他的架構，這三個架構著重在服務顧客、服務人員與實體服務設施的服務體驗上。不是所有的服務都是一樣，例如廣播與電視、公用事業、網際網路等，都沒有涉及顧客與服務人員面對面的互動，顧客也不必出現在服務產生的地點，本章的架構所提供的服務構面並非適用於所有環境。事實上，這些架構的構面廣度已簡化，只是比較了解某些服務形態所需要的構面再多一些而已。

聚焦 2.3
魔法城堡：獨特的服務體驗

在加州好萊塢一棟真實的維多利亞大廈中，有一間為魔術藝術學院而設的私人俱樂部會所。這個友愛兄弟組織致力於升級及鑑賞魔術這古老的藝術，特別是全力將魔術保存成一種藝術、娛樂的媒體與一種嗜好。這個學院的會員從最初的150位成長至5,000位，而其焦點—魔法城堡，已經成為最受這群幸運的傢伙及其客人歡迎的集會場所。魔法城堡是一個私人俱樂部，每晚提供在三個1908年代氛圍之座位區的頂級餐飲，在三個不同的展示間有魔術表演，提供探索秘密與驚喜的機會(包括此古堡所居住的鬼魂)，也提供附近的住宿旅館。所有的訪客、會員與他們的客人必須二十一歲以上(除了週日午餐)，而且強迫穿著正式服裝。此城堡還會特別提供古典的維多利亞降神會，慶祝魔術大師胡迪尼的一生，也提供魔術課程與神奇的禮品店。城堡將所有構面結合，創造獨特的服務體驗。

Source: Magic Castle (2011), http://www.magiccastle.com (accessed June 16).

整體而言，這三個架構有幾個共同的特色(如表2.1)。首先，每一個架構都辨認出在服務遭遇時會出現的組成元素。其次，它們都能藉由說明不同元素的相關觀點而攫取服務體驗的互動本質。最後，每一個都展示服務能以多元的服務型態被提供。換言之，每一種架構的廣度是足以描述多種服務組織，從醫院到汽車維修店，以及從航空到型錄商店。

哪一種架構是最好的？答案視個人判斷而定，但很清楚地，我們認為服務劇場架構比較好。從我們的觀點，它提供一個可以了解服務體驗的簡單結構，而且對於抓取服務遭遇中難以捉摸的情緒本質方面，它也做得最好。無論如何，身為讀者的你們可以自己評量，你所偏好的架構可能會影響你對服務體驗的看法。

升起服務劇場的帷幕

在本文中我們會強調服務劇場架構，為什麼？其中一個理由是它容易使用。服務劇場是一個多數人能直覺式瞭解的架構，畢竟每個人瞭解什麼是劇場。而且，服務劇場架構帶來一組能夠簡單而且樂

表 2.1　不同服務遭遇分析架構的比較

架構的組成	服務行銷組合架構	服務產品架構	劇場架構
環境	實體證明	不可見的區域 可見的區域	後台 前台
服務人員	參與者	接觸人員	演員
顧客	參與者	顧客 A（接受服務的顧客） 顧客 B（其他顧客）	觀眾
流程	服務組合的流程	一組利益	表演
	Booms 與 Bitner (1981)	Langeard 等 (1981)	Grove 與 Fisk (1983)

© Cengage Learning

於應用的普通觀念。將許多服務認知成劇場演出不僅令人愉悅，也是相當具有生產力的。除此以外，近年來許多主張認為"體驗經濟 (experience economy)"對未來非常重要，體驗經濟是指產品就像是上演 (staged) 的事件，將買方以一種個人化的方式融入事件中而創造價值 (Pine and Gilmore 2011)。以劇場說明服務產品的觀念架構與體驗經濟的基礎相當吻合，而且可以在體驗經濟主導時提供對服務更好的了解。

當我們開始深入討論服務劇場架構所提供的東西時，我們先以一個大家熟悉的服務應用此架構，就是常見的速食餐廳如 Subway (http://www.subway.com)。Subway 在全球的九十八個國家開設了約 35,000 間速食餐廳，而處於類似在劇場的服務遭遇中，它們整合了每一個服務遭遇的組成元素，以提供用餐的體驗。在 Subway 服務劇場中的演員，當然就是店內顧客看得到的服務人員，他們的外表與舉止等都會影響到用餐者的體驗。因此，Subway 的演員會穿制服（戲服）、並被好好修飾，透過一致性的制服顏色（代表新鮮的綠色，可以傳達品質的標準印象，綠色也被應用在其他 Subway 的服務面上，例如桌布或符號等）。演員在製作三明治的時候，會在列隊的顧客前以有效且即時、並能讓顧客清楚看到的方式進行，顧客會在組合三明治的服務人員前面通過，並指示服務人員以製作他們所需要的三明治。更進一步，Subway 的演員 (如同劇場的演員) 必須知道他們的角色，並致力於為顧客創造更愉悅的體驗，在顧客與服務人員間的互動是重要的，但還是要加速完成三明治的製作。如果 Subway 的演員動作太慢或犯錯，其他的同事演員會被預期能提供協助，畢竟，"戲總要演下去"。

Subway 的顧客當然就是 Subway 演員們工作與協調的觀眾，也是因為了解與堅持某種特定期望、而對這種流程及行動有所貢獻的贊助者。例如，Subway 的觀眾必須正確地排隊，將他們所要的三明治資訊快速地提供給工作人員，並且能夠在結帳櫃檯準備正確的款項。正如 Subway 的演員有義務在沒有干擾的情況下執行他們的角色，Subway 的觀眾也有義務基於整體服務體驗的利益下，與工作人員及其他顧客合作，或是遵守為避免對小細節疏忽 (例如算錯零錢) 的保護做法，這些都對服務的演出會有所貢獻。劇場的觀眾被預期能忽略舞台上表演者的失誤，在 Subway 的對應部分也是有相同的期待。

在典型的 Subway 實體商店的服務設施中，提供給觀眾的前台包括可見的食物組裝區、為內用的用餐者所準備的桌子及長凳，還有許多作為道具的設備 (例如烤爐、自動飲料機、麵包存放設備)、牆上的菜單及印著 Subway 路線的裝飾。還有燈光、裝潢、背景音樂及其他氣氛都在支持觀眾了解，Subway 是舒適、開放與明亮的用餐環境選擇。當然，每一個 Subway 的地方都有一個觀眾看不到的後台，可以保存庫存品，也是管理人員進行規劃、組織、人員安排、指示與管控的地方。Subway 的觀眾不允許、也不應該出現在後台，後台是演員脫離觀眾眼光、卸下角色、重組及放鬆的所在，也是前台活動的各項營運支持工作發生的地方。顧客不被允許參與這些後台的活動，以免降低他們對 Subway 服務的整體印象，也避免打斷後台的工作執行。

Subway 的服務表演是由其演員、觀眾與環境之互動所創造與傳遞，你在 Subway 的用餐體驗是被這三個劇場元素所分別或共同影響。為了確保能有歡樂的體驗，必須要事先考慮這些元素和它們的影響，並且在服務遭遇期間要小心地控制它們。就像劇場必須為明星般的演出 (為觀眾創造正面的體驗) 進行規劃與協調，像 Subway 所執行的服務劇場也應該付出同樣的努力。若偏離最佳的演員角色、環境的影響及觀眾的參與，會導致表演帶給顧客不好或不滿足的體驗。要管理一個成功的服務表演，需要從開始到謝幕都非常小心謹慎。Subway 在此方面做得相當不錯，畢竟它們在全球的店面比麥當勞還要多。

摘要與結論

顧客對服務的評價依他們的體驗而定，要產生一個成功的服務體驗，服務行銷者必須了解如何整合與服務的產出及傳遞有關的不同組織部門。基於本章所呈現的架構，讀者可以用三種方式中的一種去認知服務體驗：一組增加到行銷組合的變數 (人員、實體環境與流程)、服務產品系統、或是劇場表演。要了解服務體驗，必須要分析服務人員、顧客、環境與流程。每一個服務架構都將服務體驗剖成一個個組成元素，讓服務行銷者能分析元素並決定其組合，因而協助組織創造可以滿足顧客服務需求的服務實務。

練習題

1. 基於不同服務架構所提供的不同功能，請描述如何運用服務體驗架構來協助汽車租賃業的管理人員，例如 Rent-A-Car 公司 (http://www.enterprise.com)。
2. 對於典型的航空公司如達美航空 (Delta) (http://www.delta.com)、北歐航空 (SAS) (http://www.scandinavian.com)、日本航空 (JAL) (http://www.jal.com) 等，如何使用服務體驗的劇場模型，以確認與分析飛行服務的劇場元素。
3. 利用本章提到的三種架構，分析與對比美髮沙龍所提供的顧客服務體驗，哪一種架構對於了解服務體驗更有效？為什麼？
4. 將圖 2.2 做為引導，就服務產出架構描述一家換機油店 (例如 Jiffy Lube) 提供的服務，確定描述中會包含架構中的所有組成元素。

網際網路練習題

請用服務劇場架構分析網路專賣店 Lands' End (http://www.landsend.com)，分析時請確認下列事項：

1. 服務的前台構面。
2. 服務的後台構面。
3. 若後台活動的設計與執行有問題時，服務的執行會有何問題？
4. 各個參與者的角色。

References

Booms, Bernard H. and Mary Jo Bitner (1981), "Marketing Strategies and Organizational Structures for Service Firms," in *Marketing of Services,* James H. Donnelly and William R. George, eds., Chicago: American Marketing Association, 47–51.

Grove, Stephen J. and Raymond P. Fisk (1983), "The Dramaturgy of Service Exchange: An Analytical Framework for Services Marketing," in *Emerging Perspectives on Services Marketing,* Leonard L. Berry, Lynn G. Shostack, and Gregory D. Upah, eds., Chicago: American Marketing Association, 45–49.

Grove, Stephen J., Raymond P. Fisk, and Joby John (2000), "Services as Theater: Guidelines and Implications," in *Handbook of Services Marketing and Management,* Teresa A. Swartz and Dawn Iacobucci, eds., Thousand Oaks, CA: Sage Publications, 21–35.

Hopkins, Curt (2011), "First All-Automated Hotel Opens in Norway," www.readwriteweb.com, January 21.

Langeard, Eric, John E. G. Bateson, Christopher H. Lovelock, and Pierre Eiglier (1981), *Services Marketing: New Insights from Consumers and Managers,* Cambridge, MA: Marketing Science Institute.

Pine, B. Joseph II and James H. Gilmore (2011), *The Experience Economy, Updated Edition* (Kindle edition), Boston, MA: Harvard Business School Press.

第三章
連結資訊時代

在第一部分的開頭小品文中,描寫 Apple 使用了許多現在已成為通用工具的科技,想想 iPhone 與 iPad 的使用者是如何改變他們每天處理資訊的習慣,或是走進一些公共地區如公園或咖啡店,看看人們如何使用他們的 iPhone 與 iPad,他們透過 App 發現與分享資訊,透過手機的 App 登入臉書而非桌上型電腦或筆記型電腦,從廣播 App 聽晨間新聞而非透過收音機,或透過 App 觀看體育活動而非電視。人們也不再看實體的報紙、雜誌或書,而是透過手機的 App 觀看;看氣象預告也是透過手機的 App 而非電視。就像 Apple 所說:"總有一個 App 會替代那些事",資訊已經變成非常容易攜帶,並且經由 App 提供即時的服務。

本章主要重點是資訊科技,雖然有許多其他的科技進步會影響服務,但我們相信資訊科技對所有服務組織的影響是最巨大的。本章探索許多由資訊科技對服務行銷領域所展示的機會與挑戰,以及資訊科技可以用來滿足服務行銷者之需求的多種方式。本章有七個具體的目標:

- 探索服務經濟與資訊時代
- 展示服務行銷者如何將資訊科技成為員工的工具,以改善顧客服務與增加生產力
- 示範服務行銷者如何使用資訊科技授權 (empower) 顧客更多自主權力
- 解釋資訊科技如何橋接組織與顧客間的實體距離,並因而產生互動式體驗

- 舉例說明服務行銷者如何以資訊科技更了解顧客並更有效回應顧客的多種方法
- 提醒服務組織資訊科技所帶來的負面影響
- 說明服務業使用科技以管理顧客介面(interfaces)的許多挑戰

試著想像生活在一個沒有智慧手機、電視與個人電腦的世界，沒有辦法打電話回家，沒有辦法在晚上看世界的新聞，沒有軟體可以協助我們做簡報或計劃書。從歷史的觀點來看，我們最近才離開了那種世界，但一切卻好像已經是很久遠以前的事了。

服務與資訊時代

與十九世紀的工業革命相比，若從規模與成果而言，二十一世紀的人類社會僅處於革命的中間時期。在目前的革命中，資訊科技(包括新興的電腦與通訊)無疑是最強大的力量，一堆令人眼花撩亂的資訊科技已在我們的指尖。資訊時代也同時促成了其他的革命，包括市場的全球化與企業層級的重組。在網際網路的年代已出現了許多資訊的商業模式，例如亞馬遜(Amazon) (http://www.amazon.com)、eBay (http://www.ebay.com)、Google (http://www.google.com) 與 Facebook (http://www.facebook.com) 等。如聚焦3.1的例子，TED.com 已快速成為最有影響力的非營利服務組織。

二十一世紀被資訊科技改變已經是不能抹滅的事實，這個事實產生了創造、傳遞與管理資訊的服務產業。從信用評比到投票服務、再到行銷研究，這些產業提供無形的核心產品。此外，資訊科技可以接觸到服務經濟的任何角落，所以二十一世紀已進入資訊革命的陣痛時期。

沒有一個產業革命能像資訊科技一樣，讓世界體驗到如此巨大的變化。工業革命改變了人類社會，直到資訊革命的到來。例如，工業革命讓人們在工廠中的工作時間，改變成朝九晚五、每週五天的模式。但今日拜電腦普及與通訊科技的改善，數以百萬的人們可以在家

聚焦 3.1
TED：創意值得被散播

短的視訊影片在近年來相當受到歡迎，YouTube (http://www.youtube.com) 是最為大家所知的短視訊影片來源。許多記錄貓、狗或小孩等的影片經常被大家所記得，但教育類來源的就很少。非營利組織 TED 現在已成為教育影片的王者，Richard Saul Wurman 在 1984 年創立 TED (http://www.ted.com)，當時只是為了成為科技、娛樂與設計的研討會，這也是取名 TED 的由來。這個研討會的特色是最尖端的報告，其運作變成一個昂貴且只有受邀者能參與的活動。

在 2001 年，Chris Anderson 買下 TED，並考慮將研討會的參與者及議題的範圍擴大。研討會仍然相當昂貴，而且一年前就賣光所有門票。而其主要的發展在於創造與釋出了 TEDTalks 的免費影片，這些免費影片是研討會中的報告，基本上不長過十八分鐘，這些簡潔的教育影片快速創造了巨大的成功。例如，Ken Robinson 先生在 2006 年對於學校扼殺創意的演講，觀看數已超過九百萬次，成為 TED 最常被觀看的影片。

今日，TEDTalks 擁有了無數令人驚嘆的主題，也擁有了全球的觀眾。他們的口號 "創意值得被散播 (Ideas Worth Spreading)" 已成為 TEDTalks 的宣言與名聲。TED 已開始翻譯的計畫，它們正徵募更多的志工將 TEDTalks 翻譯成更多語言版本。

Source: http://www.ted.com.

工作或是設定他們的彈性上班時間。在現代經濟中，為企業服務的組織可能（有時是必須）全年無休、24 小時營業。

資訊科技如何影響一家公司、員工與顧客？由於科技的廣泛使用，Parasuraman 與 Grewal (2000 年) 認為應該在服務行銷三角形（第一章所提）中增加科技的元素，形成所謂的 "服務行銷金字塔模型 (Services Marketing Pyramid Model)"（圖 3.1）。此金字塔模型強調有效管理科技的三個連結以強化服務傳遞的需求：科技—公司、科技—員工、科技—顧客。科技不應該被視為是此金字塔的頂點，而應該被視為金字塔的背面。再正確一點說，科技是支持所有組織活動的背景。科技亦可以被用於整合跨多重傳遞通路的服務 (Patrício, Fisk, and Cunha 2008)，例如，Apple 的顧客可以在網上訂購商品，然後在地區的實體專賣店取貨 (http://www.apple.com/)。

圖 3.1 服務行銷金字塔

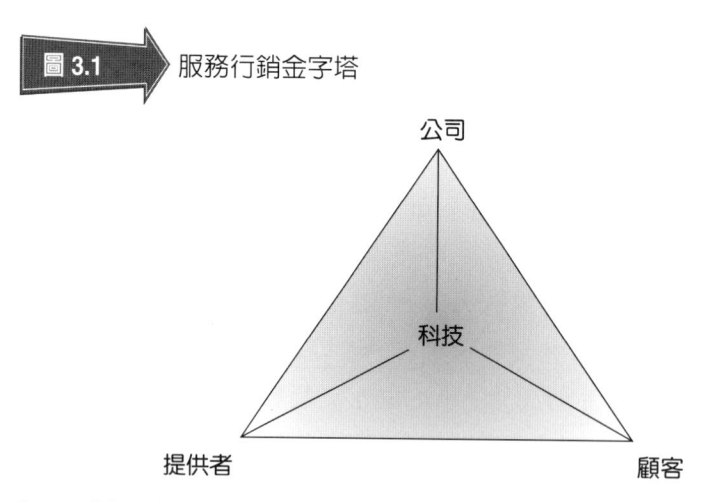

```
            公司
             /\
            /  \
           / 科技 \
          /      \
         /_____\
      提供者      顧客
```

Source: Adapted from A. Parasuraman and Dhruv Grewal (2000), "The Impact of Technology on the Quality-Value-Loyalty Chain: A Research Agenda," *Journal of the Academy of Marketing Science*, 28 (1), 168–174.

核心服務中的科技

　　所有的服務產業都依賴基本的科技以提供核心產品，因此，我們可以參考醫藥、交通、通訊、金融、教育與娛樂的科技，這些產業中有些使用較低等級的科技，有些則使用較精密的科技。雖然如此，每一個服務組織都能從可以改善服務的科技策略中獲得利益。

　　服務組織可以追求一個小心耕耘的策略，將改善核心科技視為改善服務品質的方法。例如在健康照護產業中，科技的改善可以增加醫學診斷與處置的信賴度，如心電圖與雷射手術的影響。因為信賴度是服務品質的一個基石，科技可以成為服務品質的強大工具。科技也可以成為競爭者難以追上的一個優勢，所以能在服務顧客時創造科技領先的地位，也就可以讓該組織獲得利益。

將科技視為輔助的服務支持工具

　　有越來越多的服務組織將科技做為支持它們核心服務的工具，服務組織已經成為電腦與通訊科技的重度使用者。以家庭為基礎的服務組織現在可以結合電腦、智慧型手機、電子郵件與網站服務全球的客戶。

誘發互動式體驗

在二十世紀，通訊科技已經誘發行銷人員與顧客間之溝通互動的三個階段（如圖3.2）。階段一，在二十世紀早期，資訊經由廣播的單向方式傳播給公眾，後來則是經由電視。階段二，二十世紀後期則引入部分的互動，在此階段的一個早期例子就是在廣播或電視中出現的免費客服電話號碼（在台灣就是0800專線），邀請顧客在聽過或看過廣告後打電話給公司。二十世紀快結束時出現了階段三，這是一個顧客可以直接與行銷人員互動的完全互動階段，網際網路提供了最佳案例。階段三的一個案例就是《華爾街日報》(the Wall Street Journal) (http://www.wsj.com) 加入了許多科技化服務，報紙的互動式編輯提供新聞摘要、討論群體、免費且廣泛的求職資源 (http://careerjournal.com)。它們的特色也包括可以訂購更多資訊服務的免費電話，包括特別的複印、華爾街日報教室版本、華爾街日報目錄等服務。

或許在階段三（圖3.2）中最不尋常的部分，就是顧客可以與另一位顧客有高頻寬的互動連結，這現象完全改變口碑溝通的本質，而且迅速成為現代溝通的強大影響工具，包括顧客使用者群體、聊天室、

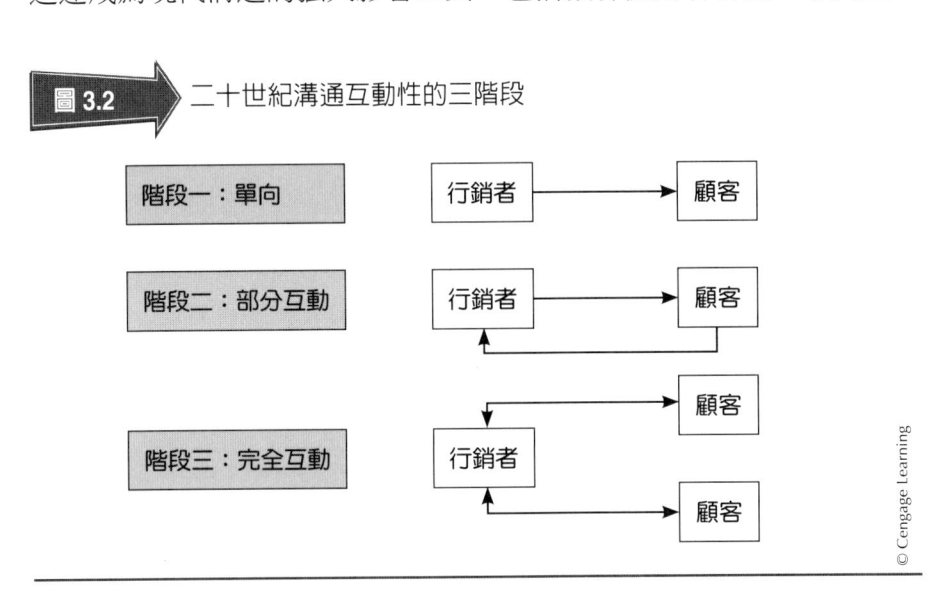

圖3.2 二十世紀溝通互動性的三階段

部落格與社交網路如 Facebook、LinkedIn (http://www.linkedin.com)。

最新的通訊科技能透過高品質的聲音、視訊與文章，以低成本進行遠距離及大量的資訊傳遞。電子郵件的訊息幾乎能在發送的同時就已被接收，通訊也讓大量資訊的更新變得更容易，有些甚至是一分鐘前的資訊，這些是傳統印刷方式所做不到的事。或許更重要的一件事是，當資訊成為經濟價值最基本的一部分時，用電子方式散播資訊的成本也開始消失。簡言之，資訊是一個沒有傳播邊際成本的產品。除了設置成本 (設備與人力)，數位傳播資訊給讀者的成本快速地減少，一直到人均成本接近於零。這種成本優勢讓遠距的服務傳遞能吸引服務組織的興趣。

全球資訊網 (World Wide Web) 是一個極好的例子，說明在網際網路上的全球溝通呈現了巨量的成長。網站是一個網際網路的服務，讓組織與個人可以在上面提供文字、圖片、聲音與視訊給有資訊需求的人。網站讓許多創業家在網際網路上提供許多驚喜的溝通服務，這些服務包括電子目錄如雅虎 Yahoo!、電子購物商城如亞馬遜、公司對顧客的直接服務如 AT&T (http://www.att.com)、廣告代理服務如奧美廣告 (http://www.ogilvy.com)、線上印刷服務如 Hotwired (http://www.hotwired.com)，及軟體服務如 Siebel Systems (www.siebel.com)。聚焦3.2 說明一個人如何在 Facebook 上與人互動。

透過科技授權 (Empower) 員工

在電腦的早期歷史中，資料管理者的官僚系統創造與管理公司的電腦系統，並控制了資訊流。在大型電腦時期，這樣的安排是合乎邏輯的。但在資訊科技小型化後，結果形成一個人就能操作的裝置如筆記型電腦與智慧型手機。服務組織很快就讓員工擁有這些裝置，並盡量連結員工與其他工作人員及這個世界。

科技裝置 今日只有少數的服務組織能在沒有電腦與電話的重度使用下生存，除此以外，錄影機、條碼機、筆記電腦與手持式電腦的使用都快速增加，這些科技讓服務組織及其員工以幾年前無法想像的

聚焦 3.2
Facebook 成為世上最大的社交聚集場所

社交網站非常多，MySpace (www.myspace.com) 曾經是主宰性的社交媒體網站，但在被 Rupert Murdoch 新聞 (www.newscorp.com) 收購後就陷入困境。這家新聞公司學到一門痛苦的課程，互動式媒體與傳統媒體存在巨大的差異。在傳統媒體中，媒體的價值是由內容創造者 (如記者、製作人、作者、編輯等) 創造，而在互動式媒體中，互動式媒體的使用者才是價值創造者。

Facebook 並不是第一個社交媒體網站，但卻很快成為主宰者，在本文撰寫時，Facebook 已經快速地擁有十億以上的註冊使用者。為何 Facebook 會如此成功？許多人認為 Facebook 的網站介面比 MySpace 容易使用太多。容易使用是非常重要的，但是這故事的重心在於，Facebook 讓人們在做兩個基本互動時變得非常容易。在一般的面對面人際互動中，人們在與朋友互動時會告訴朋友喜歡或不喜歡，Facebook 創造一個模擬此二種互動且十分容易使用的電子式模擬。

Facebook 今日已相當具有影響力，許多人每天花時間在 Facebook 上與朋友進行電子式的擁抱，你可能也是其中之一。你經常檢視你朋友的貼文，並在許多貼文上按"讚"，當然也在一些貼文上進行評論，也同時在 Facebook 上與朋友進行即時的聊天。你可能在開心農場上與一些朋友玩遊戲，你的朋友經常只是 Facebook 上的一個觸擊而已。

方式服務他們的顧客。例如現場維修工作人員可以將服務狀況錄影，或是以條碼機監看零件的存貨狀況，並可攜帶存放大量服務手冊的光碟片。他們也可以透過智慧型手機與總部保持密切的聯絡，並透過手機或筆記型電腦上傳服務資料到公司的電腦。另外一個科技可以改善服務的方法是透過機器人，今天醫學機器人可以讓外科醫生不開胸就進行心臟手術，也能讓腦部手術中的手更靈巧，將重大且性命攸關的手術程序進行革命性的改革。

電腦現在在服務業中無所不在，銀行員工在電腦上檢視顧客的存款餘額，保險業務員在一眨眼間將保戶的資訊輸入公司資料庫，並產生報酬與受益的時間表。零售店的店員在電腦化的收銀機敲入購買資訊，可以非常快速與精確地完成與客戶的交易。醫生使用電腦為病人確認與發出適當的藥物與處方簽。

手持式電腦裝置在服務業變成非常重要的裝置，這些裝置例如：FedEx 快遞的條碼機、餐廳服務人員的手持式訂餐裝置、藥局店員的存貨條碼機。最近，智慧型手機如 iPhone 或是平板電腦如 iPad 也已開始進入工作的環境。這些裝置都讓服務人員可以比使用紙本記錄或是巨大電腦更有效率與效果的執行工作。

網路化 網路化是一種建立兩個以上、不在同一實體地點的個人、組織或其他實體間之溝通連結的行為。電話與遠距聲音或視訊會議，讓服務組織可以改善與顧客、中間人或供應商間的溝通速度、品質與數量。大多數的組織正加速進行這種資訊科技裝置的網路化，以加快員工之間或與家庭辦公室之間的資訊流通。這種趨勢的一個例子是 Dropbox (www.dropbox.com)，讓員工可以全球分享電子檔案。電腦網路可以讓服務人員回應顧客的詢問、驗證資訊、提交訂位或訂單，並存取相關資訊以傳遞服務。網路化也是以家庭型服務組織的基本，許多這種微型企業現在透過電腦、電話與電子郵件，提供服務給廣布的客戶，而且也讓家庭型服務組織可以集合成彈性的網路或虛擬的公司，以快速因應顧客的需求。

授權顧客

早期對人類服務的科技替代方案之一，就是自我服務的機器，例如自動販賣機。無論是銷售可樂、糖果、保險套或梳子等，自動販賣機就相當於一個機器化的服務零售店，自動櫃員機 (ATM) 則是一種自動販賣機的精巧與複雜的延伸產品。這些裝置提供低成本的服務，因為有時候以人進行顧客服務是非常昂貴的。

當自我服務的科技開始普及後，許多研究 (Barnes, Dunne, and Glynn 2000; Dabholkar 2000; Meuter et al. 2000) 進一步了解顧客從自我服務科技中所要的東西。Parasuraman (2000) 證明顧客在對科技的接受程度上有所不同，Barnes、Dunne 與 Glynn (2000) 主張自我服務科技的出現必須要有新的市場區隔方法。證據顯示，不論是顧客市場或是企業對企業的市場,都看到自我服務科技的需求與接受在快速成長。

許多科技提供人類服務的自動化替代方案,例如在許多城市,報紙訂閱者若沒有收到報紙,可以透過自動電話語音系統要求重新寄送,而不需要與另一個人直接交談。信用卡顧客可以直接到信用卡公司網站查詢帳戶餘額。許多零售商提供顧客結帳的自我服務,而不需要與店員進行結帳。在許多國家,用手機作為無線的支付工具是可能的。

電腦系統在遞送服務上的使用越來越增加,例如 FedEx (http://www.fedex.com) 這家全世界最大的快遞服務公司,創造了一套精密的包裹追蹤系統,可以隨時說出它每天服務的三百多萬個包裹目前在整個運送旅程中的哪個位置。早期,顧客必須打電話到 FedEx 要求此項服務;後來,FedEx 提供給大客戶一台電腦終端機,讓客戶可以自己查詢每天的貨運。現在,所有顧客不論大小都能使用 FedEx 的網站追蹤自己的貨物。美國航空 (American Airlines)(http://www.aa.com) 也是依同樣的模式發展科技支持的服務,最初,它們發展一個自己的 SABRE 電腦訂位系統,以延伸服務客戶的能力,但此系統最後變成公司的一個主要收入來源。初期,SABRE 只能讓旅行社與美國航空的代表們使用,但今日已成為任一顧客都能使用的網際網路版本,稱為 Travelocity (http://travelocity.com)。

科技的發展讓智慧代理人 (intelligent agents) 成為新的服務,顧客使用軟體代理人取代以前服務業務人員執行的工作。例如軟體代理人可以執行旅行社的業務,搜尋電腦化的班機時刻表並進行暫時性的機位預訂,再由顧客進行確認。個人電腦的家庭銀行也是一個自我服務的智慧代理人案例,顧客使用銀行提供的軟體,檢核帳戶的活動,並可執行匯款或付款的交易。想像得到的是,在未來我們可以對任何服務說"請你的代理人與我的代理人說"。

整理顧客資訊

科技的進步讓組織可以蒐集大量的顧客資訊，並創造與傳遞迄今無法想像的顧客服務。組織可以從大眾行銷變成個人行銷，要成功達到此目標，顧客資料庫必須以顧客服務水準目標進行設計。

創造顧客資料庫需要幾個步驟，第一步要將顧客分成幾個類組：現有顧客、潛在顧客及過去的顧客。第二，資料庫必須包含每一個顧客最新的購買資訊及購買頻率。第三，一個有效的資料庫必須包含約一年的顧客購買明細資料。第四，資料庫必須包含任何其他可以改善公司提供給顧客之服務能力的顧客資訊 (例如偏好的尺寸、生日、信用卡號碼等)。顧客資料庫最簡單也最有效的使用就是追蹤顧客的購買型態，這些產生的資料可以讓組織控制配銷，及掌握顧客需求的微小變化。

要讓顧客資料庫最有效使用，必須能讓第一線服務人員可以容易使用，例如在男裝店的銷售店員可以快速獲得顧客的檔案資料，並提供客製化的服裝建議，此時顧客資料庫的資料格式能讓第一線服務人員易於使用，資訊在顧客被服務的地點也必須能夠使用。一個機靈的服務行銷者會讓每一次的服務遭遇都成為建立顧客資料庫的機會，主要是透過建立一個能蒐集與儲存每次交易資訊的系統。

服務行銷者在創造與使用顧客資料庫時，對於隱私權的議題必須非常謹慎。或許顧客並不介意讓經常往來的公司知道他們的資訊，但他們會害怕隱私權被侵犯，因為組織了解他們所有的購買型態與詳細資料。今天，任何直銷者可以儲存顧客購買習慣的大量資訊，例如 Dell 電腦 (http://www.dell.com) 透過網際網路銷售電腦給全世界，當顧客透過他們的 Dell 帳戶連結到 Dell.com 時，他們可以對 Dell 的電腦系統進行檢視、架構以及出價，也可以在線上下訂單，並且從製造到物流都能追蹤訂單。這個網路顧客帳號讓 Dell 能更快速回應顧客的需求，但是必須付出顧客對匿名權敏感的成本。隱私權議題的重要性可能因為個人或文化而有不同，在聚焦 3.3 中，服務組織應該非常警惕隱私權的保護。

聚焦 3.3
隱私正處於危險中

　　顧客科技相關的隱私議題引發爭議已有一段時間了，顧客資訊的易於被存取導致誤用此資訊的可能性。主要的網路服務提供者如Google和Facebook等，都屈服於廣告商的誘惑，將顧客的個人資訊銷售給廣告商。每一次這種行為被公開時，它們的使用者都非常憤怒。

　　值得爭議的是，組織在處理顧客隱私時是有簡單且合乎倫理的正確方式，首先是要尊重顧客對控制其個人資訊的權利，然後小心地獲得顧客的允許以使用它。服務組織不能在沒有明顯尋求新顧客的允許前，就假設已自動獲得此權利。

處理服務科技的負面影響

　　為了改善服務品質，在二十一世紀的服務組織必須讓科技持續在建立競爭優勢中扮演重要的角色。雖然如此，我們提出了一個警告：雖然許多媒體的焦點放在科技（電子、航太、基因工程、機器人等），這種強調有可能會產生誤導。服務組織經常發現，當在實施這些最新或最偉大的科技時，他們並沒有做好在斷電時的科技失靈準備方案。例如筆者在造訪一家餐廳時，他們的收銀機在突然斷電時就無法使用，餐廳沒有一位員工可以用手動方式進行結帳。服務組織在應用領先科技輔助的服務以創造競爭優勢時，也可能發現這種領先優勢的追求是非常昂貴的，而且當服務失敗時也是非常難堪的，顧客經常需要手動的解決方案取代科技的解決方案。Bitnaer (2001, P.10) 寫道 "當科技戲劇性地改變了顧客與廠商的關係，顧客仍然想要他們過去想要的：可信任的結果、容易使用、有回應的系統、當系統出錯時可獲得補償"。

　　就業的部分是另一個潛在的科技負面效應，在許多服務產業，當科技取代了員工或減少對他們的需求時，就業就會有問題。例如，當銀行的ATM大量使用後，就減少了銀行櫃檯人員的工作機會。一般來說，較低技能的服務人員容易被自動化科技取代，而高技能的服務人員就比較不會因科技而失業。除此以外，科技還會創造許多需要高技能的服務工作，例如銀行現在雖然減少對行員的需求，但卻增加對電腦程式人員及電腦保全人員的需求。

使用科技管理顧客介面的挑戰

在營運中增加科技的服務組織經常面對許多挑戰，這些挑戰來自於服務的科技化顧客介面連結不足。雖然如此，有幾個步驟可以用來克服這些連結的不足。

科技化顧客介面連結不足

許多種連結不足的科技化顧客介面，會讓服務組織提供令人挫折的服務體驗。

自動化白癡 倉促進行服務功能的自動化經常導致系統自動做一些蠢事，例如本文作者之一早期在旅行服務網 Expedia (http://www.expedia.com) 進行註冊時，Expedia 會透過電子郵件提供免費的低票價通知訊息，作為註冊登記時的一部分。在要求這項免費的服務後，一封通知到愛爾蘭首都的低價機票電子郵件訊息就進來了，但這機票價已過期，作者向它們抱怨，Expedia 回覆說他們正在處理這項服務的技術問題。隔週作者又收到另一封也是通知已過期機票價格的電子郵件，於是作者就從該網站註銷了他的名字。

時間槽 新服務科技有可能成為"時間槽 (time sink)"，從顧客偷走了前置時間。例如，當一個新科技比原先科技的運作還慢時 (例如網際網路相對於電話)，增加了等待時間。時間槽的產生也有可能是因為顧客在學習與熟悉新科技時的困難，記得你上一次將軟體升級後才發現要重新學習此軟體的事嗎？

鐵鎚定律 這個定律的由來是形容一個小孩擁有鐵鎚時，他會將每一個事物都看成釘子。科技的創造者也有同樣的迷惘，他們易於設計最複雜的科技程度。但是，一個讓科技人員興奮的複雜設計功能，卻往往讓顧客感到挫折。例如我們造訪許多令人感到疑惑的網站，因為它們有許多科技的累贅品 (bells and whistles)。

科技鎖　顧客介面設計的一個大問題，來自於對已不存在的功能而進行設計的堅持。例如 QWERTY 鍵盤（以鍵盤左上方字母順序命名的鍵盤）來自於第一台手動打字機的出現，在那時候，由於打字者的速度經常快過手動的按鍵，所以會造成按鍵卡住的問題，因而重新安排按鍵的順序以降低打字者的速度。這在當時是一個非常棒的解決方案，但是你會奇怪一件事，為何在手動打字機消失幾十年後，我們仍然在使用相同的鍵盤。

最後一吋　許多顧客介面設計的問題發生在顧客與科技接觸之時，現在的顧客介面是相當舊式的，而且需要很多訓練才能成功操作。例如在前一節所提，電腦鍵盤跟隨了一個相當舊式的設計。滑鼠與軌跡球也是一個限制性的工具，這些電腦介面工具的舊式設計讓不斷按壓的傷害變得非常普遍。聲音辨識是一個不錯的替代方案，但要將人類的說話轉成電腦的代碼是一個困難的挑戰。

高科技 VS. 高接觸　你有多少次打電話給一家公司卻面臨一堆困擾的自動語音指示？在通過這些如迷宮的指令選擇後，你是否發現不是你要找的答案？或是你不確定哪個選擇才是正確的？你需要和人通話，而不是一台機器，語音系統有可能成為語音監獄。很幸運地，有一個新的網站（http://gethuman.com/us/）通知顧客如何逃脫數以百計的公司或政府機關的自動語音系統，以直接與人接觸。

改善科技的顧客介面步驟

下列四個步驟可以有效改善科技的顧客介面：

- 將市場人員投入科技的顧客介面設計中：市場人員很少在顧客介面設計的早期參與，市場人員可以預防自動化白癡、時間槽、鐵鎚定律、科技鎖與最後一吋所帶來的傷害。
- 聚焦於顧客而不是聚焦於機器：顧客重於機器是顧客介面設計成功的基礎，特別是設計必須著重在顧客如何使用服務，並盡量簡化讓顧客容易使用該服務。強調顧客的科技可以適應顧客的需求。
- 讓顧客看不見服務科技：許多顧客介面的科技常常是非常莽撞的，

顧客對科技並不一定有興趣，所以這些科技應該是藏在背後，理想上來說，這些科技對顧客而言是看不見的。
- 彈性設計的堅持：服務行銷者必須堅持，科技的設計需要給員工與顧客最大的彈性，太多公司已沒有彈性的科技取代有彈性的員工，科技的有限彈性讓員工與顧客難以有效使用。真正有彈性的科技可以讓員工與顧客在使用時感到有趣。

摘要與結論

資訊科技是二十世紀許多重大改變的基礎，也將在二十一世紀繼續扮演重要的角色。使用科技以傳遞服務經常需要訓練服務人員，也需要訓練被服務的顧客。沒有這些訓練，新科技實際上可能降低組織的服務品質。一個缺乏訓練的零售店店員使用條碼讀取型收銀機時，會比訓練良好的員工用人工讀取價格更慢。在顧客面，顧客必須在了解科技的價值前，接受訓練以使用先進的科技如 ATM、智慧型手機、電腦軟體等。當顧客缺乏此種訓練時，我們所接收到的服務品質可能就會大打折扣。

資訊科技是全世界提升顧客期望的重要部分，也在許多國家的社會變動中扮演主要的角色。今日，全世界數以百萬計的人們可以即時讀取新聞事件。世界正處於巨大資訊革命之中，就像工業革命全面改變一樣的重組社會結構。當這些發生時，未來經由科技提供給顧客的服務範圍、精巧、品質都會超過任何人現在的期望。

練習題

1. 計算並列出你過去 24 小時所使用的電子溝通裝置，其中有多少是 (a) 單向裝置（收音機、電視與衛星），(b) 雙向裝置（如智慧型手機、iPAD 與筆記型電腦）？從這些裝置中，舉一個例子說明有哪種服務使用此裝置，及強化服務傳遞的方式。
2. 選擇你所在群體中的一個服務組織，並發展一個運用資訊科技工具改善服務的計畫：
   a. 為員工設計。
   b. 允許顧客可以更多與更直接的接觸服務組織。
3. 說出一個因為無效服務科技所造成的不良服務體驗。詳細描述服務遭遇的情況，並點出科技的角色。這家服務組織應如何做以改善其所使用的服務科技？

網際網路練習題

拜訪 Apple 的 iTunes 網站 (http://www.apple.com/itunes/whats-on)，探索 Apple 帶給世上的網路音樂服務。研究 iTunes 軟體與 iPod、iPhone 及 iPad 是如何整合，以提供給音樂愛好者一間個人的、可攜的音樂圖書館。也探討 iTunes 可提供的其他數位內容服務 (App 商店、電視秀、電影、音樂影片、書、播客檔案、iTunes U)。

References

Barnes, James G., Peter A. Dunne, and William J. Glynn (2000), "Self-Service and Technology: Unanticipated and Unintended Effects on Customer Relationships," in *Handbook of Services Marketing and Management,* Teresa A. Swartz and Dawn Iacobucci, eds., Thousand Oaks, CA: Sage Publications, 89–102.

Bitner, Mary Jo (2001), "Self-Service Technologies: What Do Customers Expect,?" *Marketing Management,* 10 (Spring), 10–11.

Dabholkar, Pratibha A. (2000), "Technology in Service Delivery: Implications for Self-Service and Service Support," in *Handbook of Services Marketing and Management,* Teresa A. Swartz and Dawn Iacobucci, eds., Thousand Oaks, CA: Sage Publications, 103–110.

Meuter, Matthew L., Amy L. Ostrom, Robert I. Roundtree, and Mary Jo Bitner (2000), "Self-Service Technologies: Understanding Customer Satisfaction With Technology-Based Service Encounters," *Journal of Marketing,* 64 (July), 50–64.

Parasuraman, A. (2000), "Technology Readiness Index (TRI): A Multiple-Item Scale to Measure Readiness to Embrace New Technologies," *Journal of Service Research,* 2 (4), 307–320.

Parasuraman, A. and Dhruv Grewal (2000), "The Impact of Technology on the Quality-Value-Loyalty Chain: A Research Agenda," *Journal of the Academy of Marketing Science,* 28 (1), 168–174.

Patrício, Lia, Raymond P. Fisk, and João Falcão e Cunha (2008), "Designing Multi-Interface Service Experiences: the Service Experience Blueprint," *Journal of Service Research,* 10 (May), 318–334.

第二部分

創造互動式體驗

本部分的章節是建立在服務劇場觀點之上,第四章討論規劃與傳遞服務表演時的許多影響因素,一個正向的顧客體驗需要服務遭遇中各組成元素的協調。第五章檢視服務環境在溝通與傳遞服務中的角色,我們特別以服務表演的舞台角度檢視服務環境。第六章討論服務表演者(也就是服務人員)的管理議題,因為員工的能力會深深影響顧客對服務組織中的服務品質知覺,所以我們稱為"善用人力資源"。最後,第七章關注顧客(在服務程序中的觀眾)的角色,服務的顧客會影響服務表演的成敗。

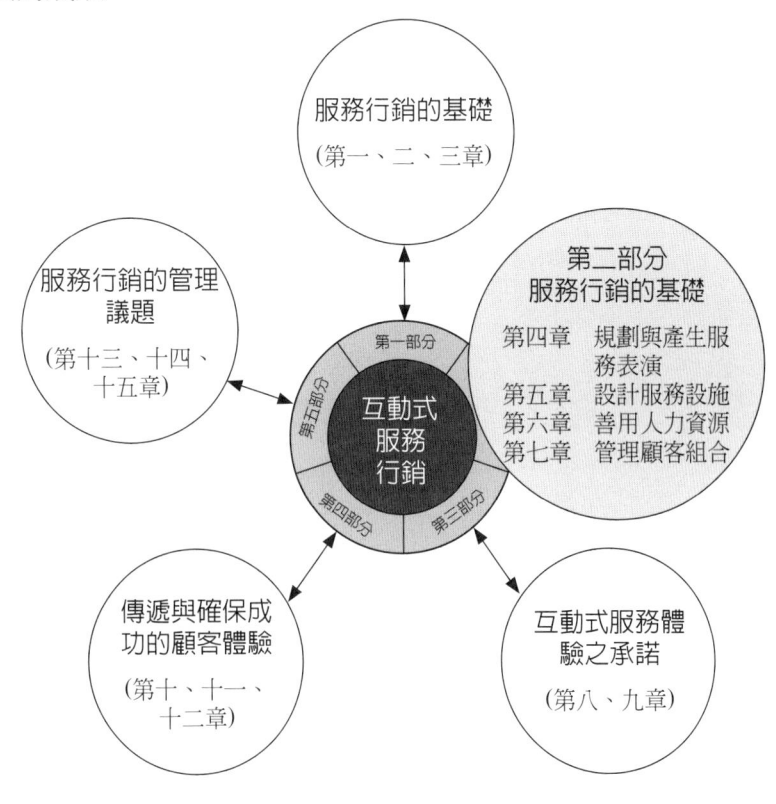

- 服務行銷的基礎
  (第一、二、三章)

- 服務行銷的管理議題
  (第十三、十四、十五章)

- 第二部分 服務行銷的基礎
  第四章 規劃與產生服務表演
  第五章 設計服務設施
  第六章 善用人力資源
  第七章 管理顧客組合

- 傳遞與確保成功的顧客體驗
  (第十、十一、十二章)

- 互動式服務體驗之承諾
  (第八、九章)

互動式服務行銷

第四章
規劃與產生服務表演

服務表演
補充基本的服務表演
服務表演的差異化
客製化服務表演
編寫服務表演的劇本
為服務表演製作藍圖
網路與服務表演
服務的情緒面

第五章
設計服務設施

什麼是服務設施？
設計服務設施的關鍵考慮點
將服務設施作為行銷工具
將電子服務場景作為服務設施

第六章
善用人力資源

服務人員與他們的行為
授權服務員工
服務即興演出的需要
服務的情緒面
讓服務員工穿上戲服
服務員工生產力最大化

第七章
管理顧客組合

被服務的顧客與他們的行為
顧客與顧客之互動
顧客對服務人員之互動
選擇與訓練顧客
管理顧客的抓狂

羅浮宮博物館

羅浮宮博物館 (Louvre Museum) (http://http://www.louvre.fr) 是世界知名的博物館，訪客來自全世界，博物館座落於一座中古世紀的城堡，這座城堡後來成為法國國王的行宮，而這棟建築物本身就相當具有意義，也對這個歷史博物館的環境氣氛有相當大的貢獻。

展覽的樓層共有四層，每一位訪客都能隨本身偏好進行長時間或短時間參觀。雖然如此，所有訪客似乎都喜歡先去看達文西所畫、也是最知名的蒙娜麗莎畫像，即使此畫像離入口處並不近。此畫像受歡迎的程度造成了畫像前每天的堵塞，全球知名的小說—達文西密碼更增加了畫像的知名度。

為了改善羅浮宮博物館的體驗，放置蒙娜麗莎畫像的房間在2005年進行翻修，以容納每小時1,500人次以上的訪客流量。新房間設計的特色包括燈光改善、更好的群眾流動循環、防護相機鎂光燈的特殊反折射玻璃。由於裝修的複雜度，蒙娜麗莎畫像必須停止一天展示，移開並重新安裝。由於蒙娜麗莎畫像非常受歡迎，羅浮宮管理處通知了6,000家旅行公司，讓它們知道蒙娜麗莎畫像將進行移動。

其他羅浮宮的改變如1989年的現代玻璃與鋼鐵混製金字塔，是由華裔設計師貝聿銘設計，現在已成為博物館的入口。此專案包括了許多現代化設計的特色以容納訪客，包括可以停巴士與汽車的地下停車場、購物廣場與圓形劇場。

Source: © Zoran Karapancev/Shutterstock.com; Daniel Michael and Anne-Michele Morice (2005), "Job One at the Louvre: Don't Stand in Front of SmilingWoman; Curator, GuidesWork Around Mona Lisa's Celebrity; A Rare Day Off—to Move," *Wall Street Journal* (Eastern Edition) (March 23), A1. Reprinted by permission.

第四章
規劃與產生服務表演

羅浮宮博物館對營運進行謹慎的規劃，並為顧客設計所需要的幕後基礎設施。像這樣的工作如果做得好，你可能不會發現博物館在為顧客的方便所付出的努力，在其他的組織中也是一樣。顧客經常不會注意到在服務提供時的幕後運行事物，但是在顧客視線以外所發生的程序卻會嚴重影響顧客的體驗。博物館的體驗本質來自於顧客在博物館中遭遇的過程，思考羅浮宮博物館所發生的多個步驟順序，以架構它的服務表演。本章對服務表演的規劃與產生進行觀念上與技術上的檢視，有下列四個具體目標：

- 檢視服務擔任核心產品或補充產品的角色
- 示範可以用來區隔服務的技術
- 描述服務表演客製化時所需要的關鍵元素
- 解釋服務表演的劇本編寫與藍圖製作技術，讓服務表演的規劃可以更精確

已退休的棒球明星、也是一位非本行的哲學家貝拉 (Yogi Berra，美國洋基隊入選棒球名人堂的捕手) 曾經說過"你可以透過看而觀察到許多事物"，這是一個簡單的真理，因為每天的活動或周圍實體環境經常被忽視。一個顧客若花一些時間近距離觀察服務，就可能會發現一些重要的元素，例如員工對不同任務的工作方式、服務設施的顏色與舒適度，還有其他分享服務環境的顧客。這個偶然的觀察者可能會懷疑，這些特色屬於一個會影響顧客服務評價的偉大設計。越仔細觀察的顧客就

會發覺這個組織的服務有其他構面，例如，他們可能會發現服務設施的顏色與裝飾協調到會喚起寧靜的感覺；或是他們會發現，員工的活動似乎遵循一種未知但卻感覺得到的型態。最終，這個旁觀者會認為，走進服務，貝拉說的是對的，"你確實可以透過看而觀察到許多事物"。

對於實體商品，這句描述"你看到的就是你得到的"是對的。但是，服務卻經常擁有無法看到的特色。如第二章所說，描述服務體驗的架構發現，服務的一些重要部分其實發生在顧客視線以外。許多服務在可見區域或是服務傳遞系統之互動部分的準備、協調、執行與支援，都是被隱藏、看不見的。顧客可能不會察覺到圍繞前台之服務的各方面，但是顧客可能更不瞭解創造一個成功服務遭遇所需要的後台活動。對於服務而言，"你得到的"可能遠超過"你看到的"。

如同舞台的生產，創造服務的演出必須整合許多細節 (Grove and Fisk 1983; Grove, Fisk, and Bitner 1992; Grove, Fisk, and John 2000)。就像劇場一樣，許多元素都不會被顧客注意到，因為它們發生在後台，或是被台上的行動所隱藏。即使這些服務是處在公開的場合中，但仍會因為這些活動與設施或舞台混淆而難區分，因而被觀眾忽視。觀眾會了解這些元素的時候，經常是因為服務表演未如預期而出錯。餐廳的骯髒湯匙、汽車維修店的錯誤帳單等，就如同失誤的舞台道具或不合時機的聲效，都會影響演出的效果，這些未如預期或不滿會讓人注意到它們在服務行動中的角色。簡言之，如果服務如計畫般演出，大部分的顧客不可能會發現這些與成功相關之元素的角色與重要性。

任何組織都是藉由提供滿足顧客需求的產品而創造價值，當我們看到服務劇場架構，服務是一種表演產品，其舞台是由人—如同在設施中的員工與顧客(演員與觀眾)所架構而成。因此，在規劃一個產品與產生服務的表演時，管理者要描繪出程序、設計服務設施、善用他的人力資源與管理他的顧客。把這些合在一起，就是一家服務廠商的基本產品決策構面。

服務表演

有許多理由可以將服務視為表演，無論是看醫生、搭計程車、足球賽、貨運，顧客所收到的服務就是一種消費的活動。治療、搭乘、足球賽或運輸活動的本身並沒有實體的特質，相對地，就像劇場演出一樣，它們經常是由人(醫師、司機、足球員、貨車司機)、設備與設施(X光機、計程車、足球場、貨車)的努力而形成或傳遞的表演。此外，許多顧客看得到或看不到的部分(診所等候室的氣氛、計程車或足球場的維護、貨車調度員的個人技能)都有劇場的影子。就像劇場一樣，服務的表演依賴良好的規劃與設計。所以要成功設計一個服務表演，我們必須要了解它的特質。

首先，服務表演是一種多面向的現象。組織的核心服務經常是由補充的服務元素強化，才能提供完整的服務表演。例如典型的旅館，對旅館的基本服務期望是在一個乾淨、舒適、安靜的住所過一晚。但許多旅館提供其他的元素去滿足顧客的需求，例如餐廳、酒吧、電話服務、健身房、結帳與預約系統等，這些補充元素也可能是服務差異化的競爭優勢來源。

第二，如同一場表演，服務只有在行動的期間存在，雖然這個特色對服務行銷者而言是一個挑戰(例如品質控制)，但也提供服務客製化以滿足個別需求或慾望的機會。服務在執行前都不會成形的事實，讓提供者可以依顧客特別要求或特定環境需要而調整，許多服務是依顧客的規格而提供，例如髮型設計、財務規劃、物理治療、廣告等。雖然如此，獲利力及成本控制的考量會限制服務表演的客製化程度，即使這些客製化看來是被需要的。

第三，一場服務表演的發生會隨著時間並牽涉到一系列的事件。例如由美國郵局(U.S. Postal Service) (http://www.usps.com) 提供的郵件寄送服務，必須整合許多涉及顧客、郵務人員及設備的步驟，才能將信從原始地送達目的地。許多的行動必須被確認並按序地排出，才能清楚了解郵件寄送系統的全貌，做這些事的努力是為了協助管理者了解並設計服務的傳遞。

補充基本的服務表演

不論是商品或是服務的產品，都包含核心與補充的元素。旅館產品的核心是房間的使用，但補充元素包含了許多補充的服務。核心是指產品能滿足顧客需求的能力，補充元素則是強化核心能力。

服務產品可以如同實體商品一樣被分類，例如便利品、採購品與特殊商品。**便利服務** (convenience services) 被認知為風險較低，消費者僅需花一些時間考慮並選擇最容易接觸到的服務供應商，例如計程車、擦皮鞋、雜貨店、藥店，當然還有便利超商。**採購服務** (shopping services) 是指顧客需要發展偏好或選擇，以及對價格及品質有所了解，這些需要一些搜尋的能力，例如保險、航空旅行、旅行社與大學等。**特殊服務** (specialty services) 是指顧客需要對品牌與服務提供者個性建立偏好，並因此需要用額外的意願或時間去尋找特定的服務供應者，例如法律服務、博物館與宗教服務。

任何服務組織可以用各種方法補充它的核心產品，使用花朵為隱喻，Lovelock (1994) 找出八種補充服務花瓣的型態 (圖4.1)，圍繞著組織基本服務表演的花朵中心，這些服務程序或元素關於資訊、諮詢、收訂單、接待、看守、例外處理、結帳與付款。雖然有些花瓣好

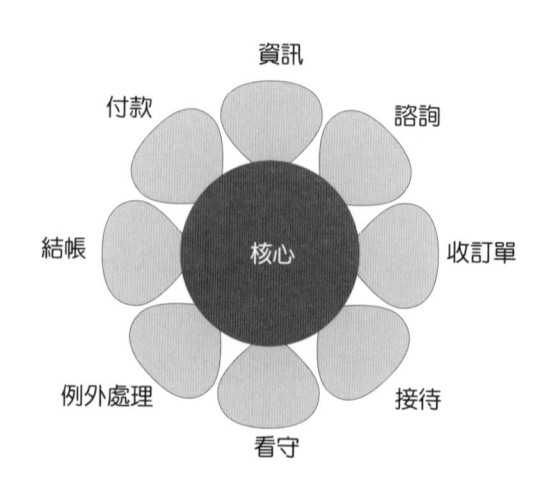

圖 4.1 Lovelock 的服務花瓣

像不應該從某些服務核心長出，例如公用事業不需要接待，但其他服務則被認為應該像盛開的花朵，八個花瓣都應俱全。例如在航空公司、旅館或醫院，Lovelock 所描述的八個補充服務花瓣，都會伴隨核心的服務表演。Lovelock 所描述的八個花瓣提供組織一個好的起點，讓組織思考如何增加服務的方法。

能強化服務表演效果與效率的服務可以補充組織的前台活動（例如提供給航空旅行者自動化票務資訊的資訊服務站），或後台支持活動，例如 Ritz-Carlton 旅館的顧客偏好資料庫，補充元素有時提供組織更好的服務客製化機會。最終，任何服務的補充必須能提升顧客的滿意度。服務表演的補充有時候會牽涉到複雜度的增加，例如乾洗店增加收衣與送衣的服務，旅行社增加飛行保險的服務。Barnes & Nobol (http://www.barnesandnoble.com) 書店提供一個補充服務的更好例子，除了銷售各種書籍、錄音帶、雜誌以外，這家書店提供更多的電腦軟體、用餐服務，並提供一個舒適的區域讓顧客享用它們的商品。同樣的，Home Depot (http://www.homedepot.com) 這家美國家庭裝飾品與建材的零售商，在基本銷售服務以外增加了"如何使用"的課程服務，教導顧客一些最常見的家庭改善計畫，並安排顧客接觸到能滿足他們合約需求的人。藉由增加這些核心服務的補充，組織可以更有效符合顧客所需，並維持或強化它們的競爭力。聚焦 4.1 舉例說明如何使用手機科技的串流服務，在顧客所在地點提供服務的補充元素。

有時候，增加組織的基本服務補充是因為要回應競爭狀況。當一個服務組織提供了補充的服務，而且也證實有效，它的競爭者被迫要推出此種元素的自己版本。從跟隨者的觀點來看，如果無法拷貝競爭者的成功，將可能讓它喪失市場的版圖。例如旅館推出較高檔次的房間、快速的入住辦理手續，很快地，每一個大型旅館都推出類似的系統，在旅館產業，這些已變成很普通的型態。準備梳洗用品與枕頭旁邊的巧克力曾經是相當獨特的，但這些創新也很快就變成相當普通的服務。組織有時會藉由對領導者的創新進行小改善，嘗試收回失土。

聚焦 4.1
你的手機是一台行動收銀機

有許多服務的傳遞是以 "外送(on the go)" 的方式，例如披薩外送、家電維修服務、園藝服務或是家庭健康服務等。但至少有三片花瓣的補充服務(如圖4.1的八片花瓣)會對服務提供者及顧客產生困擾：收訂單、結帳與付款。攜帶式的信用卡讀卡機及你手機上的App，改變了這種業務的營運方式與補充服務的傳遞方式。服務提供者可以輕鬆刷信用卡或是輸入信用卡號，哇~~，交易就被處理完成，而且收據會自動地透過電子郵件或簡訊傳給顧客。

科技讓這些活動變成可能，例如設計給iPhone與iPad使用的 "Square" 機器、設計給黑莓機使用的MerchantWARE Mobile、設計給Google Android作業系統手機使用的GoPayment。相對於有終端機的傳統收銀機成本，商店會發現轉成這種行動收銀機會更有效率與效果。未來，我們將尋求將這些花瓣的服務加入App中，就從手機的信用卡支付系統開始。

Source: David Rocks and Nick Leiber (2011), "Turning Smartphones into Cash Registers," *Bloomberg Business-Week* (February 14–20), 44–46; and, http://www.practicalecommerce/artciles/2497-11-Credit-Card-Apps-Swipers-for-iphones.

例如枕頭旁的巧克力剛開始不顯眼，之後當全球的旅館都開始做時，巧克力的大小與數量都開始增加。有一家旅館連鎖店甚至決定將單純的巧克力，換成小汽車大小的餅乾，用這種大手筆迎合顧客。這種特別的現象可能還會持續下去，有一天，當疲倦的旅客在晚上回到房間時，會發現有披薩放在枕頭邊。

服務表演的差異化

補充服務的決策並不是都來自於其他組織的創新，有時候組織願意承擔計算過的風險，並進行服務表演的差異化。如果這個組織可以提供很大的便利性，這個領導者就會獲得該產業中的相對競爭優勢(Berry, Seiders, and Grewal 2002)，第一個導入快速入住登記的旅館就是一個例子。當以創新元素補充服務表演時，組織必須注意是否能強化顧客的服務體驗。在增加服務的補充時，若未進行創新效率的評估會引起大災難，即使是有良好的考慮與研究服務表演的改變，還是會失敗。漢堡王 (Burger King) (http://www.burgerking.com) 曾經想改變速食業營運的方式，在一天中的某個時段提供桌邊服務，但顧客並不喜歡這個改變，這個創舉也就以失敗告終。

在規劃一個服務表演時，不僅須考慮如何趕上競爭者，也必須仔細研究以核心服務的補充進行差異化的機會。服務創新很容易被複製，競爭優勢也就因而被稀釋。根據 Levitt (1988) 所說：組織今天所發展的附加 (augmented) 產品，明天就很可能變成顧客眼中的預期 (expected) 產品。(聚焦 4.2 討論自我服務科技如何在服務表演中變成普及化)。因此，組織在發展潛在的產品時必須保持警覺性。以服務行銷的術語來說，潛在的商品應包含任何能吸引未來顧客的方法，這些方法能補充已附加的服務表演。目前已開始實驗自我服務程序的旅館就是追求潛在商品的代表，這已經沒有回頭路了，從現有服務中刪除補充服務元素，可能會與發展更新、更好產品的要求不一致。實際上，一家服務組織也可能藉由提供更簡單的服務表演進行區隔，現在一些受歡迎的速食店如麥當勞 (McDonald's) (http://www.mcdonalds.

聚焦 4.2
自我服務經濟

現在在各地都似乎越來越能接受自我服務科技，機場、劇院、郵局與大型零售店等，都已接受這種科技，讓顧客可以自行 check in、check out、處理資訊等，而不需要與服務人員直接溝通。許多服務組織允許顧客在線上直接管理他們的帳戶，這些行為都是從銀行的自動櫃員機與加油站的自助加油開始，並開始持續的成長。資訊科技與創新基金會的研究人員在 2010 年估計"若自我服務科技能更廣泛發展，美國的經濟將每年成長約 1,300 億美元"。自我服務可以在不增加服務成本的情況下增加顧客服務，它提供顧客更大的便利性、節省顧客的時間，也可能讓原來在做登記的人員轉至顧客服務的部分。舉例來說，如果你要飛出阿姆斯特丹史基浦機場，你可以將已登記的行李自己貼上標籤。史基浦機場為荷蘭的皇家航空公司 (KLM) 不斷實驗各種機場以外進行的程序，並推出自我服務的創新，然後促使其他使用該機場的航空公司跟進這些服務。

Source: http://www.itif.org/publications/embracing-self-service-economy (accessed June 15, 2011); and, http://www.futuretravelexperience.com/2011/04/schiphols-self-service-self-tagging-innovation/ (accessed June 15, 2011).

com)，提供越來越複雜的服務，但也有其他競爭者藉由限制菜單的項目、取消內用區、減少內用的時間等方式獲得成功。雖然新進入此競爭區域的競爭者可能會採用這種方法，但一家已增加補充服務的組織，很難在不犧牲顧客光臨的情況下刪除這些補充服務。

補充服務表演的決策必須非常小心，除了前面所提的以外，組織必須對發展與實施補充服務的成本效益非常敏感。藉由複雜度而改變服務表演，可能增加物料成本（例如科技與實體結構）或人力成本（例如雇用與訓練額外的人力）。因此，補充服務元素必須被詳細檢查，包括服務的效能（提升顧客喜悅的水準）與效率（更快速處理顧客的能力）。一個做成本效益決策的方法是經由新表演的測試，就像劇場表演一樣，會在城市外的地方先測試新的表演，大型服務組織在發展新的補充服務時，可以在少數的通路或是一段時間內進行測試。補充服務的評估必須包括是否符合組織的服務策略，這項評估是非常重要的，特別是當補充服務與組織現有服務表演相當不同時。未考慮策略的一致性，可能會造成顧客對服務表演的困惑，也對服務組織產生疑惑。例如義大利餐館提供非義大利的餐飲、汽車修理店提供乾洗服務等，都可能讓顧客對組織的本質產生疑惑。

對服務表演的補充可以小至強化顧客的體驗、大至重大改變服務表演的本質。規劃這些改變的複雜度與補充服務的本質有關，旅館放在旅客枕頭邊的問候巧克力決策與在大套房中增加大工作桌的決策完全不同，後者需要更小心的分析與評估。但在這兩個決策例子中，補充服務可能是在擁擠的市場中提升競爭力的方法。

客製化服務表演

服務產品的差異化可以採用客製化的形式，這些客製化需要有特別的考量，客製化對這些組織的競爭優勢創造上扮演很重要的角色。許多服務表演的特色來自於特定的步驟或是程序，藉此以滿足個別顧客的特別需要、需求或慾望。由於許多服務的生產與消費是同時發生，而且也涉及服務提供者與顧客的互動，所以**客製化**

(customization) 對顧客與行銷者都是有吸引力的選擇方案。對顧客而言，客製化等於產品的私人化，對行銷者而言，客製化是將產品與其他競爭者差異化的方法。有時客製化是必要的，例如醫學診斷，醫生必須個別地診斷病人。但對提供個人健身教練服務的健美操教練而言，客製化可能是由教練決定的。在任一案例中，客製化在服務表演的規劃上提供一些特別的考慮方向。

在規劃一個服務表演時，滿足每一個顧客的需求可能非常具吸引力。每一個顧客對任何服務都有一些偏好上的差異，滿足這些不同的偏好是顧客所期待的。但在客製化服務以滿足顧客個人需求的效能與對所有顧客提供標準服務的效率之間，要做出重要的取捨 (Trade-off)。例如公共運輸的案例，發展一個可以將顧客從出發處一直送到終點處的大眾運輸系統，在理論上或許可行，但這種系統在財務上或邏輯上是不可行的，它的無效率會遠比它能滿足每一個顧客需求的能力更為重要。因此，服務的客製化是有缺點的。事實上，有人主張以服務程序的工業化 (或標準化) 獲得速度、一致性與經濟上的利益，取代服務的客製化，如 Lovelock 與 Wirtz (2007) 建議，相對於客製化服務，這些利益對許多顧客更為重要。

要規劃一個包含客製化的服務表演，組織必須對每一顧客的需求或需要很了解，組織也可以配置能適應顧客需要的工作人員或科技。客製化不是像 "嗨！阿花" 這樣的打招呼小技巧，服務客製化需要更多的技巧與努力，以發掘與回應顧客的偏好。雖然顧客通常會期待他的服務偏好能被了解，但並不一定總是這樣，組織和它的人員仍須努力去了解每一個顧客的需求。例如有些保險公司，會訓練業務代表的傾聽技巧，以辨別顧客的偏好。服務組織也必須教育它們的顧客，讓他們說出自己的需要。例如旅館會使用記號或口頭溝通的方式，讓顧客要求旅館能為他們做的任何服務，以讓顧客的停留可以更舒適。發掘顧客需要或需求的複雜性表示一個事實，在許多服務 (如四星級飯店、健康檢查或法律諮詢) 中，顧客的需要是在服務時才能被發掘的。

對顧客需要或偏好的瞭解只是客製化議題的一部分而已，組織要藉由修改服務回應許多不同的顧客需求，這種能力需要更卓越的員工技能與科技支持，而且這兩者都可能都不容易發展或投資。科技可能是很昂貴的，有技能的員工可能稀少或薪資要求高，在訓練上也可能相當昂貴。但必須提供可滿足所有顧客個別需求的組織（如房地產仲介或健檢診所）就沒有那麼多選擇了，因為這類組織要成功，必須將顧客都視為獨立個體而進行服務。所以這些組織必須投資在上述所提的服務元素，協助提供顧客個人化的服務。無論如何，要進行客製化的組織必須小心地衡量改變的成本與效益，即使這改變只是服務表演的一個步驟。為了滿足分散的顧客需求而犧牲的效率，還有增加有技能的員工與必要先進科技的成本，都可能會勝過組織因改變能獲得的收入利益。

從正面來看，服務表演的客製化可以改善服務的體驗及對服務品質的知覺。要將服務體驗客製化的一個方法是透過劇場工具的使用（如聚焦4.3的討論，藉由教導醫師行為技巧而客製化健康照護的服務，並因此改善健康照護的成果）。如Daly (2004)的主張，教導服務人員改善行為技巧，可以大大改善組織將服務表演客製化的能力。

藉由確認與回應顧客個人的偏好，可以表達組織在追求卓越服務

聚焦 4.3
醫生的劇場訓練

劇場課程可以為醫生做些什麼？一項在Virginia Commonwealth大學的研究發現，他們醫學生在修習劇場教授所開的課程後，改善了臨床態度的分數。受過訓練的觀察員學生受訓前的同理心溝通技巧打了6.88分（滿分為10分），但四個月後則提高到8.56分，同期間的控制組則是從6.38分下滑到5.82分。因此，Mayo醫學院與醫學人文學科的治療中心同時與Guthrie劇場進行合作，透過即席創作、寫作、動作與行為訓練，對醫學生教導說故事的技巧。

Source: Rachel R. Hammer, Johanna D. Rian, Jeremy K.Gregory, J. Michael Bostwick, Candace Barrett Birk, Louise Chalfant, Paul D. Scanlon, and Daniel K. Hall-Flavin, (2011), "Telling the Patient's Story: using theater training to improve case presentation skills," *Medical Humanities*, 37, 3-4; and, Alan W. Dow, David Leong, Aaron Anderson, Richard P. Wenzel, and VCU Theater-Medicine Team, (2007), "Using Theater to Teach Clinical Empathy: A Pilot Study," *Journal of General Internal Medicine*, 22 (8), 1114-1118.

的認真程度。規劃一個客製化的服務表演並不是常常被需要或是可行的，例如速食業的營運或大眾運輸。雖然如此，發展與維持能滿足較多顧客偏好的能力，在許多產業中都能讓組織產生差異化。Ritz-Carlton 旅館之所以全球知名，是因為它們能成功滿足顧客的偏好。在一個以品質標準化為崇高目標的產業，Ritz-Carlton 旅館則是將眼光放在努力滿足顧客個人需求之上，這項承諾讓這家旅館連鎖獲得兩次美國最受矚目的 Malcolm Baldrige 國家品質獎，能實現承諾是由於有高技能與充分被激勵的工作團隊，還有投資在建立追蹤顧客偏好資料庫的科技。

要規劃一個能實現這種客製化的服務表演是一個相當大的承諾，但能在顧客滿意度和服務品質知覺上有很大的加分。藉由客製化而產生的優越服務體驗可以強化組織的形象、創造更多的顧客忠誠度、建立起對此一服務提供者的強烈偏好。

編寫服務表演的劇本

一個仔細的觀察者可能會發現，服務表演循著一串的事件。即使是漫不經心的旁觀者也將會注意到，服務（不論是剪髮、汽車修理或音樂廣播）的傳遞都會有開始、中場與結束。在許多案例中，服務表演涉及幾種不同的行動，雖然這些行動對顧客而言是不明顯的。專家可以藉由服務工作的行動劇本或是服務設計的藍圖，協助顧客了解執行一個特定服務所涉及的東西。

一個**服務劇本** (service script) 是將步驟按時間次序編列的表達方式，這些步驟是完成顧客所看到的服務表演。劇本可以是相當簡單或是相當詳細，應視服務而定。例如，銀行 ATM 交易的劇本會牽涉的事件比航空旅行為少。服務劇本也可能被描寫成相當弱勢或強勢，主要是看劇本的特異性程度而定。具強烈客製化的服務比起為多數人所生產的標準服務，其劇本就比較弱勢。

> **服務劇本**是將步驟按時間次序編列的表達方式，這些步驟是完成顧客所看到的服務表演。

不論劇本是否複雜，除非顧客很仔細研究整個服務活動，否則很容易低估服務中的前台活動數量。想想你上次剪頭髮時，這件事牽涉到許多步驟，可能從預約的電話開始，然後在你離開美髮店時結束，在這中間，發生了一系列的事件，包括告訴接待人員你的到達、找座位、等候、在等待區讀雜誌、和其他顧客的聊天、坐入剪髮椅子、和髮型師打招呼、提供你造型偏好的相關方向等等。若仔細觀察，很多服務的各個步驟是很明顯的。組合這些步驟的劇本可以被服務組織作為規劃的工具。

當小心發展時，一個劇本會提供前台服務傳遞過程的詳細帳戶。如前面所提，一個服務劇本會抓取許多在服務遭遇期間圍繞顧客的分散活動。一個服務劇本也可以是一個建立基準的工具，提供顧客認為服務期間"應該"發生事物的帳戶。舉例說明此二者的差異，請看圖4.2的服務劇本案例，一方面，這個案例劇本描述顧客在整個法律諮詢服務表演中可能會遭遇的事情；另一方面，這劇本辨認出法律廠商

圖4.2 服務劇本例子：法律諮詢服務的個案

1. 打電話到律師辦公室預約時間。
2. 在約定時間開車到律師辦公室。
3. 找停車位與停車。
4. 進入建築物並確定方位。
5. 閱讀標誌以找出要去的地方。
6. 尋找方向。
7. 搭電梯並走過幾個走廊。
8. 到法律公司的接待櫃台說明已抵達。
9. 坐在等待區，直到輪到你的時間。
10. 由助理帶你走到律師辦公室。
11. 在面談中討論你的情況。
12. 回答一系列的問題，讓律師可以獲得完整的資訊。
13. 安排下次見面或後續的行動。
14. 在前台結帳後離開。
15. 找到走出辦公室與建築物的方向，並走回你的車子。
16. 開出停車場。
17. 等待律師打電話來。
18. 如果有必要，接受律師對下個行動的指示或作決策。
19. 如果有必要，打電話到律師辦公室約下次見面的時間。

應注意的前台服務傳遞特定活動。例如，若顧客滿意度是目標時，停車位的可用性與方便性（步驟3）與等待律師電話時間（步驟17）就是兩個重要的步驟。

在任何服務的典型表演中所發生的事件，若能透過從顧客觀點進行描述，一個組織可以學習如何確保顧客對服務表演成功的認知。研究劇本中每個事件或步驟的期望，可以協助組織規劃能滿足或超越顧客標準的表演。

為服務表演製作藍圖

一個**服務藍圖** (service blueprint) 是一個服務表演中必要元素的圖像表達，包括前台與後台。服務藍圖可以確認顧客、服務人員、顧客與工作人員的互動點、工作人員與其他工作人員的接觸點、前台的表現與後台的程序或活動[*]。更重要的，藍圖展示如何整合上述的元素以創造服務表演，許多在前台所發生的事物是服務組之後台活動的結果。換言之，藍圖這項工具是可以同時定義前台服務表演的行動與後台的支持。

> **服務藍圖**是一個服務表演中必要元素的圖像表達，包括前台與後台。

許多人了解藍圖是用來設計與建構建築物，它是一個布置未來建築結構細節的技術圖畫。換言之，藍圖畫出未來的真實。服務藍圖的用途也跟建築藍圖很相似，它是一種設計與溝通用的工具，讓行銷者可以準確地想像與規劃未來實現的服務表演。

雖然服務藍圖應如何發展並沒有強制的規則，但服務行銷者必須確定，此藍圖能表現出所有提供給顧客的有形或無形步驟。此藍圖製作程序需要熟悉服務操作面的人員，通常是指不同部門或職位的工作

---

[*] 有關服務藍圖的更深入討論，可以參考：*For an in-depth discussion of "blueprinting," the reader is directed to G. Lynn Shostack's works, "Designing Services That Deliver," Harvard Business Review,* 62 (January–February), 1984, 133–139; and "Service Positioning Through Structural Change," *Journal of Marketing,* 51 (January), 34–43. Also see G. Lynn Shostack and Jane Kingman-Brundage (1991), "How to Design a Service" in *The AMA Handbook for Marketing for the Service Industries,* C. A. Congram and M. L. Friedman, eds., AMACOM, 243–252; and Evert Gummesson and Jane Kingman-Brundage (1991), *Quality Management in Services,* Paul Kunst and Jos Lemmink, eds., Van Gorcum.

人員，以發展整個服務的精確藍圖。此步驟之所以重要，因為沒有一個人可以對組織服務的各方面都了解。例如寄信服務，不論是窗口的櫃員、信件分類人員與送信人員，他們對寄信服務的個別描述，不太可能像整合三者知識所描述的一樣精確。

有時候設計一個服務藍圖是相當複雜的，特別是當此服務表演包含許多元素時。圖4.3展示一個簡單的酒吧服務交易的可能藍圖。經由一段時間的仔細檢查與第一手觀察後，可以繪製出服務藍圖，並指出服務表演的幾個特色。首先，服務藍圖指出在服務遭遇中顧客所看到的前台活動，它與為創造顧客酒吧體驗而組合的行動或步驟有關。在如此做時，服務藍圖會辨認出顧客與服務人員的互動點（步驟5,6,8,9），以及顧客與酒吧實體環境的互動點（步驟1,2,7）。此藍圖也展示出服務傳遞時所進行的後台活動，並指出這些後台活動如何影響前台的服務表演。

> **複雜性**越高，表示服務表演的步驟數目越多。
>
> **分散性**越高，表示服務表演中任一步驟的彈性程度與變異程度越多。

進一步檢視，此藍圖表示酒吧服務的複雜性較低，**複雜性** (complexity) 與服務表演的步驟數目有關，而且可以在服務藍圖中用循序的圖示方式呈現。此圖也顯示出酒吧服務的一些分散性，**分散性** (divergence) 是指服務表演中任一步驟的彈性程度與變異程度。任何一個服務程序可以用此二術語描述 (Shostack 1987)，例如酒吧例子中只有比較少的步驟與小的變異程度（步驟3,4）。相對地，想想一個複雜的服務藍圖例子，例如像 Ritz-Carlton 的高級旅館所提供的服務。

在藍圖中的視覺性與整體性表達方式，可以從幾個方面協助服務行銷者。除了類似服務劇本的功能以外，服務藍圖提供給員工一個整個服務的清楚樣貌，也因此可以定義工作人員在整個服務表演中的角色重要性。此外，服務藍圖藉由提醒組織注意一些需要修改、增加或刪除的步驟，因而可以改善服務，例如 Lia Patrício (2006) 為葡萄牙銀行分析金融服務與建立其雛形所發展的藍圖技術。所以服務藍圖是規劃組織服務表演不可缺少的工具。

圖 4.3 服務藍圖案例：拜訪地方上的酒吧

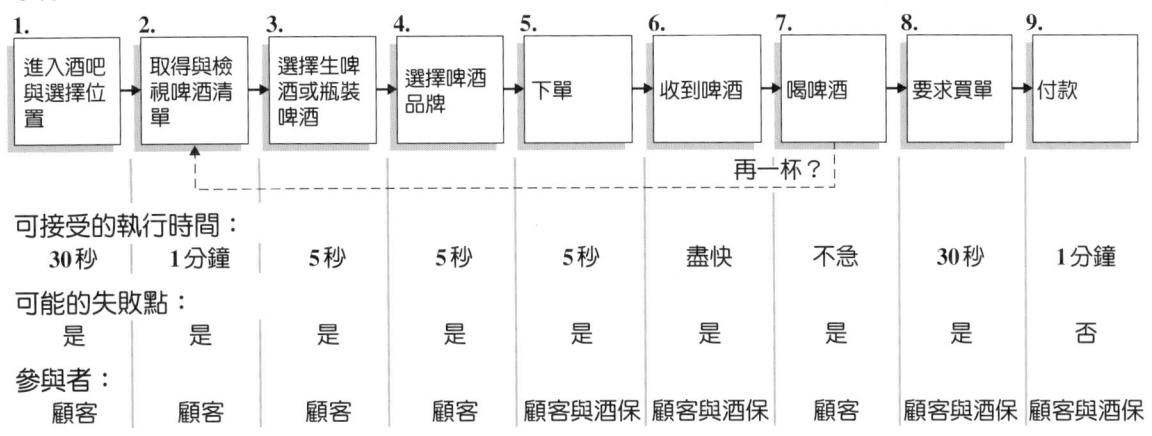

事件：

| 1. 進入酒吧與選擇位置 | 2. 取得與檢視啤酒清單 | 3. 選擇生啤酒或瓶裝啤酒 | 4. 選擇啤酒品牌 | 5. 下單 | 6. 收到啤酒 | 7. 喝啤酒 | 8. 要求買單 | 9. 付款 |

再一杯？（7 → 2）

可接受的執行時間：
30秒 | 1分鐘 | 5秒 | 5秒 | 5秒 | 盡快 | 不急 | 30秒 | 1分鐘

可能的失敗點：
是 | 是 | 是 | 是 | 是 | 是 | 是 | 是 | 否

參與者：
顧客 | 顧客 | 顧客 | 顧客 | 顧客與酒保 | 顧客與酒保 | 顧客 | 顧客與酒保 | 顧客與酒保

實體證明：桌子、椅子、玻璃杯、菜單、牆上裝飾等等

顧客看得見的分界線：　　　　　　前台
　　　　　　　　　　　　　　　　後台

實體證明：儲存區、冰箱、酒桶、廚房設備、垃圾桶等
關鍵活動：材料的選擇、儲存與再購；員工排班等

© Cengage Learning

網路與服務表演

　　對於核心產品不是服務的廠商，藉由導入新服務或現有服務的線上版本，或導入網路為基礎的服務，網路可以讓服務產業發生革命。產業的範圍從零售業到資訊服務業，一些全新的服務就突然發生了，例如由 Apple iPhone 所產生的 "App" 產業。想了解或發現你的族譜？只要拜訪 Ancestry.com (http://www.ancestry.com) 或 OneGreatFamily. com (http://www.onegreatfamily.com) 就可以。任何牽扯到資訊處理的服務都會有線上版本，而像亞馬遜或是 eBay 這樣的組織，只有在網際網路上提供他們的服務。其他的服務組織則了解到，需在實體建築物以外提供網路的線上服務。像 L.L.Bean 或 Land's End (http://www.landsend.com) 這樣的零售商，網路服務是一個提供電子目錄給顧客的好方法，它們仍然郵寄目錄，並透過 FedEx、UPS (http://www.ups.com) 等包裹寄送組織遞送它們的產品。對其他組織而言，如 Barnes

& Noble 書店，必須在實體通路外增加線上的服務。當核心產品是實體時，組織可以使用網路提供附加的服務，如產品資訊、顧客服務、結帳與付款等等。就像實體服務提供者能夠被編寫成劇本與繪製藍圖，網路服務也能在規劃與生產服務表演時，被編寫成劇本與繪製藍圖。

服務的情緒面

第二章所討論的各種架構以不同方法讓我們注意服務遭遇的組成元素，然而每一個架構都有隱性的一面，那就是服務與人有關，人包括顧客與員工、包括人與人的互動、包括被周遭環境影響的人。所以毫不意外地，組織在設計與執行服務時，必須考慮到行為的情緒面。顧客與服務人員的服務體驗是正面還是負面，與服務遭遇時所表現或引發的情緒有關。熱情的員工、愉悅的周遭環境、同質的其他顧客，都可能讓顧客產生好的服務感覺或是人員的工作評價。想想你上一次去購物中心或雜貨店，這些元素讓你有甚麼樣的感覺。在第五章，我們將探索服務設施的情緒影響。在第六章，我們檢視服務人員在顧客感覺形成中所扮演的角色。第七章，我們則進入顧客與顧客互動的結果。

摘要與結論

服務表演涉及到許多粗心觀察者難以察覺的細節與活動，即使是仔細檢視服務表演，可能也不會發現它的複雜本質，因為許多服務表演發生在視線來外的後台。在了解服務的這種事實與其他本質後，我們可以將服務視為劇場表演。為了讓組織可以傳遞優越的服務表演，所以必須了解表演的一般觀念。例如，表演可以就其前台行動編寫成劇本，並就其整體製作的觀點繪製藍圖。有時表演可以客製化來滿足觀眾特別的需求、需要或偏好。要產生一個優越的服務體驗，組織會發現以新的或不同的元素補充基本服務表演是必要的。當規劃一個服務表演，組織必須考慮劇本編寫、藍圖製作、客製化與補充服務元素。編寫劇本與繪製藍圖提供必要的服務構面，客製化增加顧客對表演的滿意度，補充服務元素可以透過強化與差異化核心產品的方式保持組織的競爭優勢。

練習題

1. A. 仔細想想你在服務行銷教室的服務體驗，用十分鐘盡可能列出會影響體驗的因素，將你的列表與其他同學的比較，創造出一個可以精確描述學生服務行銷教室體驗之影響因素的列表。並決定這些因素中哪些 (a) 非常明顯，(b) 最不明顯，和 (c) 最可能是後台活動的結果。

   B. 思考你到銀行存支票的服務遭遇，就你對此遭遇的了解，發展服務劇本與簡單的藍圖，並就服務滿意度的觀點，列出三個最重要的步驟。

2. 如果在顧客指定時間將報紙送到其住宅，使用本章廣泛討論的服務客製化成本與效益觀念，加上你自己的觀察，列出並簡短解釋三個利益與三個成本。這個修改是可行的嗎？為什麼是或為什麼不是？

3. 想想你最近待過的旅館或是你家附近的旅館，發展一個它所提供的補充服務列表，並就重要性進行排名。這些補充服務中有哪些如果缺少就會影響你光顧的意願？有哪些則是不必要的？

網際網路練習題

選擇兩個競爭的線上服務公司如 priceline.com 與 expedia.com。

1. 繪製兩個服務表演的藍圖。
2. 在你的藍圖中如何區隔這兩個競爭者？
3. 如果你是它們其中之一，你會考慮哪些可以更進一步差異化的機會？
4. 需要哪些後台活動才能讓你的建議變得可行？

References

Berry, Leonard L., Kathleen Seiders, and Dhruv Grewal (2002), "Understanding Service Convenience," *Journal of Marketing,* 66 (3), 1–17.

Daly, Aidan (2004), "Let's Improvise!" in QUIS9—*Service Excellence in Management: Interdisciplinary Contributions,* Bo Edvardsson, Anders Gustafsson, Stephen W. Brown, and Robert Johnston, eds., Karlstad, Sweden: Karlstad University Press, 7–15.

Grove, Stephen J. and Raymond P. Fisk (1983), "The Dramaturgy of Service Exchange: An Analytical

Framework for Services Marketing," in *Emerging Perspectives on Services Marketing,* Leonard L. Berry, G. Lynn Shostack, and Gregory D. Upah, eds., Chicago: American Marketing Association, 45–49.

Grove, Stephen J., Raymond P. Fisk, and Mary Jo Bitner (1992), "Dramatizing the Service Experience: A Managerial Approach," in *Advances in Services Marketing, and Management: Research and Practice,* vol. 1, Teresa A. Swartz, David E. Bowen, and Stephen W. Brown, eds., Greenwich, CT: JAI Press, 91–121.

Grove, Stephen J., Raymond P. Fisk, and Joby John (2000), "Services as Theater: Guidelines and Implications," in *Handbook of Services Marketing and Management,* Teresa A. Swartz and Dawn Iacobucci, eds., Thousand Oaks, CA: Sage Publications, 21–36.

Gummesson, Evert and Jane Kingman-Brundage (1991), *Quality Management in Services,* Paul Kunst and Jos Lemmink, eds., Assen/Maastricht, Netherlands: Van Gorcum.

Levitt, Theodore (1981), "Marketing Intangible Products and Product Intangibles," *Harvard Business Review,* 59 (May–June), 94–102.

Lovelock, Christopher H. (1994), *Product Plus: How Product 1 Service 5 Competitive Advantage,* New York: McGraw-Hill.

Lovelock, Christopher H. and JochenWirtz (2007), *Services Marketing: People, Technology, Strategy,* 6th ed., Upper Saddle River, NJ: Prentice Hall.

Patrício, Lia Raquel (2006), "Enhancing Service Delivery Systems Through Technology," doctoral dissertation, Universidade do Porto, Porto, Portugal.

Shostack, G. Lynn (1984), "Designing Services That Deliver," *Harvard Business Review,* 62 (January–February), 133–139.

Shostack, G. Lynn (1987), "Service Positioning Through Structural Change," *Journal of Marketing,* 51 (January), 34–43.

Shostack, G. Lynn and Jane Kingman-Brundage (1991), "How to Design a Service," in *The AMA Handbook for Marketing for the Service Industries,* C. A. Congram and M. L. Friedman, eds., New York: AMACOM, 243–252.

第五章
設計服務設施

你可能會在拜訪一家服務建築物時注意到它的內部裝潢與格調,以羅浮宮所創造的氛圍為例,這個中古世紀城堡也是法國國王皇宮的建築,對這個二十世紀博物館的格調會有何影響?由貝聿銘大師設計的超現代玻璃金字塔對這座八百年的建築有何貢獻?這些羅浮宮實體設施的不同方面,在決策前都應該被仔細的考量過,它們所傳達的意義與博物館的使命是一致的,而且能夠吸引訪客造訪這座舉世聞名的博物館。本章說明幾個與服務設施有關的觀察與想法,有四個具體的目標:

- 檢視服務設施的不同特色
- 討論在設計服務設施時的重要考慮點
- 解釋服務設施在行銷服務時所扮演的角色
- 討論將電子服務場景 (e-servicescapes) 作為服務設施

或許世界最知名也最成功的服務設施是位在美國奧蘭多的迪士尼世界 (Disney World) (http://www.disney.com),每天早上,都有數以千計的人從汽車或巴士中流出,衝向小心維護的迪士尼世界大門。創辦人華德·迪士尼創造了迪士尼世界,作為他第一家主題式公園(加州的迪士尼樂園)的延續。迪士尼世界產權的規模龐大,當顧客從下高速公路、進入迪士尼土地那一刻開始,迪士尼就開始控制顧客的體驗,迪士尼世界服務設施的每一方面都被仔細設計與維護,以將顧客體驗最大化。

從一開始,迪士尼公司就認為它的主題公園,是一種架構在類似卡通與電影中情景的娛樂。在此觀點中的一個重要構面,是公司必須對顧客體驗有關的任何前台活動都要非常小心。雖然支持前台表演的後台活動也會被強調,但迪士尼確保所有活動都會在顧客視線以外,以強化前台表演的效能。畢竟,讓一個小孩看到米老鼠拿著他的頭是不太好的。迪士尼將它的娛樂哲學運用在每一件事情,即使是迪士尼商店,也必須被設計來娛樂消費的顧客。此商店必須強調各種細節,例如適應三歲小孩身高的視線設計等。此外,此商店有一個比銷售迪士尼商品更重要的目的:它們被設計來創造顧客對迪士尼公司的喜好印象,經營者相信這些印象會轉化為迪士尼電影與主題公園的更多支持顧客。

什麼是服務設施?

> **服務設施**有時稱為服務場景,包括所有服務提供者與顧客互動的實體環境。

服務設施有時稱為**服務場景** (servicescape),包括所有服務提供者與顧客互動的實體環境 (Bitner 1992)。服務設施對服務傳遞過程及顧客的服務知覺有很重要的影響。在許多方面,服務設施就像是實體商品的包裝,它可能會促進或妨礙產品的使用,也能作為重要的溝通工具。更特別的是,服務設施設計可以影響顧客與工作人員的移動與互動。此外,背景、設備裝飾及其他實體線索,都會協助顧客形成對組織及其服務的印象。用 Shostack (1977) 的話來說,"設施可以在影響顧客心中的'實際'服務上扮演非常重要的角色"。

行銷者早就瞭解到實體環境對定義與促進服務交換的潛在重要性,這些影響服務特性的設施特色,包括周遭的顏色與明亮度、聲音的大小與高低、香氣與香味、空氣的溫度與新鮮度、空間的使用、家具的樣式與舒適度、環境的設計與清潔及其他氣氛的持有等 (Kotler 1973),這些都展現能定義實際服務的可見線索。這些不同的元素可以組成服務,如電影院、歌劇院、賭場、醫院、旅館、機場、購物中心或大學。

服務設施創造顧客最重要的第一印象,它設定了整個服務體驗的調性。在對服務缺乏事先了解的情況下,服務場景會協助顧客決定對服務組織的期望。例如第一次走進一家新的或不熟悉的飯店，它的裝潢與其他氛圍特色會讓顧客憶測所提供的服務型態、可能的價格區間、店員可能的親切度等等。進一步，還有設計的開放性、餐桌的布置、裝飾品的擺放、餐廳設備型態的選擇等，都可能影響服務傳遞的程序。

到目前為止，我們將服務設施設定為顧客與員工參與不同服務相關活動的實體環境。此種討論提出一種建議，顧客是處在一個**服務工廠** (service factory) 中。我們可以延伸此種概念，以包含其他型態的設施：(1) **郵局場景**──專為郵件服務；(2) **電信場景**──專為長途電話服務；(3) **網路場景**──專為網路線上服務。雖然在這些環境中，顧客與提供者的互動非常接近，但服務設施是由服務組織所控制，並依心中的顧客所設計。

設計服務設施的關鍵考慮點

從行銷的觀點，許多因素會影響服務環境的設計是否成功，以下是討論這些因素中最重要的一些議題。

服務設施的使用期間

一個服務組織的實體環境會如此重要，是因為顧客會花費較長時間在此環境中，例如在住院期間、待在旅館的假期中或是航空飛行中。與服務環境接觸的時間越長，越會放大服務設施的潛在效果。顧客有很多機會對設施的吸引力與格調給予好的印象，也可能被設施的不足或不舒適而感到沮喪。當體驗時間越長，顧客對旅館功能、醫院病房、飛機座椅、病人等候區域（所有顧客會花費額外時間的地方）的使用就越多，評價也越多。事實上，可能會被忽視的環境因素（如不好的香味、經常滴水的水龍頭、椅套的裂縫等）會因為顧客停留時間越長而越重要。空氣會變得令人窒息，滴水會成為折磨人的噪音，裂縫會變成不舒適的大洞。當顧客留在服務環境越久，更多的設施元素會在顧客前暴露出來。當顧客與服務環境的接觸時間越延長時，組織必須特別注意這些設施的溝通與操作面。

做為營運工具的服務設施

服務設施的設計在決定服務效率上也扮演了重要的角色,如果服務設施的設計正確,它會降低營運成本或讓服務傳遞的程序變順暢。服務場景與設備的布置可以強化或阻礙服務的傳遞,雜亂的設施或是過時設備會讓工作人員不易使用,阻礙他們執行工作。相對地,一個配合工作人員角色的良好設施設計,可以大大增加組織的服務生產力。

將服務設施當作服務識別

服務設施的設計越來越重要,因為它能協助服務進行差異化。例如同樣提供一般性的服務,諾富特飯店 (Novotel) (http://www.novotel.com)、喜來登飯店 (Sheraton Hotels) (http://www.starwoodhotels.com) 或麥當勞及硬石咖啡 (Hard Rock Café) (http://www.hardrockcafe.com) 等,都能藉由獨特的設施特色產生不同的知覺。對這些服務組織而言,每一個服務場景創造了相當不同的特色。在某些例子中,服務設施是組織服務行銷組合中的重要元素與主要區別方法,例如硬石咖啡或好萊塢星球餐廳 (Planet Hollywood) (http://www.planethollywood.com),雖然它們在其他行銷方面也非常努力,但實體環境(大量搖滾與電影產業的人工裝飾與陳列品)是它們的主要特色。當鎖定一個特定的市場區隔時,服務設施的重要性就更增加了。零售商店、飯店或旅館中有許多案例,在這些案例中,設施設計提供吸引特定型態之觀眾的線索,例如硬石咖啡的環境是設計給休閒餐飲市場的特定區隔。另一個特別的案例是紐約哈雷咖啡 (Harley-Davidson) (http://www.harley-davidsoncafe.com),這是一個相當受到歡迎的餐廳,它的服務設施中展示出哈雷機車超過九十年的歷史。簡言之,服務組織實體設施的設計可以是一個有效的定位工具。聚焦5.1舉例說明如何以設施做為識別。

聚焦 5.1
Minimundus—在 Worth 湖的小世界

Minimundus (http://www.minimundus.at/en/) 是一個有全世界微縮建築物的遊客公園，1958年建立在奧地利的 Klagenfurt，靠近 Worth 湖。這公園有六英畝大（約26,000平方公尺），被造景成可以同時容納多個不同的建築展示區。公園的部分被模擬成熱帶雨林、沙漠、高山、湖泊、河流、運河及海洋。這一個微縮世界創造了一個超現實的服務場景，成人遊客、甚至是小孩都能像巨人一樣在公園中漫遊。

每一個 Minimundus 建築物都是以 1:25 的比例重新製作，為了讓這些建築物看起來像真實的，Minimundus 人員使用原始的材料（大理石、砂岩、玄武岩等）。建構一個新模型必須花費數個月的辛苦工作，展示的建築模型已超過150個，包括法國的艾菲爾鐵塔、印度的泰姬瑪哈陵、倫敦鐵塔、西班牙的聖家堂、美國的自由女神像、德國的新天鵝堡、梵諦岡與雪梨歌劇院。

Minimundus公園也有許多工作模型如船、火車，甚至有每個小時發射一次的太空船。新的兒童探索路徑在2009年開設，包括"冒險樂園"，兒童可以泛舟、騎大象、建沙堡等。

Source: Minimundus.at (2012), http://www.minimundus.at/en/ (accessed September 10, 2012).

將服務設施作為導引工具

服務設施的設計可加速或阻礙顧客對服務程序的了解，若服務傳遞系統是新奇的，開放式設計可以讓顧客在跟著系統移動時觀察服務傳遞的程序，遍及美國與其他國家的漢堡餐廳連鎖店 Fuddruckers 是一個好的例子，Fuddruckers (http://www.fuddruckers.com) 的服務劇本包括幾個獨特面，例如允許顧客參與服務生產的過程，顧客可以在一個調味品吧台上"裝飾"他們的三明治，如果沒有對餐廳實體環境的開放設計，第一次到 Fuddruckers 的客人會對服務事件的順序感到困惑。新顧客可以在排隊時觀察與學習服務的程序。

行銷新服務觀念的組織了解如何以實體線索進行服務資訊的溝通（如圖5.1），在這些環境中有效的標示是很重要的。當服務設施是複雜、蔓延、讓人困惑時，設計良好的標示或地圖可以提供清楚的方向，以免顧客感到挫折或搞錯方向。大眾運輸系統如倫敦地

圖 5.1　典型的雜貨店面布置

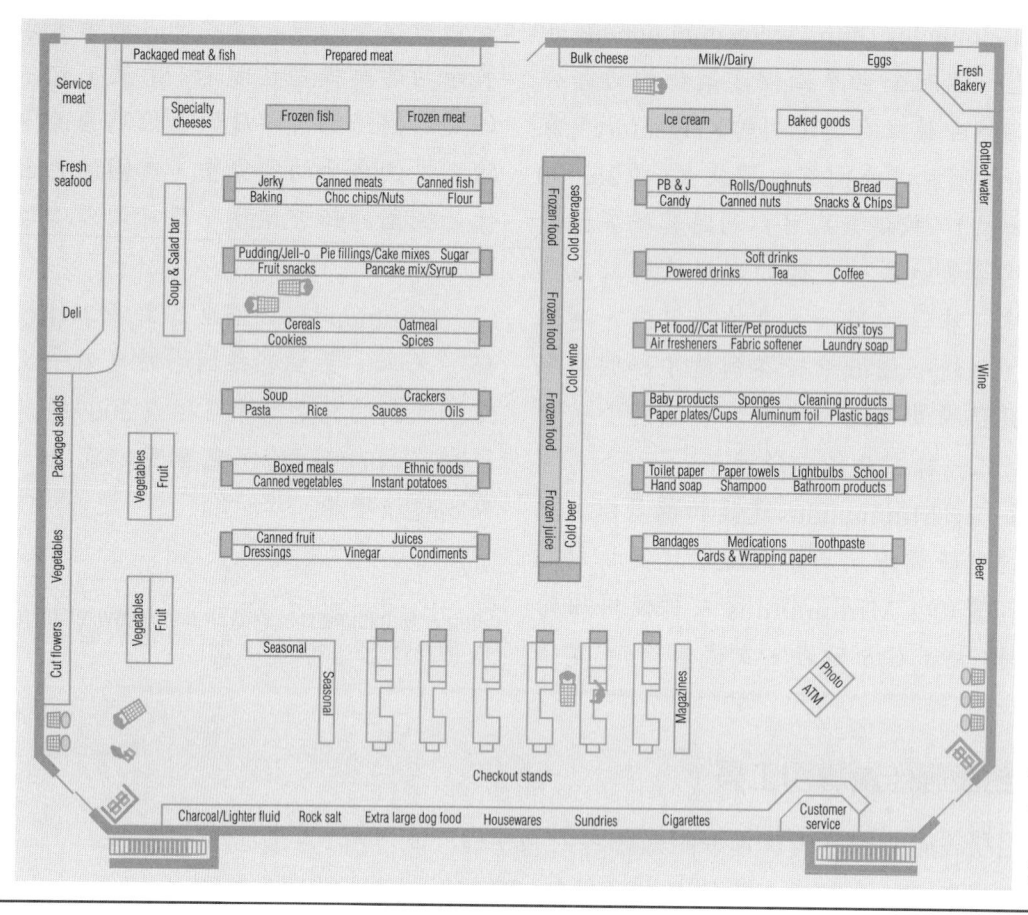

鐵 (http://www.tfl.gov.uk/) 或是嘉年華遊輪公司 (Carnival Cruise Line) (http://www.carnival.com) 的遊輪，就需要有效的方向標示。在某些例子中，或許還會用聲音或視覺的輔助以增加標示。例如在阿姆斯特丹的史基浦機場 (Amsterdam's Schiphol Airport) (http://www.schiphol.nl/index_en.html)，除了在實體環境中遍布的標誌與方向指引裝置外，他們還提供給旅客多語言版本的袖珍手冊，可以清楚地圖示他們的服務場景 (如圖 5.1)，此手冊成為旅客隨手攜帶的參考工具，讓他們可以在複雜的機場服務設施中遊覽。

服務設施的吸引力

對於大多數顧客需要花很多時間在實體設施的服務組織，必須規劃一個在功能上和美學上具有吸引力的環境。但是服務組織必須記住，可以吸引某種型態顧客的設施特色可能會讓其他的顧客厭惡。一個**親近環境** (approach environment) 是顧客可以感到舒適並願意花時間的環境，而**避開環境** (avoidance environment) 則是顧客感到不想要和不動人的設施 (Mehrabian and Russell 1974)。例如，在度假地點尋找興奮和刺激的顧客會覺得鎮靜與安靜的服務場景沒有吸引力，這些顧客更可能考慮像 Club Med 度假村 (http://www.clubmed.com) 為親近環境。有趣的是，同樣一個特定的顧客對於相同的服務設施，在某些情況下可能覺得是親近環境，但在另一種情況又認為是避開環境。例如令人興奮的夜店，對同一對夫妻而言，在與朋友聚會時是一個吸引人的環境；但若兩人想要私下相處時，就會覺得是吵雜的環境。聚焦 5.2 描述一個非常吸引音樂人與粉絲的音樂表演場所設施。

> **親近環境**是顧客可以感到舒適並願意花時間的環境，而**避開環境**則是顧客感到不想要和不動人的設施。

服務組織不能為所有人的需要設計服務設施，但是他們可以依所提供之服務辨認及研究期望的市場區隔，也能發展一系列的環境特色，將實體設施轉化為目標族群的親近環境。矛盾的是，即使想要吸引顧客來光顧，組織還是會有一些避開環境的構面 (或是忽略某些親近環境的特色)。例如，依賴高流量客流以創造收入的服務，可能不會希望顧客覺得待在服務場所很舒適。如速食餐廳，通常會設計硬塑膠椅子、非常亮的燈光、花俏的顏色，讓顧客不要逗留太久。其中的技巧就是在 " 帶顧客進入服務場所並感到舒服 " 與 " 提醒顧客只要花必需的停留時間即可 " 中間取得平衡。

將服務設施作為員工 " 家以外的家 "

一個容易被忽視的設計考慮因素，就是服務設施也是員工 "**家以外的家**"。達美航空公司在訓練機員時會使用這個隱喻，他們要求員

聚焦 5.2
藍石工作室 (Blue Rock Studio)—現場音樂的特別場所

在德州山地區，從山脈的高處俯視 Blanco 河流，河中有一塊巨大的扁平岩石，就是有名的藍石 (Blue Rock)，座落了一間藍石工作室 (http://www.bluerocktexas.com)。它是一間錄音工作室，也是 Billy 與 Dodee Crockett 的家。Crockett 夫婦每月開放他們的家一次，做為現場音樂表演的場所，是歌手與作曲家最愛的利益。要了解藍石工作室的實體環境有何不同，就要先與其他典型音樂表演場所進行比較。

全世界的現場音樂場所經常是相當大或相當小，運動場所經常是最知名樂團表演的地方，例如 U2 或滾石。如此大的區域雖然受歡迎，但經常聲音效果不佳，而且觀眾與表演者只能有遙遠的關係。雖然有超大螢幕的協助，但就像是比家裡電視還大一點而已。在另一個極端，在一些小酒館或小酒吧，有抱負的音樂人在觀眾聊天與喝酒時進行表演。藍石工作室提供一個與這兩個極端相當不同的音樂場所。

Crockett 夫婦在建立他們的房子與錄音室時，就包含建構現場音樂舞台的想法。他們的大房子坐落在十九英畝的土地中心，這塊土地並擁有客房、游泳池與步道。房子中間有一個表演廳，可以坐一百多個人。在表演期間，不能說話或喝酒，只能不斷注意表演者。藍石工作室網站會公告每月一次的音樂會，必須在兩個月前就訂票。大部分都會很快就賣完，有些相當受歡迎的表演者甚至會出現秒殺。大部分的觀眾知道到藍石，就好像到朋友家看現場表演的感覺。

歌手／作曲家是每月一次音樂會的主角，德州有許多成功的歌手／作曲家，其

工在娛樂客人時將飛機視為他們的家。顧客花在服務環境的時間可能會因為傳遞的服務而改變，但服務人員經常在同樣的環境花更多的時間。結果，背景音樂、燈光、裝潢與其他可以吸引偶爾拜訪之顧客的服務場景，可能會變成吵鬧的特色，嚴重影響工作人員的表演。例如在飯店，顧客覺得很羅曼蒂克的朦朧燈光，讓服務人員在執行任務時變得困難。同樣，對於只聽一次的顧客感到愉悅的歌曲，可能會讓每天重複聽同一首歌的工作人員感到厭煩。許多零售店的店員對聖誕假期中不斷播放的聖誕歌曲感到相當不悅。

組織必須花心思在創造一個能平衡顧客需求與員工需求的服務環境，簡單來說，服務設施必須讓員工感到舒適，並提升執行指定工作的能力，同時也要能吸引顧客。

(續)

中許多都曾在藍石表演過，例如Sam Baker、Shawn Colvin、Joe Ely、Ruthie Foster、Eliza Gilkyson、Butch Hancock與Jimmy La Fave。許多傳奇歌手／作曲家也曾在這表演，包括Christopher Cross、Jimmy Webb、Jesse Winchester。大多數的音樂家在表演時只用很少的伴奏，主要是以清唱的方式。每一次表演都會為音樂家進行錄音與錄影，歌手為觀眾、音響、舒適的設施及他們從藍石人員所獲得的美妙款待而發出狂吼。

以下是訪客到藍石工作室的體驗，此工作室位於德州山地區的遠處，離德州奧斯汀不遠，參加者必須沿著幾條鄉間的道路不斷扭曲地深入山中。抵達後他們需將車停在柏樹林中，然後從山丘走向房子。

房子前面會排成一列，參加者彼此打招呼，到了晚上七點，觀眾被邀請進入並找座位。沒有對號入座，所以參加者將票放在所選的位子上。所有的椅子面向小舞台，小舞台位於一個巨大的石頭壁爐前。Dodee Crockett每個月都會依表演主題，以不同的道具裝飾舞台。在音樂會開始前，客人會被邀請在房子內外閒逛。

參加者可以喝咖啡、茶或享用由義工在廚房製作的甜點，他們可以坐在戶外的巨大天井享用小點心，並透過微光享受底下藍石的風景或周遭的山丘。客人可以參觀錄影工作室，並觀看以前製作的影片。他們可以買今晚表演者的CD、藍石的T恤、咖啡杯或每年的藍石評論(Blue Rock Review)。

音樂會在七點半開始，燈光會黯淡下來，Crockett夫婦會走向舞台、介紹今晚的表演者，觀眾安靜下來、期待秀的開始。在藍石這個仔細規劃的場所，讓表演者與觀眾可以在一個親密環境中享受音樂。

Source: 本書作者的體驗。

將服務設施作為行銷工具

任何服務組織可以使用實體環境作為行銷工具，雖然服務設施會對顧客的認知有潛在影響，但很少組織會基於顧客的要求進行服務設計決策。這個失察是很不幸的，服務設施可能是服務行銷組合中最適合創造組織形象的變數。許多研究顧客偏好的組織，可以成功地透過他們的服務設施進行差異化。例如，威斯汀飯店(Westin Hotels) (http://www.starwoodhotels.com/westin)的天堂床(Heavenly Bed，雙層床墊、羽絨毯子、五個枕頭、三層床單)是吸引挑剔旅客的最佳方法(McCann 2000)。

整體來說，服務設施可以完成不同的行銷目標，如溝通新的觀念、重新定位目標市場眼中的組織，或是吸引新的行銷區隔。例如有些電影院，藉由發展特別設計的設施提供特別的服務，以吸引特定的市場區隔。同樣地，許多航空公司藉由發展年費會員的專用會所而與眾不同。在追求依賴服務設施的行銷目標時，組織會花心思在設施設計的三個大議題：(1) 管理有形的證明，(2) 前台與後台的決策，(3) 服務設施的實驗。

管理有形的證明

服務的實體環境是它最重要的有形構面，所以組織應努力確保設施的各方面都能獲得預期的顧客印象，它們應該小心思考，即使是最小的實體元素都會產生潛在影響。髒的器具、燒壞的燈泡、雜亂的停車場，比起整體的服務而言似乎不太重要，但每一個都會將組織的負面形象投射給顧客。相反地，每小時清潔的廁所、愉悅式裝修的顧客等候區、與整齊的服務人員桌子，可能會讓組織流露出卓越的氣質。聚焦5.3許多服務組織如何管理廁所的有形證明。

要管理有形證明，服務組織必須先決定期望的特定形象（例如現代或傳統、活躍或寧靜），然後選擇適合的設備與家具反映此形象，當然可以從服務表演舞台上的道具去思考這些元素。除了在服務傳遞過程中所扮演的功能性或任務相關角色以外，每一元素在觀眾對服務組織的整體認知都會有貢獻。不論是飛機座椅、飯店的小亭子、旅館的電梯，這些服務設施的影響會超越它們原來的顯著目的，延伸至協助顧客形成服務印象的重要溝通方面。

任何服務包含許多作為顧客服務之有形證明的元素，因此，這些元素應該被整合，以創造一致且聚焦的印象。不同道具的選擇與維護可以創造一個服務的圖像，此圖像會被單一、不一致的元素破壞。例如一家旅館藉由有品味的裝潢、精準的造景、小心選擇的家具，將自己定位成高格調與頂端的旅館，但如果顧客發現到次等床鋪的破損角落、便宜的大廳設備、磨損的地毯，此定位就可能會被破壞。

聚焦 5.3
如同有王座的洗手間服務設施

現在要進入困難的討論議題，就是當公廁是服務設施的議題。服務組織的顧客經常需要使用公廁以解決生理需求，但多數的公廁體驗是不愉快的，他們經常看起來又髒又臭。但不是所有的公廁體驗都是不愉快的。

Cintas公司 (http://www.cintas.com) 每年贊助一項"美國最佳公廁"的競賽(http://www.bestrestroom.com/us/sponsor.asp)，Cintas提供企業需要的許多專業服務，包括廁所用品。這個競賽的網站列除自2002年以來的贏家，包括2011年的優勝者——芝加哥的Field博物館，入圍決賽的共有有十家，包括三家餐廳、兩個場域、一家藝術中心、一家旅館、一家雜貨店、一間加油站。提名者之一，德州新布朗費爾斯的Buc-ee's商店 (http://www.bucees.com)，是全世界最大的便利商店，佔地68,000平方公尺，擁有六個加油站，它的廁所有八十三個座位。在Buc-ee's商店，你可以坐在你自己的王座上。

Source: http://www.bestrestroom.com/us/sponsor.asp;http://www.bucees.com.

透過對有形證明的小心管理，一個保齡球道可以藉由增加灰暗燈光、夜光球與球瓶、搖滾樂、造霧的機器、舞廳的閃光燈球而變成宇宙環境。醫院的門診設施可以增加像速食餐廳的設施，而成為暫時的得來速 (drive-through) 流行感冒診所。一家老旅館可以藉由完全重新整修而復原到原始狀態。對服務行銷者而言，關鍵在於了解與抓取服務場景的巨大力量。

服務人員的外表、穿著、舉止也是有形的證明，同樣值得小心考量。如下一章所討論，這些有形的線索同樣會影響顧客對服務的認知。所以對組織而言，當聘雇、訓練與進行專業發展時，仔細對工作人員角色的各方面進行考量是非常有道理的。此外，如同其他的環境因素，組織應該努力確保由工作人員所產生的形象，應符合整體期待的效果或訊息。例如迪士尼各項資產所做的卓越工作，它們的"卡司成員"對客人的組織認知有很大的貢獻。

前台與後台的決策

　　另一個有關實體設施的大議題是有關設施前台與後台的決策。如前面章節所提到，服務設施的前台通常會對顧客展示，而後台則是隱藏在視線以外。顧客可以看到在前方發生的服務傳遞，包括裝潢、家具與接觸人員。因此，組織必須強調對這些元素的選擇與控制。若組織懷疑某些元素會產生與前台特色不一致的印象時，這些元素就應該被移到顧客看不見的後台。

　　服務操作的後台是一個與前台實體上或暫時性隔離的區域，而且很少被顧客直接審視，服務傳遞的許多規劃、組織與實施發生在後台。支持前台表演的裝置就是後台，例如對產生一個成功顧客體驗所需要的重要設備、關鍵人員與關鍵活動。因為顧客看不到此區域，所以外表就不必花太多心思。發生在後台的問題能夠在顧客不知道的情況下修正。後台也是前台人員的躲避空間，工作人員可以放鬆、放下頭髮、解開領帶並恢復上臺的精神。由於避難空間的理由，還有顧客對服務的印象是相當容易受影響的原因，維持前後台的隔離界線是一件非常重要的事，組織必須非常警慎。不小心逛進後台(或是不小心接觸到它)的顧客可能會有破壞優越服務形象的風險，顧客對服務如何組成會產生懷疑，來自於看到不乾淨的儲存室、骯髒的廚房、滿嘴粗話的經理人員，或是古老的電腦工作站。

　　在某些案例中，將後台活動搬到前台對組織是好的。當服務的某些方面會讓顧客產生認知風險時，這種方法是一個有效的行銷調動。例如允許顧客看到技師如何處理汽車可能是一個好的決策，因為顧客經常不知道他們付錢買到的汽車維修或保養是什麼。除了降低風險來源，將活動從後台移到前台可能增加服務的娛樂效果，成為顧客體驗不可或缺的一部分。紅花鐵板燒與其他日式鐵板燒已經打造了一個特別的餐廳體驗形式，它們會讓顧客看到備餐的所有過程。同樣地，許多洗車服務會讓顧客透過大玻璃窗觀看洗車服務，藉此吸引顧客的注意，並減少對等待時間的感覺。

　　服務組織可以透過增加或減少服務系統中的前台活動，而在競爭中進行差異化。如果是增加,必須非常注意那些在前台中不常見的元素,注意它們在產生印象方面的產能。那些移往顧客眼前的後台員工、設備與活動,也必須像前台設施一樣被檢視,這些檢視會增加選擇此方法之組織在管理困難度上的評估。希望減少服務傳遞問題的組織,可以好好將一些服務組裝、服務人員或設施特色移到後台,以縮減前台,這樣做可以讓組織更好控制顧客對服務卓越的印象。

服務設施的實驗

服務設施的實驗可以讓管理人員在推出新設施特色之前,在有限的基礎上進行測試。例如重新整修飛機的內部裝潢、增加或減少醫院病房的實體設備,或是汽車經銷商的展示店要重裝修,首先應了解這些改變對顧客、工作人員、程序的影響,這些評估會由設施的實驗所完成。

服務設施的實驗方法之一是在短的期間內(假設此改變不需要實體設施的重組)介紹此服務設施,透過對員工與顧客意見的詢問,可以決定這些改變是否值得期待。如果一個組織擁有相同服務設施結構的幾個建築,可以選擇在一個地區實施這個服務場景的改變,並與其他基準服務設施進行比較。這個方法也能應用在更大規模的裝修,實質上,在大規模採用前進行環境測試的廠商,正在創造一個服務設施的雛形。

在服務設施實驗所產生的回饋,會對可能的改變產生有價值的見解。在某些情況,某個看起來不錯的實驗方案可能會不值得大規模改變所產生的成本。旅館連鎖如 La Quinta (http://www.lq.com) 與萬豪酒店,會在大卡車上展示房間的雛型,並在各地進行展示,或是他們可能在倉庫建一個實驗的房間,邀請可能的客人測試與評估設施的創新。

從管理的觀點,當實驗的利益(較好的顧客反應、提升工作人員的努力等)超過成本(如時間、金錢與人力)時,服務設施的實驗是一個好的想法。考慮到不必要或不合適的服務場景改變決策所產生的損失,也是非常重要的。當服務傳遞系統的重要部分從前台轉到後台時或相反時,實驗就變得非常具有參考性。此外,服務設施改變越大,組織可以從實驗中獲得的就越多。

將電子服務場景作為服務設施

如我們在第三章中的討論,網路孕育許多電子服務。對這種服務組織來說,他們的網站是他們與顧客互動的主要方法。顧客可以從任何國家、任何時間接觸到這些網站,例如亞馬遜 (Amazon.com),已經從賣書延伸到賣許多不同的品項。在世界上任何一個地方的顧客可以透過登錄公司的網站而"進入"亞馬遜,並透過首頁的選單進入到商場的不同部分,這個服務組織有一個電子服務場景的設施。

電子服務場景設施是指網路上的任何網站,它的管理觀念與傳統服務環境中的有形證明相同。

電子服務場景設施 (e-servicescape setting) 是指網路上的任何網站,它的管理觀念與傳統服務環境中的有形證明相同 (Hopkins et al. 2009)。網站的氛圍必須在功能上及美學上具有吸引力,網站也必須包含合適的親近—避開環境特色,鼓勵消費者花更多時間在網站上。進一步,電子服務場景設施在機構上的設計,必須避免顧客在不同頁面轉換時迷失方向。基本上來說,顧客在任何網站上所看到的就是服務的前台,而使用的科技必須不妨礙顧客的服務體驗。所有後台的元素,例如以 HTML 碼撰寫的電腦程式,必須隱藏而不被顧客看見。

此外,就像顧客有時在購物中心的書店逛街,電子購物者瀏覽一個網站也可能只是因為娛樂與好奇的原因。為了協助電子購物者,網站應該有互動的特色與回應的機制,就像複製在實體店服務遭遇時的溝通。因此,圖片與本文的型態、深度與展現方式應被小心的設計,並持續進行效果上的測試,畢竟目標是要讓電子採購者感到舒適,提供他們有關各項產品的必要事實,並回應他們的需求,就像隔壁的雜貨店或購物中心商家應付他們顧客時的考慮一樣。

電子服務場景網站必須依周遭環境條件(氛圍、娛樂價值、內文等)、空間布置、功能性(瀏覽力與信賴度)、標誌、符號、作品(資訊、本文、圖片)進行衡量。這些因素會影響顧客對網站的態度與購買意圖 (Hopkins et al. 2009)。Zeithaml、Parasuraman 與 Malhotra (2002) 發展出 e-SQ，一種對線上服務品質的衡量，其中包括與設施相關的特色，例如資訊可用性、內文、使用容易性、圖片的型態，及其他對顧客重要的準則。很清楚地，設計電子服務場景設施會變得越來越精細。

摘要與結論

組織的實體設施是所有影響顧客體驗因素中最能被控制的，所以確保設施在運作上或象徵上的良好表現是相當重要的。基於此需求，組織也應該知道一件重要的事，任何與實體環境有關的決策也會影響到服務工作人員。藉由本章所提供的許多考慮與處方，組織可能會找到建立競爭優勢、提升服務傳遞程序、吸引新的或不同的目標客群的方法。服務設施是一個重要的行銷工具，可以吸引與取悅顧客，組織可以有許多透過實體設施決策而達成目標的方法。

練習題

1. 在你所體驗過的服務設施中，選擇一個最有印象的案例。
    a. 描述讓你印象最深刻的服務設施特色。
    b. 請問可以想到有其他服務組織也能提供相同的設施特色嗎？為什麼？
2. 想一下你最喜歡光顧的餐廳：
    a. 什麼是你最喜歡的服務設施？
    b. 這些服務設施可以如何改善？(建議要具體且可行，並有創意)
3. 想想你體驗過的服務設施中，有哪些的前台的設計、維護與管理是不好的。你具體的印象是什麼？你會建議如何改善？
4. 想想醫院、旅館或零售商店的服務設施，什麼特色是在前台常見的？什麼特色可能是在後台的？有哪些前台活動可以被移到後台？如果可以移動，在什麼情況下這個移動是被期待的？

網際網路練習題

選一個在網上銷售商品或服務的網站：
1. 解釋此網站設施的關鍵特色。
2. 以一個操作工具、服務識別、導引工具或吸引力的觀點，進行關鍵特色的評估。
3. 描述網頁的布置如何加速或阻礙訂購的程序。
4. 你對整體網站的評估？

References

Bitner, Mary Jo (1992), "Servicescapes: The Impact of Physical Surroundings on Customers and Employees," *Journal of Marketing,* 56 (April), 57–71.

Hopkins, Christopher D., Stephen J. Grove, Mary La Forge, & Mary Anne Raymond (2009), "Designing the E-Servicescape: Implications for Online Retailers," *Journal of Internet Commerce,* 8 (1), 23–43.

Kotler, Philip (1973), "Atmospherics as a Marketing Tool," *Journal of Retailing,* 49 (4), 48–64.

McCann, Jen (2000), "Beds Take Center Stage in Room Design," *Hotel and Motel Management,* 215(19), (November 6), 160–162.

Mehrabian, Albert and James A. Russell (1974), *An Approach to Environmental Psychology,* Cambridge, MA: Massachusetts Institute of Technology.

Shostack, G. Lynn (1977), "Breaking Free from Product Marketing," *Journal of Marketing,* 41 (April), 73–80.

Zeithaml, Valarie A., A. Parasuraman, & Arvind Malhotra (2002), "Service Quality Delivery through Websites: A Critical Review of Extant Knowledge," *Journal of the Academy of Marketing Science,* 30(4), 362–375.

第六章
善用人力資源

羅浮宮博物館重視它的員工,而它的員工也在博物館吸引力上扮演了相當重要的角色。他們的舉止風度會強化顧客在此受歡迎地點的體驗,並補足博物館的形象與地位。在你造訪過的組織中,有多少組織的員工看起來對工作感到無趣與不快樂?為什麼第一線員工在服務顧客時會看起來很冷漠或甚至無禮?另一方面,你也可能被愉快、有禮貌、專業的第一線員工服務過,是什麼原因造成此差異?在羅浮宮,員工的行為看起來是非常協調與專業,羅浮宮的管理做了什麼,可以讓員工這樣工作?本章涵蓋了這些議題,有六個具體的目標:

- 分析員工為何是服務組織的關鍵成功因素
- 示範如何與何時授權 (empower) 員工
- 考慮即興演出的需求
- 檢視服務的情緒面
- 解釋公司藉由員工服裝所傳達的訊息
- 了解如何將員工生產力最大化

Greg 在旅遊計畫中,已預留兩個小時從機場到火車站的時間,比接駁車所需要的三十分鐘還要更多,所以即使航班有稍微延後抵達,他還有充裕的準備時間。很不幸地,他的航班比預計時間晚了一個鐘頭才抵達,狂跑趕到接駁車站時,發現與接駁車擦身而過,而下一班接駁車在二十分鐘後才會開車。當他帶著絕望的聲音向接駁車調度員解釋他的情況時,奇蹟發生了。沒有任何像這樣的事,調度員召喚了一輛備用車,並指示司機直接將 Greg 載到火車站。感謝調度員的同理心與快速反應，Greg 在剩五分鐘時抵達火車站。Greg 用心記下這家接駁車公司的名字 Jolly Trolly，並發誓一定要告訴其他人這個體驗，以及他們所提供的偉大服務。

將 Greg 的旅行體驗與 Cindy 的財務規劃體驗相比，Cindy 比預約時間還早十分鐘進入財務規劃師的辦公室，規劃師的秘書正全神貫注在講電話上，當 Cindy 過去說明她已抵達時，秘書不耐煩地瞪視她，並冷冷地抱怨說："Portfolio 先生等下就會見你"，然後就回去繼續講她的電話。Cindy 將散落的雜誌與報紙推開，在等候區的沙發上找個位子坐下。十分鐘到二十分鐘、二十分鐘又延伸到三十分鐘，Cindy 偶然嘗試用眼光與秘書接觸，希望她能協助處理事情或至少給個解釋，並為延遲道歉。當這秘書起身為自己倒杯咖啡時，她並沒有順便給 Cindy 一杯。雖然 Cindy 並不想偷聽，但仍無法不聽到秘書的電話評論，特別是對 Portfolio 先生的尖銳批評，偶爾夾雜一些穢語。最後，厭倦了等待與聽這些垃圾話的不舒服，Cindy 再次走向秘書，詢問延遲的事情。秘書對這個額外的打插，一點都不掩飾她的輕蔑對著 Cindy 咆嘯："他會盡快見你"，然後再回到她的座位區。Cindy 懇切問："你覺得可能還要多久？"，沒有抬頭，這個脾氣不好的秘書辛辣地回答："我怎麼會知道？我只是在這工作的人"。Cindy 轉身離開，而且再也不回來這裡。

Greg 與 Cindy 兩個體驗都生動地舉例說明，顧客對服務組織的認知與回應會受到服務人員的巨大影響。Greg 與接駁車公司的遭遇是正面的，因為一個員工作了一些額外的努力而解決了他的問題。Cindy 的體驗是極端的負面，因為一個員工對她相當不尊重。Greg 可能在未來會再使用接駁車公司的服務，並且會因為向同事與朋友讚美此項服務而產生更多其他的生意。Cindy 將她的生意給了別人，並且可能積極勸阻她的朋友去向 Portfolio 先生諮詢，當然他不會知道為何 Cindy 和其他客戶都拋棄他的原因。

雖然服務組織可能將長期的成功歸因於許多因素，服務人員的品質經常是最重要的影響。服務組織的挑戰是發現善用"人力資源 (people factor)"的方法，也就是使用員工已在競爭中進行差異化 (Berry 1988)，起點就從了解服務人員在決定組織成功上扮演的重要角色開始。

服務人員與他們的行為

本節將討論為何服務人員很重要、為什麼有些人員比其他人員更重要、服務人員的技術與社交技巧的差異，以及讓員工達到卓越的方法。

為何服務人員如此重要？

在前面的章節，我們建立了服務提供者與顧客不可分割的服務特質。服務如健康照護、住院、法律服務，顧客必須與服務提供者互動才能讓服務產生。例如，一位病人不可能在不與服務提供者互動下接受醫療處置，或是一位顧客不可能在不與髮型設計互動下進行剪髮。簡言之，許多服務是顧客與服務提供者互動的程序。

讓人員變得如此值得注意的原因，是因為服務人員的行為與外表是公開給客人審視的。這個原因對製造的產品就不一樣了，顧客沒有理由去關心組裝他們智慧型手機的工人外表或行為。相對地，顧客互動的服務人員是服務的一部分，對顧客的服務評價相當重要。跟這情況很類似的是舞台上演員的劇場表演，服務人員的外表（也就是他們的服裝、修飾、吸引力）與行為（也就是他們的幫助、專業與禮貌）影響顧客對被服務的認知。進一步，因為服務的核心無法被看見，服務結果有時無法被分別，顧客經常將服務人員作為品質的線索。毫不意外，了解這點的組織如五金業巨人 Home Depot (http://www.homedepot.com)、Nordstorm 百貨與 Ritz-Carlton 旅館，都藉由人力因素的強調而獲得競爭上的差異化。

所有的員工都一樣重要嗎？

從顧客的觀點，認為所有服務組織員工都一樣重要是天真的想法，直接與顧客互動的員工通常對服務的認知有較大的影響力。雖然如此，服務表演還是很依賴顧客視線以外的幕後人員。航空公司的行李處理人員、餐廳的廚師、醫院的藥師，都在服務設施的後台區域扮演他們的角色。誤轉的行李、未煮熟的肉、未正確處理的處方將弄亂前台同伴的服務表演，並降低顧客的服務體驗。後台人員執行任務的能力會影響顧客對服務體驗的評價，特別在後台人員未能適當執行工作時。雖然如此，就像在傳統工廠工作的人員案例，後台人員的外表與行為很少引起顧客的注意，這些人員方面的因素只可能影響後台人員互動的其他員工，相對前台人員就比較不重要了。

邊界人員是連結組織與顧客的前台人員，在顧客眼中，他們代表了組織。

社交技能是服務人員與顧客、同事互動的態度。

技術技能是指服務人員執行其職位之任務的熟練程度。

連結組織與顧客的前台人員 (Bowen and Schneider 1985) 是**邊界人員** (boundary spanners)，他們代表顧客眼中的服務。對顧客而言，飛機乘務人員、教師、護士、銀行櫃員與其他第一線人員就是服務，服務人員經由技術與社交技能提供服務品質的人類證明。**技術技能** (technical skills) 是指服務人員執行其職位之任務的熟練程度，例如，髮型設計師剪你頭髮時的手藝好壞、店員處理你訂單時的精確程度。**社交技能** (social skills) 是服務人員與顧客、同事互動的態度，例如髮型設計師或店員展現的友善、關心與溝通。作為邊界人員，服務人員的技術與社交技能影響顧客對服務品質的認知，算帳不準確的櫃員或脾氣暴躁的侍者會創造服務組織的負面印象。

哪一個比較重要：技術技能或社交技能？

從顧客的觀點來看，一個服務如何表演和服務行動所招致的結果一樣重要，服務卓越的認知相當脆弱，容易受到許多因素的影響。有些服務傳遞如人員的社交技能，可能在第一眼時並不重要，但卻在顧客是否再光顧的決策上扮演了重要的角色。

顧客不是總能評價服務人員的技術技能：因為他們缺乏對服務技術複雜度的充分了解。此外，執行一項服務所需要的技術技能在不同服務組之間差異不大。因此，前台人員的社交技能就變得更重要了。一位顧客可能從兩家旅行社收到同樣的機票資訊、報價、結帳選項，但一個可能很愉悅與修飾良好，另一個則是唐突與凌亂。顧客的服務體驗與對結果的評價，可能會依兩家旅行社人員的社交技能而不同。

良好的社交技能一點都不能彌補很差的技術技能，例如對旅行社的高興與否無法抵銷顧客對不良安排行程的憤怒。為了提醒人員在服務表演中的角色，許多組織提供人員服務表演的守則，指導人員有關他們需要展示的技術與社交技能。圖6.1展示西南航空期望服務人員遵守的守則，此守則會被印在摺疊起來的卡片，讓員工隨時放在皮包中。

舉世聞名的爵士樂手Louis Armstrong就是一個很好的案例，說明技術技能與社交技能兩者在提供優越服務表演上的重要性。Armstrong是一位有偉大技巧的喇叭手，他之所以知名是因為在爵士樂上有許多創新。他也因非凡的舞台性格而聞名，並且協助爵士樂能在全世界受到歡迎。總之，Armstrong在爵士樂上的傳奇與影響力，是他結合技術技能與社交技能的反映。在健康照護應用中，思考如何整合技術與社交技能以創造醫生的對病人態度(bedside manner)：反映同理心、回應性與專業能力。

確保員工達到卓越

稱讚員工重要性的口號很多("只有員工能讓我們變好"、"員工就是我們的產品")，但這些口號必須被行動所支持。尋找、訓練與

圖 6.1 西南航空的使命宣言

西南航空的使命
是透過溫暖、友善、個人驕傲與公司精神傳遞最高標準的顧客服務

激勵能執行卓越服務表演工作且代表組織的人員，就是最主要的行動。要增加人員成為卓越表演者的可能性，組織應該思考四個關鍵的方向：有智慧的徵募、密集的訓練、不斷的監督與能激勵的獎勵。

有智慧的徵募　人員是大多數服務組織成功的脊柱，成功的組織如西南航空 (Southwest) (http://www.southwest.com)、Nordstrom 百貨公司都為他們的人員設定了高標準，而且在選擇一個塡補職位空缺的人員之前，可能會篩選掉數打的應徵者。他們使用多種面試與篩選機制，決定一個應徵者是否具備未來在此職位發展的能力，最重要的必須確認此應徵者是否能融入組織的服務文化，因為服務傳遞經常是一個團隊的努力，每一位團隊成員對組織目標的承諾非常重要。雖然前台與後台的應徵者都需要被審視，但一定要了解直接與顧客互動之人員的特殊條件，前台人員的外表舉止如同他們的技術，會影響顧客對服務組織的評價。只有符合能上台表演標準的人員才能被聘為前台的角色。此外，要善用人力資源，組織必須提供適合的誘因以吸引最優秀的應徵者。

密集的訓練　服務組織應該花時間讓員工為工作角色做好準備，強調發展員工技術與社交技能的雙管 (double-barreled) 訓練是有必要的 (Davidow and Uttal 1989)，旅館使用此種方法訓練第一線的員工，即使是醫學院也了解這種教育的價值（如聚焦4.3）。服務組織可以透過提供誘因與機會，讓技能發展變成一種持續的程序，讓組織中的員工學習與成長。它們可以交叉訓練員工以執行組織內的多種任務，這種員工知識可以在未預期的缺工時提供組織更大的彈性，而且也可讓員工讚賞這種執行成功服務表演的多元角色。更重要的是，如前面所提，組織必須避免將未準備好的人員放在與顧客互動的地方，一個帶著悶悶不樂或是陰沉臉色的員工會破壞服務的表演。涉及培養員工軟性技能（如聚焦6.1）的訓練以協助組織避免這種情形，並教導員工在公開場合保持正面態度的方法。

不斷的監督　對服務人員績效的持續評估，應該透過正式與非正式蒐集行為的資訊，顧客意見卡與"走動式管理"提供一個好的開

聚焦 6.1
救援的軟性技巧 (soft skills)

在服務業的許多職位，特別是讓員工與顧客接觸的那些職位，有些事情比工作所需之技術技能更為重要。服務組織對員工所期待的是一組軟性技巧，讓他們可以與顧客有強烈的互動並建立關係。當每一個求職者可能被預期有許多的軟性技巧時，好消息是任何缺乏此種技巧的人都能透過特別的訓練而改善。服務組織期待哪些軟性技巧？可能的屬性包括溝通的能力（傾聽、書寫與口頭）、強烈的工作倫理、正向的態度、彈性／調適力、人際與團隊成員間的合作能力、時間管理技巧、問題解決能力、自信、接受與學習某些批評的能力，及多元文化的敏感性。當一個組織的員工擁有這些能力，透過互動而造成顧客的優越體驗機率就會大大提升。

Source: Randall S. Hansen and Katharine Hansen (2011),"What Do Employers *Really* Want? Top Skills and Values Employers Seek from Job-Seekers," http://www.quintcareers.com (accessed August 8, 2011); Lorenz,Kate (2009), "The Top 10 Soft Skills for Job Hunters,"http://jobs.aol.com/2009/01/26 (accessed August 8, 2011).

始。然而，卓越的組織會在這些方法外再增加其他的方式如神祕客（讓研究人員假扮顧客去評估員工所傳遞的服務品質）、有關特定交易的顧客調查、甚至是同儕評估。使用資訊科技讓顧客可以簡單地透過電子郵件、網站與其他社交媒體提供回饋也是很有價值的，關鍵是使用不同來源的資訊，以評估工作人員的技術與社交技能。這些資訊可以辨別出哪些員工需要再加強能力，哪些員工應該值得特別的獎勵。

能激勵的獎勵　對前台與後台表現優秀的員工提供正面的回饋是非常重要的，獎勵期待的行為會激勵員工，並增加這些行為再發生的可能性，獎勵也提供避免員工背叛的機會。獎勵可以是金錢（例如調薪與紅利）或非金錢（如特別的感謝與職涯發展的機會），或是兩者的結合。聚焦6.2討論某些在服務業不需用太多錢就能激勵員工的方法。如果真能被激勵時，員工會視此獎勵相當有意義，不重要的獎勵是沒有任何激勵的價值。服務廠商應該要提供能鼓勵正面行為的獎勵。一些卓越的服務組織如Ritz-Carlton旅館、北歐航空SAS，都已成功實施能連結員工的獎勵系統。

聚焦 6.2
以最低成本讓員工充滿能量

許多服務業中的組織面臨同樣的困難，如何讓員工充滿能量，特別是那些與顧客高接觸的職位，例如侍者、店員等。低薪與高挑戰性的工作條件，還有，當經濟景氣好時，競爭者的豐富就業機會提供給員工覺醒最肥沃的土地。員工若做不好被責難，他可以到別的地方就業。別人家的草地永遠比較綠，對吧？每當員工離開，會讓服務廠商花費許多聘雇、替代的訓練、新員工因缺經驗而降低效率的成本。同時，惡化的工作表演會對顧客滿意有很不好的效果。組織應如何做才能表達他們對員工的感激，藉此而挽留員工並激勵他們更加卓越？有許多不必直接由廠商吸收財務成本（以金錢的形式如紅利、加薪等）而能感激員工的方法，包括提供對傑出工作的讚美與認可（簡單、無成本又有效）、讓頂級員工偶爾能設定自己的工作時程表、以休假獎勵卓越的績效、提供員工接受組織服務的折扣、提供訓練與成長的機會、（如果可能）提供他們所期待的專屬停車位。在經濟不景氣的時候或是廠商在財務上緊縮時，運用上述的工具有增加員工滿意度與激勵效果的潛力。

Source: Elizabeth Murray and Robyn Rusignuolo (2010), "Rewarding Outstanding Performance: Don't Break the Bank—Some of the Most Effective Methods of Rewarding Outstanding Performers Involve Little or No Money," *Franchising World*, (January 1), http://www.thefreelibrary.com (accessed August 23, 2011).

處理員工的不佳績效

經由前面討論的監督活動中，對於無法達到設定標準的員工給予回饋當然也很重要。若監督員工時發現了重複的績效不佳時，服務組織面臨一個不舒服的情況。不論這員工是在前台或後台工作，不良的表演是不會被接受的。當不良的表演是發生在顧客視線內，更是絕對無法被容忍的。無法在自己角色展現好的技術或社交技能的員工，應該透過更多的訓練與發展重新投資他們自己。不同的激勵工具可以同時被考慮，如果他們是前台人員，如果可能，應該先讓他們不與顧客接觸，直到問題解決。畢竟，他們的不良表現可能會帶給顧客對組織的負面印象。依同樣的邏輯，前台工作者若不能或不願意被重新訓練，可能會被調到後台的工作職位，或是更狠的說，可能會被解雇，以避免破壞顧客對組織卓越服務的認知。

授權服務員工

要善用人力資源，許多服務組織會授權員工，讓他們有立即回應顧客需求的職權。例如 FedEx 快遞、Ritz-Carlton 旅館、Nordstrom 百貨，都因為快活的、精力充沛的、充分激勵的員工而聞名，他們的成功經常歸因於一個事實，那就是員工有責任與職權去滿足顧客。在某種意義上來說，他們給予員工一個組織成功的籌碼。

授權 (empowerment) 是分享資訊、獎勵、知識與權力給第一線員工的管理實務，讓他們可以更好地回應顧客的需求與期望 (Bowen and Lawler 1992,1995)。取得這種關鍵元素的員工可以客製化他們與顧客的互動方式，以回應顧客的需求與需要。然而，如 Bowen 與 Lawler 所說，不是每一個組織都能從授權員工中獲利，授權的成本與效益必須被仔細的衡量 (Chan and Lam 2011)。

> 授權是分享資訊、獎勵、知識與權力給第一線員工的管理實務，讓他們可以更好地回應顧客的需求與期望。

授權的效益

授權可以提供對服務組織與顧客的重要正向成果 (Bowen and Lawler 1992)，其中包括快速回應顧客需求、快速回應不滿意的顧客、提高員工滿意度、增加員工熱情、增加有創意的員工投入及提升員工與顧客的忠誠度。

在服務傳遞期間快速回應顧客需求　被授權的服務人員不需要詢問管理者而獲得協助顧客的允許，在確認顧客需求後，員工可以採取服務顧客的最佳行動，這樣的回應可以改善顧客對服務卓越性的知覺。一個授權的最佳例子，就是前面所提到的接駁車調度員為 Greg 所做的事。

在服務傳遞期間快速回應不滿意的顧客　當錯誤發生，被授權的員工可以採取快速的行動去補救問題。快速的回應對減少顧客因服務錯誤所產生的挫折與憤怒特別有幫助，比起讓顧客等待以接受滿意 (可能只會讓不屑更火上加油)，顧客的憤怒可以被立即處理。快速回應也可能是一種對服務組織強調顧客有多重要的溝通。

員工對他們的工作與自我能更加滿意　授與服務員工對自己工作績效更多的控制，能改善工作滿意度與提升他們的自尊。授權的決策高度可以讓員工感覺他們在組織的福利中有更多的籌碼，不再只是扮演服務生產中的小角色，取而代之的是自發性擔任整體服務表演中更重要的角色。

員工對顧客會更貼心與熱情　滿意與被授權的員工可能會更留意顧客，而且，他們改善的態度會產生與顧客互動的改善品質。他們會變得更容易親近，也更願意處理特別的請求。他們不再視顧客為討厭的人而寬容他們，反而會真正將他們當作客人或客戶一樣的歡迎。

被授權的員工是創意的重要來源　被授權的員工因為感覺組織是自己擁有的，所以經常會對管理單位快速建議改善服務的新想法。他們經常佔據了邊界人員的職位，所以讓他們獲得有關顧客接待與更有效率、效果傳遞服務的想法來源。

良好的口碑與保留　可能由被授權員工所創造的優越服務也會創造優越的顧客口碑，並增加保留顧客忠誠度的可能性。從被授權員工接收優越服務的顧客經常會將此經驗與他人分享，而且可能會因此而產生與組織的強烈連結。最後，當授權開始執行，組織已經將顧客視為特別客人而接待。

授權的成本

授權的效益當然很吸引人，但要將第一線員工鬆綁也會有幾個潛在的缺點。這些授權的成本 (Bowen and Lawler 1992) 包括選擇與訓練的大量金錢投資、較高的人力成本、服務傳遞的較慢或較不一致、對公平規則的違反，以及免費與不好的決策。

選擇與訓練的大量金錢投資　對被授權服務員工的需求遠大於遵守嚴格紀律員工的需求，因此，必須花費更多努力在選擇與訓練員工之上。這些努力轉換成為員工徵募與訓練的成本，尋找與發展被授權的員工很昂貴，因為他們必須能具備更寬廣的能力。另一方面，將員工放在知識與新的問題解決職權不相匹配的職位上時，將是一場災難。

較高的人力成本　訓練服務員工在授權時做正確決策的高訓練成本,可能會阻止組織聘用短期兼職的員工,取代的是聘用更多全職的員工,這些全職員工的薪資較高,因為他們要提供更具效益的服務。除此以外,被授權的員工的薪資要更高,因為他們通常比一般員工更符合資格且有良好訓練。

較慢或不一致的服務傳遞　運用授權的員工可能會花費更多時間在每一位顧客身上,並且／或者可能會與服務其他顧客不一致。未提出特別要求的顧客可能需要等待,因為被授權的員工正在處理其他顧客的要求。更糟的是,被授權的員工可能會用過度不同的方式表現他們的職權。因此,服務傳遞的效率會因而妥協,對顧客回應時間的不公平問題也會接踵而來。

對公平規則的違反　看到被授權員工給予其他顧客的特殊待遇、而自己卻未獲得同樣待遇的顧客會覺得不公平,這可能導致顧客之間的紛爭,或因受到相對虧待而對組織不滿。諷刺的是,取悅一個顧客的事情反而會讓另一位不悅。

免費與不好的決策　最後,被授權的員工可能會為了滿足顧客,做出沒有腦筋的決策或是超越合理的標準。以極端的例子來說,一些"服務情人 (service sweethearting)"(指第一線員工給予未授權的免費或折扣服務、商品)的小事就會發生 (Brady, Voorhees, and Bruse 2012)。小心的訓練、監督與經驗可以減少免費或壞決策的風險,但不能消除所有的可能性。當作出為顧客調適的授權決策時,把發生經過記錄下來,可以減少壞決策發生的可能性。雖然如此,一些授權而產生的不必要或過度行動帶來的成本是不可避免的。

是否授權服務員工的問題是服務權變 (contingencies) 的一個功能 (Bowen and Lawler 1992)。一般來說,對於採用客製化服務作為企業策略、強調發展顧客長期關係為目標的服務組織而言,授權是有道理的。對依賴複雜科技並於複雜商業環境中營運(讓被授權員工更具吸引力的條件)的組織而言,授權也是相當適用的。靠強烈人際技巧與高成長需求的管理者與員工生存的組織，授權也是相當可行的。除了上述準則以外的服務組織，可能還是採用傳統生產線的服務傳遞(將所有顧客視為相同且不需要員工具備許多問題解決的專業)方式較好。四星級旅館、會計公司與投資銀行是需要選擇授權的服務廠商案例，速食業者與乾洗業者就可能以選擇生產線方式較佳。

順便說一下，授權第一線服務人員的決策需要中階主管學習如何與屬下分享職權。在授權的組織中，許多傳統的管理決策必須轉移給普通的工作人員。此環境與過去環繞著他們職權的環境不同，所以要讓員工對授權感到舒適並熟練，也必須努力關心管理這些員工的人員。此外，一些員工並不是授權的好候選人 (Cattaneo and Chapman 2010)，或可能預期工作負擔會增加而不希望被授權 (Chan and Lam 2011)，對某些人而言，負責任與有職權去滿足顧客是一項驚人的提議。

服務即興演出的需要

即興演出 (improvisation) 相當類似授權的觀念，被授權的員工經常被鼓勵在服務工作中即興演出。換句話說，他們可以自由依不同服務情境，創意地提供顧客優越的服務體驗。即興演出可能在某些服務環境中特別重要，例如財務諮詢、教育、表演藝術與維修服務，需要能適應各種服務傳遞過程中所發生的各種情況。許多餐廳、甚至是連鎖餐廳如 Denny's (http://www.dennys.com) 或 Romano's Macaroni 燒烤 (http://www.macaronigrill.com)，嘗試透過訓練人員閱讀與並適應用餐者的肢體語言、眼神接觸、即席評論，提供顧客更好的服務體驗 (Nassauer 2012)。為了對即興演出的本質更了解，組織應該考慮參考劇場或爵士樂，以準備或成功實施即興演出。劇場即興演出所教導的技術可以提供服務人員閱讀與回應顧客暗示的技巧 (Daly 2010)，同時爵士即興演出的課程提供了有價值的指導，如何協調服務的團隊努力 (John, Grove, and Fisk 2007)。聚焦 6.3 討論如何應用 Stanislavsky 訓練演員的方法，發展服務人員即興演出的能力。

聚焦 6.3
服務組織能從 Stanislavsky 學到什麼？

　　Konstantin Stanislavsky(1863-1938) 是公認為現代、現實派表演的創始者，而且許多人也主張，他訓練演員的方法背後的教義非常適合服務人員的前台技能。Stanislavsky 方法中最重要的是演員在舞台上成為某個部分的能力，就如同服務組織中致力於服務顧客角色之工作人員的必需品。藉由聚焦於身心的放鬆，以讓演員專心在創造的狀態，Stanislavsky 方法似乎在磨練服務人員的即興演出能力上特別有幫助。透過對接受整體表演中個別角色之重要性與技術的強調，放鬆的技術、專心與觀察的能力、聲音與肢體的表達、情緒的恢復、整體的表演等等，Stanislavsky 方法有潛力協助服務人員發展，以同理心及真誠方式閱讀與回應顧客的需求。雖然以 Stanislavsky 方法發展演員或服務人員的能力需要大量的時間與金錢，但就熟練與可靠的演出而言，這目標已達成。此方法應該與某些需要個人化與客製化、高價的、經常不容易預期的、顧客通常很敏銳的服務特別相關，銀行的法人業務、獨家旅館或餐廳及其他許多不同形式的專業服務是可能的候選人。

Source: Stephen J. Grove, Raymond P. Fisk, and Mary C.La Forge (2004), "Developing the Impression ManagementSkills of the Service Worker," *The Services Industries Journal*, 24 (2), 1–14. Reproduced by permission of Taylor & Francis LLC.

服務的情緒面

　　服務經常非常依賴員工去創造服務品質的認知，通常是由組織的第一線員工負責創造服務的正向反應，並最終形成優越的顧客體驗 (Schneider 2002)，特別是在需要即興演出與客製化以適應顧客需要或需求的服務中。理想上來說，在這些環境中的顧客會對工作人員的友善、關懷、舉止及其他情感面特質產生印象。服務員在服務傳遞中所扮演的角色是非常吃重的，所以需要員工對顧客表現出歡愉性格、真誠關懷、堅定照顧，即使他們真正的感覺是正好相反的。基本上，服務人員的情緒 (不論正面或負面) 都對顧客的情緒有感染效果 (Du, Fan, and Feng 2011)，表露正面 "情緒力 (emotional labor)"(Hochschild 1983) 的需求應該被強調與被挑戰，任何長期處理顧客的人會發現，很難對一個吵鬧的顧客假裝微笑來回應，或者以俏皮話的克制方式回應無理的要求。當顧客滿意度的報酬確定是對情緒力的預期成果時 (Hennig-Thurau et al. 2006)，組織必須確保他們的員工不會過勞或者是對要求無法支援。有人建議，服務管理應該努力創造一個服務的組織氣候，此氣候有益於透過員工的情緒力創造正面的顧客體驗。也就是說，組織應該發展 "情緒智能 (emotional intelligence, EI)" (Kidwell et al. 2011)，透過徵募、訓練與管理與顧客互動的員工以創造好的情緒反應。這種責任會傷害第一線的員工，所以組織也應該相對地管理好人力政策。

讓服務員工穿上戲服

是否讓員工穿上戲服是許多服務組織的一個基本決策，戲服（或者是制服）等同於服務員工的包裝。根據 Solomon (1985) 所說，讓員工穿上戲服提供下列四項好處：提供證明、傳送訊息、減少風險與確保一致性。

- **提供證明**：相對於實體商品的消費者，服務組織的顧客沒有太多有關產品卓越性的線索去評估。制服提供組織一個對其服務增加有形性衡量的機會，制服的風格、顏色與不同的配件可以變成實體證明的重要部分，麥當勞、UPS 與新加坡航空 (http://www.singaporeair.com) 第一線人員穿著的制服所提供的證明是一些案例。
- **傳送訊息**：制服可以基於其設計所投射的期待形象而傳送訊息給顧客，員工的穿著可以溝通組織與其提供之服務是正式或非正式、傳統或現代、熱鬧或安靜、新奇或可預測的。因此，服務人員的制服可以是一個服務組織定位的重要工具。
- **減少風險**：透過讓顧客容易辨認員工，制服也可以協助組織的服務傳遞過程。當一位顧客要在服務設施中找到一位服務員工，當員工穿制服時就能讓此任務變得相當簡單。此外，制服可以協助減少顧客所知覺的風險，因為它隱含了黏著性強的團體結構與組織的目的。

- **確保一致性**：制服的另一個功能是讓服務人員的外表看起來一致，穿著同樣的款式、顏色或風格可以引發穩定度與信賴度的知覺。服務人員的共同穿著也會促進服務一致性的知覺。

乍看之下，似乎讓服務人員穿上戲服是很容易的決策，因為使用制服有這麼多好處。但是，一些潛在的缺點也會浮現。其中之一是制服可能降低員工的個性與自我感覺，此外，一些員工會覺得每天穿制服會太拘束，並會怨恨為何不能穿自己的衣服來做自我表達。更進一步，不論制服的風格為何，這些組織的命令看起來很僵固，組織必須評估穿著制服帶來的心理與財務成本及其帶來的利益。最後，制服必須與組織嘗試塑造的整體形象一致，包括如實體設施與行銷溝通等的實體證明。

員工穿著規定是另一個相關決策，不需要穿制服的服務組織有時會面對一些問題，就是管理者認為員工的穿著不合適。沒有組織可以承擔"都可以"的方式，但不同的服務組織可能會考慮採用兩種相反的位置。

華德迪士尼公司以詳細的穿著規定而聞名，男女員工都被給予可接受穿著的精確指示。穿著規定載明頭髮的長度、可接受的化妝品與珠寶，也禁止男員工留鬍鬚（即使華德本身留鬍子）。公司創造這種穿著規定的目的是確保員工傳達"全美國人 (all-American)"的外表。可預見的穿著規定問題發生在巴黎的迪士尼，這種穿著的風格在美國（甚至在日本）看起來合理，但卻不被歐洲文化背景的員工所歡迎。最終，迪士尼發現必須調整歐洲的穿著規定，以適應它的歐洲員工。

在這光譜的另一端，是在德州達拉斯的凱迪拉克 Carl Sewell（汽車銷售公司），Sewell 堅信讓穿著規定保持簡單，他的唯一規則就是"有品味"，他也鼓勵他的員工要問自己"如果我要我的照片出現在明天的報紙，我現在應該怎麼穿著？"(Sewell and Brown 2009)，Sewell 使用這個簡單的成功規則已相當多年了。

服務員工生產力最大化

在與服務員工相關的決策中，沒有一個比讓員工能卓越執行任務更重要。服務組織中的許多員工職位若是不吸引人、低報酬或大多不被感激，這種組織中經常會出現讓員工能卓越執行任務的複雜問題。在這種背景下，服務員工在執行任務時，容易只給管理者所需要的最少注意。所有員工都有機會可以在滿足指派工作上運用任意的努力，而他們很少會盡全力 (Berry 1988)。**任意的努力** (Discretionary effort) 是指員工可以給一個任務的最大努力與所需過關的最小努力中的差距 (如圖6.2)，服務組織的挑戰是如何激勵員工能落在 "任意的努力" 軸中的最大端。

> **任意的努力**是指員工可以給一個任務的最大努力與所需過關的最小努力中的差距。

如服務行銷學者 Len Berry 所指出，要讓員工在 "任意的努力" 軸的最大端工作，需要員工有意願且有能力解除他們的責任，任何一種的不足都會造成組織的問題 (如圖6.3)。有能力但沒有意願的員工會有挑撥顧客或被看為不滿現狀的風險，有意願但沒有能力的員工則會被責備為無能。若一位員工無能力也無意願執行被要求的職責時，組織面臨一個嚴重的困境。相對地，當一個組織的員工都是落在 "任意的努力" 軸的最大端，它的顧客很少會聽到員工抱怨："我不知

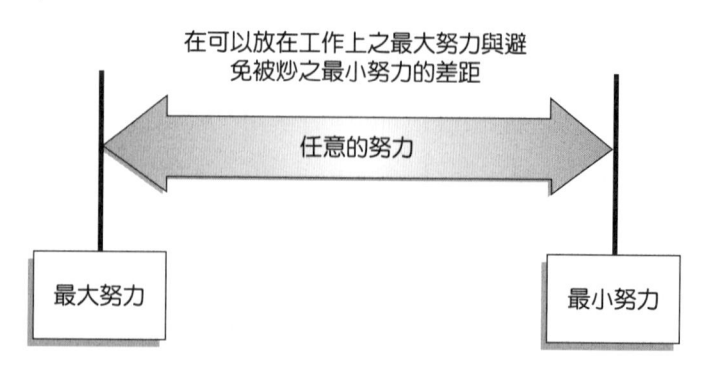

圖 6.2 任意的努力

在可以放在工作上之最大努力與避免被炒之最小努力的差距

任意的努力

最大努力 ←——→ 最小努力

Source: Based on Leonard Berry (1988), "How to Improve the Quality of Service" (audiotape presentation), Chicago: Teach 'Em, Inc.

圖 6.3 服務員工的輪廓

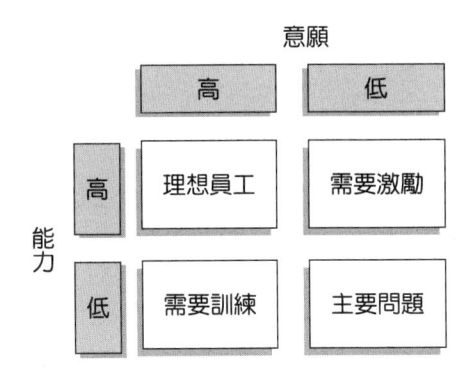

	意願高	意願低
能力高	理想員工	需要激勵
能力低	需要訓練	主要問題

Source: Based on Leonard Berry (1988), "How to Improve the Quality of Service" (audiotape presentation), Chicago: Teach 'Em, Inc.

道"、"我只是在這工作"或"那不是我的部門",取而代之的是員工將提供會引起顧客注意的愉悅。

"任意的努力"觀念有許多明顯的涵義,要善用員工表現的潛在優勢,服務組織必須盡最大的努力確保員工保持持續的卓越。只是簡單的聘用與發展員工是不夠的,他們的卓越必須被持續鼓勵。不幸的是,如前台櫃員、飛機空服員或醫院勤務人員,這些人可能在剛開始時會給予工作最大的努力,但其績效卻會隨著時間而滑落。許多服務職位的日復一日磨練也有同樣的效果。幸運的是,本章前面有關聘用、訓練、監督與獎酬的議題討論,可以協助組織推廣與維持員工最大的努力。

員工生產力也可以用其他的方法改善,例如服務組織可以藉由建構內部行銷的方案而獲得很大的利益 (Berry 1981; Grönroos 1981, 2007; Stauss 1995)。**內部行銷** (internal marketing) 是將員工視為服務組織內部顧客的政策,回應員工的需要與需求,並且推廣組織與它的政策給員工。此方法了解到,員工是可以被工作吸引或疏遠的內部顧客,而且依賴於組織是否能好好的行銷給他們。成功的內部行銷是指可以發現員工的需求、依他們心中的偏好設計工作,並推廣組織給他們。快樂的員工有比較高的生產力、比較不容易

> **內部行銷**是將員工視為服務組織內部顧客的政策,回應員工的需要與需求,並且推廣組織與它的政策給員工。

離職、在執行工作時能超越要求,並且能吸引其他剛承諾於工作的員工 (Spreitzer and Porath 2012)。行銷給組織內部顧客的第一步,是考慮甚麼讓員工覺得工作有吸引力。除了高薪,其他的工作特質如愉快的工作環境、分紅方案、彈性工時或是彈性的利益組合、好的同事、被管理者尊重的對待、授權及許多其他的因素可能都相當重要。要吸引與維持能提供卓越服務的工作人力,組織可能要考慮創造上述幾種特質所組合的就業體驗。任何內部行銷努力自然要有一種了解,如同外部顧客,內部顧客是一個分散的群體,可能有不同的需求與偏好,並應盡可能將這些考慮在內。實施良好的內部行銷可以在員工與組織間創造一種連結,鼓勵員工能在執行任務時落在"任意的努力"軸的最大端。因此,內部行銷是一種能激勵人員的潛在有效方法。聚焦6.4標示出必須注意的事,不是組織內所有的員工都有同樣的需求。

要進一步最大化員工生產力,服務組織應該考慮使用科技提升員工執行指定任務的績效。發展最重複性或沒有挑戰性任務的更好方

聚焦 6.4
這服務由狗負責

在南卡羅萊納州的查爾斯頓市與德拉瓦州多佛市的空軍基地,是許多機場中採取新戰術以解決一項困難問題的機場。查爾斯頓被群聚的蒼鷺、白鷺與鷗類所困擾,多佛被白天鵝所困擾,這些都引發對飛機的昂貴傷害。由Flyaway Farm and Kennels公司裝置了保護的服務,Flyaway Farm and Kennels公司是一家致力於用人道方式解決此類麻煩傢伙的組織,它們提供有良好訓練的邊境牧羊犬巡邏基地,並將在機場邊緣的排水溝渠或長草中避難的鳥驚起。這些受過特殊訓練的邊境牧羊犬的黑白顏色,很像這些鳥類的天敵如狼與野狗,他們這種外表會傳遞一個訊息給這些有翅膀的麻煩製造者,這機場是不安全的,並強烈刺激鳥類將巢搬到別處。結果讓機場的鳥類數量戲劇化的減少,而且讓飛機的鳥擊變少。Flyaway Farm and Kennels公司已成功將同樣的服務提供給公共機場、高爾夫球場與其他地區。很清楚地,不是所有的服務"員工"都是人。

Source:http://www.flyawaybash.com (accessed September 8, 2011).

法，是經由新設備與程序簡化複雜的工作，都能讓員工的工作變簡單。同時，用適合的科技支援服務人員，能確保顧客更滿意的體驗。例如觸摸式螢幕軟體在收銀機的重要角色、電腦終端機在加快服務傳遞程序的角色、訂貨與結帳的精確度與增加櫃員位置的吸引力，這些服務應用跨越了許多不同的產業(例如旅館、餐廳、目錄零售)。這些科技的易用性讓服務人員可能更好地執行任務，而且最終應用在最大的"任意的努力"。它也增加在爭議少的情形下能更快速服務顧客的可能性。

摘要與結論

在許多服務產業中，不同的組織基本上提供相同的核心產品，服務組織可以在競爭者中形成差異化的一個重要方法，是經由他們的人員。因為顧客將服務他們的人員視同為組織，前台人員(由相對的後台人員所支持)的表演對顧客知覺到卓越很關鍵。因此，服務組織應該全力投入招募最好的人員，並將他們訓練好，監督他們的行為，並好好的獎勵他們。在這些努力中，必須特別注意一些分散性議題的決策，如授權員工、創造穿著規定以及實現內部行銷。即興演出的需要與情緒力的衍生也必須備考量。最後，要有效善用人力，服務組織必須了解激勵員工落在"任意的努力"軸最大端的額外成本，並讓報酬(顧客喜悅)值得花此成本。

練習題

1. 找出一個知名且授權員工的當地服務組織，調查它的訓練方案如何允許員工的授權。
2. 分析你或你朋友在現行服務工作中所受到的訓練：
   a. 這訓練有何優點？
   b. 這訓練有何缺點？
3. 在下一週，選一個兩天的時間，計算這兩天內你遭遇到的服務人員中穿制服的人數。列出他們代表的組織並簡單描述這制服。
   a. 這些組織的管理人員也是穿明顯的制服？
   b. 你認為管理者穿制服是個好點子嗎？為什麼是？為什麼不是？

4. 描述一個最近的服務遭遇，在遭遇中服務人員展現了任意的努力最大值。現在描述另一個展現最小值的遭遇。你對這兩個組織與其員工的感覺是什麼？
5. 在你的社區中找出一個你認為有實現內部行銷的組織，它的內部行銷活動如何能讓顧客受益？特別來說，這組織的行銷活動中有哪些是以內部顧客為目標的？

網際網路練習題

使用網路調查員工授權的實務。
1. 為什麼員工是服務組織的關鍵因素？
2. 服務員工擁有哪些技能？
3. 何時員工應被授權？
4. 應該授權員工穿戲服(制服)嗎？

References

Berry, Leonard L. (1988), "How to Improve the Quality of Service" (audiotape presentation), Chicago: Teach 'Em, Inc.

Berry, Leonard L. (1981), "The Employee as Customer," *Journal of Retail Banking,* 3 (1), 33–40.

Bowen, David E. and Edward E. Lawler (1992), "The Empowerment of Service Workers: What, Why, How, and hen," *Sloan Management Review,* 33 (Spring), 31–39.

Bowen, David E. and Edward E. Lawler (1995), "Empowering Service Employees," *Sloan Management Review,* 36 (Summer), 73–84.

Bowen, David E. and Benjamin Schneider (1985), " Boundary-Spanning-Role Employees and the Service Encounter: Some Guidelines for Management and Research," in *The Service Encounter: Managing Employee/ Customer Interaction in Service Businesses,* John A. Czepiel, Michael R. Solomon, and Carol F. Surprenant, eds., Lexington, MA: Lexington Books, 127–148.

Brady, Michael K., Clay M. Voorhees, and Michael J. Brusco (2012), "Service Sweethearting: Its Antecedents and Customer Consequences," *Journal of Marketing,* 76 (2), 81–98.

Cattaneo, Lauren Bennett and Aliya Chapman (2010), "The Process of Empowerment: A Model for Use in Research and Practice," *American Psychologist,* 65 (7), 645–659.

Chan, Kimmy Wa and Wing Lam (2011), "The Trade-Off of Servicing Empowerment on Employees' Service Performance: Examining the Underlying Motivation and Workload Mechanisms," *Journal of the Academy of Marketing Science*, 39 (4), 609–628.

Daly, Aidan (2010), "The Efficacy of Improvisation Training for Businesses to Business Services," presentation at AMA Frontiers in Services Conference, Karlstad, Sweden.

Davidow, William H. and Bro Uttal (1989), *Total Customer Service,* New York: Harper & Row.

Du Jiangang, Xiucheng Fan, and Tianjun Feng (2011), "Multiple Emotional Contagions in Service Encounters," *Journal of the Academy of Marketing Science,* 39 (3), 449–466.

Grönroos, Christian (1981), "Internal Marketing—An Integral Part of Marketing Theory," in *Marketing of Services*, James H. Donnelly and William R. George, eds., Chicago: American Marketing Association, 236–238.

Grönroos, Christian (2007), *Service Management and Marketing: Customer Management in Service Competition,* 3rd ed., Chichester, England: John Wiley & Sons, Ltd.

Hennig-Thurau, Thorsten, Markus Groth, Michael Paul, and Dwayne D. Gremler (2006), "Are All Smiles Created Equal? How Emotional Contagion and Emotional Labor Affect Service Relationships," *Journal of Marketing,* 70 (3), 58–73.

Hochschild, Arlie (1983), *The Managed Heart,* Berkeley, CA: University of California Press.

John, Joby, Stephen J. Grove, and Raymond P. Fisk (2007), "Improvisations and Service Performances: Lessons from Jazz," *Managing Service Quality,* 16 (3), 247–268.

Kidwell, Blair, David M. Hardesty, Brian R. Muthra, and Shibin Sheng (2011), "Emotional Intelligence in Marketing Exchanges," *Journal of Marketing,* 75 (1), 78–95.

Nassauer, Sarah (2012), "How Waiters Read Your Table," *Wall Street Journal*, (February 22), D1.

Ritzcarlton.com (2007), http://corporate.ritzcarlton.com/en/About/GoldStandards.htm (accessed on February 23, 2007).

Schneider, Benjamin, David E. Bowen, Mark G. Ehrhart, and Karen M. Holcombe (2002), "The Climate for Service: Evolution of a Construct," in *Handbook of Organizational Culture and Climate,* N.M. Ashkanasy, C. P. M. Wilderom, and M. F. Peterson, eds., Thousand Oaks, CA: Sage Publications, 21–36.

Sewell, Carl and Paul B. Brown (2009), *Customers for Life* (Kindle Edition), New York: Random House Digital.

Solomon, Michael R. (1985), "Packaging the Service Provider," *Service Industries Journal*, 5 (March), 64–72.

Spreitzer, Gretchen and Christine Porath (2012), "Creating Sustainable Performance," *Harvard Business Review*, 91 (January/February), 92–99.

Stauss, Bernd (1995), "Internal Services: Classification and Quality Management," *International Journal of Service Industry Management*, 6 (2), 62–78.

第七章
管理顧客組合

羅浮宮吸引了全世界的博物館顧客,管理這些訪客需要特別注意顧客組合,因為有不同的文化、語言以及他們光臨時一起帶來的不同顧客。本章是關於在服務互動中管理顧客的角色,有五個具體的目標:

- 檢視服務傳遞過程中顧客的角色與他們的行為
- 研究在服務設施中顧客與顧客之互動的影響
- 確認在服務設施中顧客與員工互動的本質
- 展示選擇與訓練顧客以減少顧客問題與改善服務體驗的策略
- 檢視可能引起顧客抓狂的困難環境

Ron 與 Jon 是 " 來自地獄的顧客 ",或許你聽過他們,這兩個朋友以在他們光顧的服務場所虐待服務人員為樂。Ron 喜歡假裝聽不到他們,當他們問問題時給白眼,然後當他回應時,Ron 會給一個無禮的要求。Jon 喜歡以空洞的問題虐待服務人員,或是糾纏著服務人員,要他們評論如何可以把工作做得更好。兩個人一起時,會讓任何遭遇他們的服務人員感到生活悲慘。如果你是在旁邊目睹這種虐待行為的顧客,你會怎麼做?你會忽視它或是向管理人員抱怨?再者,如果你是服務這種無禮顧客的人員,你如何處理此種情況?你會禮貌性的容忍這種虐待或是責備 Ron 與 Jon?最後,如果你是這個服務場所的擁有者,你會採取甚麼樣的行動?你會要求你的服務人員保持微笑,或是要求他們兩位離開?這些問題的答案並不容易決定,並指出服務人員與管理者有時候服務顧客所面對的兩難。

被服務的顧客與他們的行為

任何在服務組織中前台工作的人員都聽過這個諺語："顧客永遠是對的",並了解這諺語不是永遠都是對的。一個顧客可能缺乏正確使用服務的能力,或是很難與其他顧客相處。有時候,顧客光顧服務場所時,期待能從組織獲得相當不同的服務。不可避免地,這種顧客將會感到失望。例如廉價航空如西南航空公司,一個想要獲得完全服務接待的乘客會感到失望。在其他時候,顧客可能無法參與服務的共同生產,因為他們不瞭解自己在過程中應扮演的角色。擾亂秩序或是未準備好的顧客經常破壞如計程車司機、荒野嚮導、財務顧問與其他服務提供者的服務努力。有些顧客會有和服務人員或其他顧客相處的困難,原因可能是顧客太多或是顧客組合不對。有些顧客就是純粹的好鬥或是壞脾氣,也就是俗稱從**地獄來的顧客** (Customers from hell),或我們常說的奧客。

為了確保所有光臨的顧客能有滿意的服務體驗,服務組織必須處理幾項與顧客相關的議題。組織必須花心思在吸引原本服務設計所預期的顧客群,經由小心推廣、定價與其他行銷工具的目標群體設定,可以引誘正確的目標顧客光臨服務,也能減少從未進入此服務系統之顧客的失望可能性。服務組織必須教育顧客關於如何享受所提供的服務,行銷溝通如廣告、小冊子、標誌等,必須提供顧客能正確參與此服務所需要的資訊。最後,服務組織必須發展一個計畫,以管理在服務設施中的顧客組合。**顧客組合** (customer mix) 是指一群光顧某服務組織、來自不同年齡、性別、社經背景、知識或經驗、種族等的人們。服務組織必須發展政策與反應方案,以處理同時服務許多不同型態顧客所發生的臨時性困難。

> **顧客組合**是指一群光顧某服務組織、來自不同年齡、性別、社經背景、知識或經驗、種族等的人們。

很少有人類的問題比與其他人相處更重大的問題,社會衝突會顯示在許多方面—政治分歧、婚姻不協調、違反人權、國家間戰爭及許多其他分裂的衝突型式。當人們無法相處時,個人利益、社會單位利益與社會利益是危若累卵的,很少有社會的情境可以避免此種風險，行銷一個服務也無法免除於落入此種環境。除了服務提供者與顧客的必要合作外，服務體驗經常涉及會互相影響對方的顧客。最終，同時存在的顧客 (fellow customers) 可能會影響一個人的服務體驗，不論是正面或負面。如聚焦 7.1 所描述，在太少或太多控制間的微妙平衡管理，是卓越的顧客管理的基本構面。

我們到目前為止的討論集中在破壞性顧客的潛在負面影響，顧客也能創造對其他顧客的正面影響。一般來說，友善且樂於助人的顧客會對同時存在之顧客的服務體驗有很大貢獻，他們可以讓拜訪或使用服務場所成為愉快的事情。雖然如此，顧客太過友善或太過樂於助人是有可能發生的，或許你在雜貨店有過一種在結帳前等待的體驗，因為有顧客太過友善於和收銀員交談而造成排隊的阻礙。作者之一有一位親戚具有能和任何他所到之處的人結交朋友的魔力，其他和他一起

聚焦 7.1
嘉年華會 (Mardi Gras)：紐奧良知道如何讓快樂的時間持續 (Laissez le Bon Temps Rouler)

路易斯安那州的紐奧良是以每年的 Mardi Gras 慶祝而聞名，此活動會從世界各地帶來數百萬的遊客參與這個"世界最大的自由趴 (party)"。Cajun（一個特殊種族）的口號 "Laissez le bon temps rouler"（意思是讓快樂的時間持續），總結了紐奧良處理吵鬧的 Mardi Gras 群眾的方法。管理這群不穩定的狂歡者的責任就落在紐奧良警局，紐奧良警方以遭遇最少困難的方式管理這群人而獲得令人羨慕的名聲。紐奧良警方小心監視五十人以上、且會伴隨此嘉年華活動好幾週的主要遊行隊伍，此過程必須由警察以步行、騎馬或開車跟隨著遊行隊伍，便衣警察也會被動

用。警方成功原因的一個部分在於良好的訓練，確保不會讓小事件逐步擴大成危險的衝突。

當每一隊伍遊經紐奧良的街道，戴面具的乘者會向嘶吼的群眾丟出許多的小玩意，在每個遊行中都會有公開喝酒的情況發生。此外，一些戴面具的人會鼓勵女人裸露她們的胸部，以交換小珠子。雖然有一些爆發性的傳聞，但此遊行每年基本上都沒有太大的問題。在每一次遊行結束時，一群維護的部隊會用人和設備對城市的街道進行沖洗和清掃，以為第二天晚上另一個嘉年華會做準備。

光顧的顧客很不幸成為犧牲品，往往會想要盡快脫離他的會話束縛，不小心落入他對話陷阱的無助店員會發現，一條憤怒顧客的列隊很快就形成了。即使是正常的顧客行為，在某些情況下也會被某些人視為負面。如下一章節所述，人類的行為是非常複雜的，不同的顧客對相同的體驗會歸因於不同的意義。

顧客與顧客之互動

在服務遭遇中出現的其他顧客會正面或負面地影響顧客對服務的評價，這件事在第二章服務產品架構中有詳細說明。其他顧客的存在與行為會影響組織的服務品質，而且比起與服務人員的互動，會對顧客的體驗有更大的影響。聚焦7.2展示一項調查結果，有關於航空旅客對其隔壁乘客或其他乘客的恐懼。有時候一起分享服務環境的人有不同的需求或偏好，例如火車上的乘客，有人想要開窗而有人想要關窗。這些情況會引發對組織管理顧客間衝突能力的不滿，因為衝突可能就會發生。又如另一個例子，來自嚴格禁止在公眾場合吸菸國家的

聚焦 7.2
來自地獄的隔鄰乘客

你曾經登記一個航空訂位、趕到機場、站在check-in前的安檢列隊、登機、最後坐入你的座位中、卻只發現來自地獄的隔鄰乘客坐在你旁邊？當坐在某些傢伙旁邊時，持續幾個小時的飛行是一種令人畏縮的挑戰。什麼樣的乘客型態是同班機乘客最討厭坐在他旁邊的？一項對旅客的調查顯示，下列的隔鄰乘客是最令人恐懼的型態(依百分比排序)：

- 有口臭與體臭的人(19%)
- 哀號的嬰兒(15%)
- 過動的小孩(13%)
- 打噴嚏與鼻塞的人(10%)
- 吵鬧的男孩／女孩團體(10%)
- 扶手佔據者(8%)

還有人提到不穿鞋的旅客、喝醉的人與大聲喧嘩者。其實沒有這些來自地獄的隔鄰乘客，飛行就已經相當不舒服了。

Source: Gallagher, Noel (2009), "Fellow Passengers with Bad Breath and BO Have Been Voted the Worst People to Sit Next to in Skyscanner's Most Recent Poll," http://www.skyscanner.net.

旅客，可能會非常不適應允許公眾場所抽菸的國家。反之亦然，慣於在公眾場所抽菸的人會發現禁菸規定是非常麻煩、不易了解與遵守的。

不只是他們的行為，分享同一設施的整體顧客數目可能會影響服務體驗。一個擁擠的服務空間會導致壞脾氣與對他人感覺遲鈍，或是在如喜劇表演秀或運動比賽的服務中，大量擁擠的觀眾會藉由創造興奮與刺激參與而強化服務的體驗 (Lovelock and Wirtz 2011)。

雖然顧客與顧客之互動在實務上很重要，但很少有研究探索其他顧客對個別服務評價及對服務組織知覺的影響，研究者忽略了此種互動如何影響顧客對組織服務品質的評價。幾個已發展的服務品質科學化調查，如 SERVQUAL (Parasuraman, Berry, and Zeithaml 1991,1993; Parasuraman, Zeithaml, and Berry 1988) 與 SERVPERF (Cronin and Taylor 1992)，並沒有明顯將顧客間的互動視為影響品質評價的因素。在這些對此議題的不充分研究中，主要是發現在服務設施中的顧客密度與擁擠度，會對顧客的情緒及顧客對服務的行為反應有顯著影響 (Hui and Bateson 1991)。此外，研究也認為當一位顧客遭遇到其他任性的或潛在破壞性的顧客時，服務人員如何反應此情況的方式會影響此顧客對服務組織的評價 (Bitner, Booms, and Tetreault 1990)。

另一項研究則調查佛羅里達遊客對其他遊客的遊客吸引力之影響，調查結果發現，顧客對一個服務組織的滿意會受到另一顧客的強化或減損 (Grove and Fisk 1997)。遊客的評論指出，同在一起的顧客會對服務體驗有很大的正面或負面影響。總而言之，(1) 顧客經常會影響另一個人；(2) 其他的顧客可能會增強或減損服務的體驗；以及 (3) 其他人所受到的影響會被歸因於他們的社交能力或對群體規範的回應。特別地，當分享服務設施時，其他人的關心或敵意的表達、口頭或肢體的行為會導致顧客與顧客之關係的滿意與否。

顧客對服務人員之互動

在顧客與服務人員間之互動也是同樣的複雜，第六章檢視了這些互動的服務人員面，本節則探索顧客對服務人員之互動的顧客面。特別地，我們定義了三種顧客與服務人員互動的類別：(1) 友善；(2) 不友善；和 (3) 太友善。

友善的互動

顧客與服務人員的友善互動導致服務組織的最佳情境，在顧客與提供者間的正面相互作用最可能產生成功的互動。例如，當病人與醫師間的交流是誠懇的，病人與醫生雙方都比較能對在醫生辦公室內之服務遭遇感到滿意。在兩者之間的開放式溝通與合作將能跟著發生，可能增加雙方對此服務的相互滿意。在顧客是重要合作生產者的服務中，人員的友善可以對所有參與者形成較好的服務體驗。

不友善的互動

不友善的互動對服務體驗有負面的效果，它們經常是因為對顧客角色或服務人員角色的誤解而發生。有時不協調的發生是因為一位顧客不經意地觸及另外一位的"敏感地帶 (hot button)"，可能是不恰當的評論、誤導的姿勢或一些其他的攻擊行為。顧客的乖戾或憤怒心情也可能觸發不友善的互動。簡言之，任何不友善互動的小事件可能危害服務組織的效能，因為顧客不為組織工作，所以不可能強迫他們表現出友善的態度。如果一個工作必須經常要適應不友善或好戰的顧客，一個不幸的結果就是此工作很快變得不受工作人員歡迎。發現與留住能滿足前台服務角色的員工是很困難的，一個變成正常化的不友善互動會損壞組織的未來。組織容忍這些不友善的顧客要到什麼地步？

太友善的互動

過度友善的顧客與服務人員互動可能會損壞服務的傳遞與服務的體驗。如之前所提過的，這些行為會成為員工分心的主要原因，而且可能造成對後續顧客服務的延遲。你可能會看過顧客對服務人員太過友善的例子：愛講閒話與討厭的乘客、要和侍者交朋友的熱心用餐者，或是寂寞的銀行顧客（會將櫃員視為親戚的替代品）。

要不笨拙管理積極友善的顧客特別困難，因為他們經常看起來沒有傷害。要發現一個能逃離這種過度互動的舒適方法經常令人氣餒，一些工作人員有全套的劇本應付無禮或不友善的顧客，但只有很少的方法可以處理這些過度友善的討厭人物與他們過度熟悉的嘲弄。服務組織應該思考將導正過度友善顧客的方法，作為員工訓練的一部分。

選擇與訓練顧客

選擇正確的顧客與訓練他們參與服務遭遇是兩個決定性的步驟，如同劇場表演的觀眾，有責任遵守某些規範以參與舞台的表演，顧客亦須遵守管理的基本規則。如同觀眾一樣，顧客不只是要避免損害其他顧客的服務體驗，也必須努力讓服務演員能以最佳狀態表演。組織必須通知顧客有關服務參與者的期望（例如能引發滿意服務的正確禮儀與程序），顧客也有義務要合作。不論是學習如何正確使用機票資訊機(kiosk)、告訴醫生精確的病徵或者包容其他分享服務設施者的權利，觀眾在服務生產中扮演了重要的角色。顧客在所有不同服務型態中，基本上是他們服務體驗的共同生產者，在某些例子中，他們扮演了非常活躍的角色，例如教育、心理諮商、園藝設計等。這一切的一切，被服務的顧客（如同劇場的觀眾）被期待能接受這種戲劇的規則："表演必須繼續"，他們可以就整體生產的利益，容忍或忽視服務表演中的一些小小不完美。

顧客在幾種情境中成為服務的重要策略成分，除了在需要廣泛且直接接觸服務組織或其員工的情境中扮演中心角色以外，顧客在有自我服務（如自動櫃員機或速食餐廳）之服務中扮演更重要的角色，在這些例子中，顧客是決定服務產出的儀器。顧客的重要性也出現在需要高度個人化的服務（例如保險或法律服務），這些服務的顧客必須提供正確的投入（如溝通特別的需要或需求），才能讓服務人員給予滿意的表演。最後，如前面章節所提，顧客議題在需要同時迎合許多顧客的服務中特別重要。不論是分享服務設施，或是嘗試在相同時間使用相同服務(例如同時嘗試用電話購買音樂會的門票)，其他的顧客會藉由其存在與行為深深地影響對服務提供者的顧客滿意。值得注意的是，有些顧客在進行造訪或避開服務場所的決策時，可能會被那裏的顧客人數與結構所影響。

顧客訓練的指引

當開始進入訓練顧客以確保所有參與者的更好服務體驗時，服務組織應該考慮下列五個因素：

第一，用同樣服務傳遞滿足所有顧客是不可能的，因為在任何情境中，許多顧客對於什麼是適合與合理有不同的想法。如古老的諺語："一個人的天花板是另一個人的地板"。例如，一群顧客自己在享受精彩的對話，其他周圍的人就會因為他們的喧嘩而變得悲慘。對此問題的一種解決方法，是由組織教育顧客有關造訪此特別服務場所時所被期待的行為型態。標誌、錄製的訊息、組織人員的指示或熱心協助的同行顧客提供的資訊，都可能建立一種共同的瞭解，哪些是在顧客間的適當行為。

第二，如本章前面引用的研究資料(Grove and Fisk 1997)，對其他顧客行為的個別評價有很大差異，這些差異經常是來自於可觀察到的個人特質。回答者經常將不滿意事件連結至不同群體的其他顧客，包括不同年齡、國別或其他可見的特徵。老的顧客會注意到無禮年輕顧客有多吵，年輕顧客對某些老顧客的積極排隊行為很敏感，其他的顧客可能因為旁邊穿著不同或是講不同語言的顧客而苦惱。知道人們會對哪些容易認出的顧客特徵有負面反應時，可以讓管理者與員工能預期與預防問題。對於這些會創造服務顧客群間不協調的有形人口統計學特徵，有許多不同的策略與戰術可以處理。例如以特定的推廣將特定群體設為目標顧客，將帶小孩的顧客維持在分隔的區域，或者努力將同質的群體放在鄰近的座位，這些都是可以考慮的可行解決方法。

第三,服務組織必須警覺某些顧客的習性,這些習性在遠地時或是在陌生人間比較少被禁止。確實,有些人可能會有意在度假時到很遠的地方旅行,或是造訪從未去過的服務場所,長距離讓他們有較自由行動的機會,因為他們較不需顧慮到行為的後果 (Eiser and Ford 1995)。這些顧客可能會從事破壞性或較無禮的行為,這些行為是他們在家連作夢時都不敢作的。要應付千變萬化的顧客們,服務組織管理者應該對處理與解決這些會造成吵鬧的**出城者效應** (out-of-towner effect) 所引發之問題做好準備。

第四,要吸引多元顧客群體的服務組織應該留意,有些顧客會有喜歡批評外國人的習性。在前面提及的旅客研究中,許多不滿意的事件涉及到其他國家的個人行為 (Grove and Fisk 1997)。外國人因為不該講而講、講話太大聲、插隊或是不注意修飾而打斷他人的享受是很常見的,許多此類問題之所以發生,是因為某些顧客不瞭解其他顧客有時候有不同文化定義的禮儀。例如,英國人認為排隊是有秩序與正確的行為,但義大利人就不這麼認為。即使顧客了解這些差異,但他們會發現,要容忍與他們認為的正確舉動有差異的行為是很困難的。教導組織員工的文化敏感度也應該教導給顧客,服務人員為適應文化背景產生的行為差異而提供的標誌、口頭宣告或其他看得見的努力,都可以經由溫和提醒者對其他人的勸告,協助解決此困局。

第五,除了嘗試控制在實體設施中的多元顧客組客所發生的潛在問題,服務組織應該嘗試鼓勵顧客間的**隨機友好行為** (random acts of kindness)。推廣在服務傳遞過程中任何時點協助他人的重要性與利益,可以增加正面行為的發生。利用公告、評論或其他書面的溝通方式,讚美顧客的適當舉止或是對商譽有益的額外行為,能夠鼓勵此行為在未來發生,並能傳遞期許的訊息給其他顧客。組織可能可以採用系統化的方式,以找出這種顧客中的好人,並了解與鼓勵他們的模範行為。

最後,服務組織必須發展更多可以改善顧客對顧客關係的方法,其中一個建議是使用在劇場與娛樂的方法 (Grove and Fisk 1992),例如在表演藝術中的熱身行動，經常可以協助將觀眾對表演的心情放在正確的位置。此外，劇場的帶位員、節目單與標誌會告知顧客正確行為的資訊。同理，排隊的管理人員可以提供資訊，以減少顧客間發生的問題。要減少長期等待的壓力，許多旅客機構會使用自動化視訊裝置娛樂排隊的遊客。當長時間的延遲很正常時，組織應該考慮同樣的方法。不幸地，這些裝置並不會減少等待期間發生破壞性行為帶來的損害。因此，服務人員必須準備好在管理顧客對顧客關係時，要偶爾擔任警察的行動 (Lovelock and Wirtz 2011)。

顧客訓練工具

技巧性管理顧客參與和顧客對顧客互動，可以協助組織改善顧客眼中的服務價值。下列三種不同的工具能達成此目標：顧客劇本、顧客教育與顧客相容性管理。

顧客劇本 當服務需要高度顧客參與時，組織可以藉由教育顧客有關他們在服務劇本中的角色而改善表演。如第四章所討論，服務劇本代表服務傳遞過程中，一連串涉及顧客與服務人員之事件的可能順序。當顧客清楚了解服務劇本及他們在其中的部分，他們對控制的知覺會增加，因為他們可以預測並影響行動的流動。最終，對控制的了解增加會產生更滿意的顧客。

許多成功的服務組織了解訓練顧客、確保他們正確遵守劇本的重要性，一個明顯的例子是自助式餐廳，服務人員會藉由標示與指引，協助顧客經由一定步驟取得他們的餐點，桌上與門上的標示也會協助顧客在用餐後可以自行清理。另一個劇本訓練的例子是訓練飛機乘客正確使用機票資訊機 (kiosk)，當資訊機剛使用時，航空公司透過讓顧客熟悉此新科技而推廣使用率，並協助顧客克服取代以前人員服務的無人化。

若顧客了解劇本並能正確執行他們的部分，在參與者間很少會發生衝突。一個好的例子是紅花鐵板燒餐廳，顧客互動是服務觀念的一部分。當日本主廚在準備餐點時，一群八至十人的顧客圍繞著中央的料理區,通常顧客會坐在陌生人旁邊,這在其他的情境中可能會引發一些社交上的苦惱。但此種安排在紅花鐵板燒餐廳是被接受的劇本,確實,此點也是此餐廳成功的差異之處。

無論如何,許多組織會同時吸引不同市場區隔的顧客,並可能會在對待上有些微的差異,一些休閒與款待的服務如滑雪勝地、海上遊輪、大型旅館就屬於此類。例如一家旅館,可能同時接待一個大型貿易展覽會議、一群商務女士、度假的家庭與度蜜月的夫婦,每一個顧客組合中的顧客區隔有不同的住宿目的,在住宿期間也有不同的需求。換句話說,他們有不同的顧客劇本。有些旅館會嘗試將他們在實質上區隔,或是鼓勵他們在不同時間使用旅館設施。教育顧客有關操作上的不同劇本可能也會有幫助,例如讓旅館客人知道參加貿易展覽會議的人會在何時結帳離開,並提供其他結帳離開的時間,以避免因為等待而感到挫折或抱怨。

顧客教育 也如同本章中的討論,顧客教育可以將服務顧客問題最小化。主題公園提供許多景點的安全指示,以確保顧客可以嚴格遵守。學院的教授提供學生教學大綱,以描述課程的規定與期望。在每一個例子中,清楚的溝通可以對顧客與組織的表演有貢獻。再想想醫院的手術服務案例,許多醫院小心地教育即將接受手術的病患,他們指示病患一系列的詳細準備、開刀與手術後的事件,包括手術程序的本質,還有病人可能會如何感受到接下來的手術。

顧客相容性管理 Martin 與 Pranter 建議服務組織應該從事相容性管理(1989),**顧客相容性管理**(Customer Compatibility Management)是一種選擇與瞄準適合之顧客組合的實務工作,以在顧客互動時鼓勵滿意的顧客對顧客關係,雖然他們使用此服務有不同的理由或背景。如果成功,管理顧客相容性的努力會藉由創造更好的服務體驗,吸引新的顧客並保留現有的顧客。當保留顧客是如此重要的時候,相容性管理對組織在關係行銷時的努力變得很重要(Clark and Martin 1994)。

> **顧客相容性管理**是一種選擇與瞄準適合之顧客組合的實務工作,以在顧客互動時鼓勵滿意的顧客對顧客關係,雖然他們使用此服務有不同的理由或背景。

大部分的組織必須非常注意他們顧客的行為，例如航空公司、餐廳、旅館與醫院，經常傳遞服務給分享相同服務設施並因而影響彼此服務體驗的顧客。如圖7.1所示，在同一時間要服務大量顧客的服務組織，必須採取額外的預防措施以預防問題發生。例如全世界的專業運動團隊會面臨嚴重的問題，就是當任性的球迷不只是破壞比賽，甚至會引發其他觀眾的受傷與死亡 (Grove et al. 2012)。英格蘭的溫布立 (Wimbley) 體育場因為在1980年代後期發生有死亡的嚴重事件，之後便強化足球比賽的保安而聞名。同時美國舊金山燭台公園也為重大的運動事件增加25%的保全人力，以減少球迷瘋狂的插曲。擁擠、任性的行為或是錯誤的顧客組合，會打亂或破壞粉絲的體驗或對服務表演的享受。

一個服務機構的專注 (attentiveness) 會影響顧客的行動，圖7.1建議服務小團體的全服務組織比起要同時服務上百或上千顧客的自我服務組織，所需要的顧客對顧客管理水準比較低。前者如四星級飯店與嚮導旅程，所服務的顧客都對服務體驗中應有的正確顧客行為有同樣預期。另一方面，如音樂會、運動賽事與遊客景點，都創造了相容性

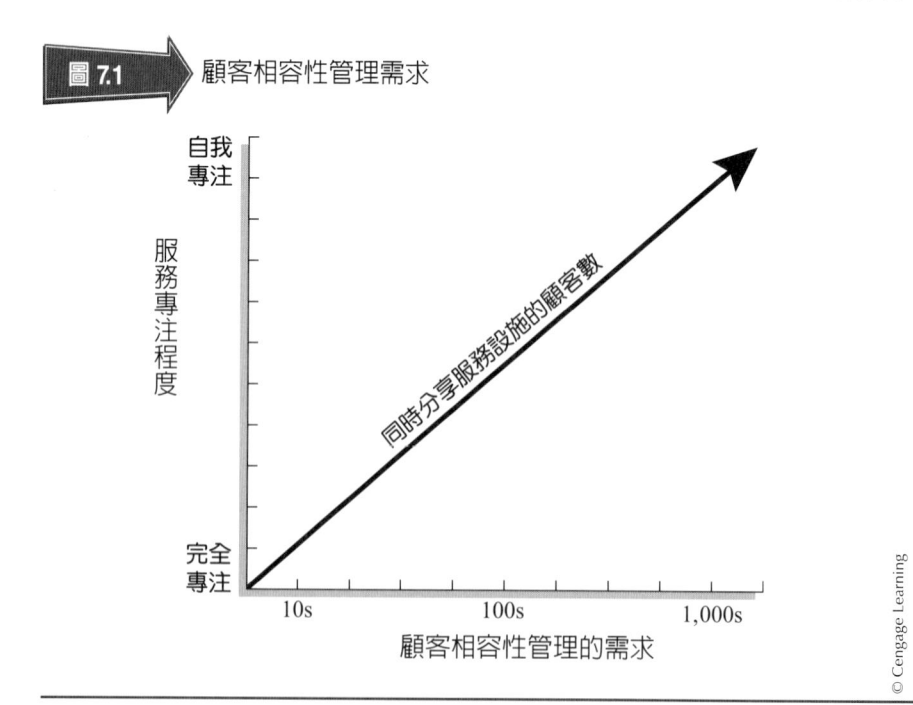

圖 7.1　顧客相容性管理需求

管理的重大挑戰。問題是來自於這些服務吸引了不同背景的異質性顧客組合，他們使用服務的理由不同，並對於適當的服務相關行為有分散性的期望。在這些案例中，專注度是小的而問題就接踵而來了。即使是有謙虛人員的服務環境如零售店與航空公司，也經常需要謹慎管理顧客與顧客的關係。

與專注程度相關的是管理顧客行為的努力，許多顧客將服務體驗的品質連結至對顧客控制的管理程度（如圖7.2）。無論如何，對顧客控制過多的服務組織可能被認為是壓抑的，因而可能流失顧客。

管理顧客的抓狂

全世界有關顧客抓狂事件的報導越來越多，所謂的**顧客抓狂** (customer rage) 是對某方面的服務體驗感到極端憤怒的表達方式。這些顧客抓狂事件對他們影響之組織的管理者製造了嚴重的問題，證據顯示顧客抓狂的事件在增加中 (McColl-Kennedy et al. 2009)。例如描述在下列事件中的憤怒：

顧客抓狂是對某方面的服務體驗感到極端憤怒的表達。

- **停車的抓狂**：在鳳凰城停車場一個輕微碰撞的結果，一位計程車司

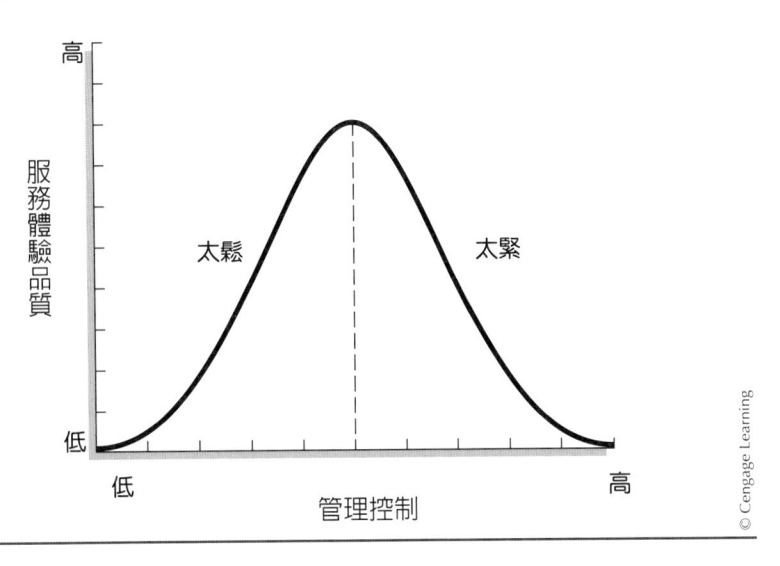

圖 7.2 服務行銷金字塔

機與其乘客在罹難者妻子恐懼旁觀下，將另一駕駛人毆打與踐踏至死 (stern 2011)。
- **球迷的抓狂**：一場在埃及的足球迷混戰，涉及到支持獲勝 Al-Masry 俱樂部的球迷與極為支持 Al-Ahly 俱樂部的客隊球迷，結果導致七十四人死亡 (USA Today 2012)。
- **空中的抓狂**：一場兩個男人的打鬥在一班從華盛頓飛往迦納的班機上爆發，原因是一位好鬥的乘客將椅子向後倒到另一位的膝蓋，F16 戰鬥機被召喚來護送此班機返回杜勒斯機場 (Dulles Airport) (Topping 2011)。

這些事件只是從顧客抓狂事件及其傷害的最大與最嚴重程度進行提示，範圍從口頭的義憤填膺到動手破壞、身體受傷甚至死亡。壞脾氣的表現如咒罵、掌擊、對個人財產的傷害、對附近周遭環境的傷害都是常見的顧客抓狂表現，同在一起的顧客與工作人員都成為抓狂的當然目標。很清楚地，這種破壞性的行為會引發被抓狂事件折磨之組織的嚴重問題，這些問題超過事件的立即傷害，包括讓顧客不再靠近的壞公眾訊息、增加財務成本的法律行動，還有精神受創之顧客或員工無法說出的後遺症。

服務組織發現他們經常被顧客抓狂事件所困擾 (Grove, Fisk, and John 2004)，任性的顧客行為慢慢變成愈來愈常見了，這些插曲包括主題公園抓狂、餐廳抓狂、資訊站抓狂、停車場抓狂、收銀機抓狂，還有甚至電子抓狂 (e-rage)（聚焦 7.3）。感覺好像任何人一拿起今天的報紙，就會有一些故事浮現眼前，如遊樂園排隊的顧客打架、餐廳顧客無禮取鬧、爛醉的電腦使用者攻擊資訊站的服務人員、顧客為停車位打架、購物者對於緩慢的結帳隊伍表現出挫折行為，還有匿名的網路使用者憤怒地濫用電子商務零售商的資訊。這些顯示沒有一個服務設施可以是顧客抓狂的安全天堂。

服務就是會經常被不同嚴重等級之顧客抓狂事件所折磨的產業，服務組織需要顧客與員工之間的互動，這些互動經常在分享一個共同

聚焦 7.3
顧客的壞行為

任何在服務組織中工作的人員都知道這個諺語："顧客永遠是對的"並非都是對的。當用高貴的努力提供顧客服務時，有時顧客表現出來的行為離"正確"很遙遠(Fisk et al. 2010)。有時候起初被歡迎作為組織期望之顧客組合的顧客，偶然會做出讓他們成為負債的行動。以前有位行銷學者將這些顧客標籤為"**奧客**(jaycustomers)"(Lovelock 1994)，並辨認出六種不同的奧客，之後又增加為七種。其中包括：不遵守規則的人、小偷、騙子、好鬥份子、家庭不和者、破壞物品者與賒帳的人。**不遵守規則的人**(rule-breaker)是指那些違反組織明定規則的人，這些規則是為了保護顧客與／或員工，或促進服務運作的順暢。**小偷**(thieves)是不為他們從組織獲得服務而付帳的顧客，就像在零售店中偷東西的小偷。**騙子**(cheats)是指顧客藉由假裝不滿意以避免付錢或其他預期的結果，這些行為是盜用組織的商譽或是保證，例如保險詐欺與退還已使用過的產品。**好鬥份子**(belligerents)是指當一些服務不是他們所喜歡的時候，會大聲、質問或更糟的顧客，換句話說，他們表現出顧客的抓狂。**家庭不和者**(family feuders)是好鬥份子的一部分，他們喜歡與其他顧客爭執，或與認識的人開始熱烈交換意見。**破壞物品者**(vandals)是指那些會損毀服務設施、損壞設施美麗的外表、操作的功能或是安全性。**賒帳的人**(deadbeats)代表會對服務賴帳的顧客，有可能是或可能不是暫時性的情況。

當被奧客折磨時，組織可以做什麼？每一種奧客可能有不同的解決方法。很清楚地，更多的保全與監視可以減少破壞規則、偷竊、欺騙與破壞的事件，也可能協助除去好鬥份子與家庭不合者的發生機率。還有，仔細考量規則的數目與透明，以及確認無能力支付背後的理由，這些努力都能分別降低破壞規則與賒帳的行為。訓練員工隔離並處理顧客抓狂(不論是因好鬥或家庭不合所引起)的表現，能夠降低行為對其他人的衝擊。快速維修或是移走被破壞的設備與設施，可以減少其他人有樣學樣、繼續破壞的可能性。用一些有創意的方法協助賒帳者盡他的義務，可能可以將這些期待的顧客長期保留。

明顯地，組織當然希望這些奧客行為不要發生，但是確認並處理奧客行為可以限制它的傷害效果。在本聚焦7.3將顧客的抓狂描述為好鬥的顧客。

Source: Lovelock, Christopher H. and Jochen Wirtz (2011), *Services Marketing: People, Technology, Strategy*, Upper Saddle River, NJ: Prentice-Hall; Lovelock, Christopher H. (1994), *Product Plus*, New York, NY: McGraw Hill.

服務設施的多元顧客前發生。此外，服務傳遞的"即時 (real time)"特性與許多組合而產生服務體驗的的不可控因素，都會讓服務品質變得非常易變。不意外地，之後服務組織就變成顧客抓狂的培養皿。而且，服務組織的產能經常會受限，也就是說，他們經常體驗工作人員、空間或設備的不足，以至於無法有效處理顧客 (想一下在美國每週五晚上七點時受歡迎餐廳用餐的擁擠)。簡言之，大多數的顧客抓狂案例都與服務人員、服務設施、同在一起的顧客與服務程序有緊密的關係。

未來的服務遭遇可以抑制比今日更多的敵意嗎？我們相信這些討厭且危險的可能性還是會發生，除非服務管理人員：(1) 處理減少服務遭遇中顧客抓狂之共同目標的需求，(2) 管理顧客的脾氣，(3) 採用額外的步驟以避開抓狂的觸發因子，(4) 積極追求預防或管理顧客抓狂的處理。聰明的服務管理者會進任何的可能，讓他們與顧客的服務遭遇因禮貌而有特色，而不是因抓狂而毀損。

摘要與結論

管理顧客在服務領域是新的觀念，聰明的顧客搜尋出最佳的服務，同樣地，聰明的服務組織搜尋出最佳的顧客。因此，組織應該從顧客在服務傳遞程序的參與、與其他顧客的互動、與對待服務人員的觀點，決定它們對顧客所期望的最佳行為。一旦它們決定了最佳行為，組織應該努力找出符合此願景的客戶。產生一個滿意的顧客體驗是從找到正確的顧客開始，教育顧客去從服務中獲得大的報酬，並確保他們能與其他顧客相容。

其他顧客可以增加或減少顧客對服務組織的滿意度，不幸地，許多顧客服務的零售商忽略此一事實。當它們開始教育顧客、管理顧客對顧客的關係、與管理顧客對員工的關係，組織會發現要提出同時能確保正面體驗並預防負面體驗的創意措施是很困難的。即使如此，在服務遭遇中，一個簡單的錯誤可能會說服顧客將他的生意拿到別處。被啟發的組織必須注意，要讓顧客了解他們在服務傳遞程序中的角色、與其他同處的顧客相處以及與服務人員相處。

練習題

1. 在接下來的幾天內,檢視其他顧客行為會影響你的服務體驗次數。
   a. 哪種顧客行為會改善你的服務體驗?
   b. 哪種顧客行為會降低你的服務體驗?
   c. 描述顧客間彼此協助的例子。
   d. 描述顧客間彼此打擾的例子。
2. 在你下次造訪一個服務場所或網路服務店時:
   a. 嘗試對服務提供者特別友善,服務提供者會如何回應你的友善?
   b. 你有收過任何教育你如何參與服務傳遞的訊息(書面或口頭)?
3. 選擇一項服務,檢視它對顧客行為及參與的特定指引或規則,為什麼要給予這些指示?如果沒有這些指示會有甚麼後果?

網際網路練習題

檢視你學校的學生如何使用網路與其他學生或教授溝通。
1. 學生是否會在聊天室、討論區與部落格討論他們的學生體驗?
2. 你的學校是否鼓勵或不鼓勵這種顧客對顧客的互動?
3. 學生是否透過部落格、討論區或教學軟體與他們的教授互動?
4. 你的學校是否鼓勵或不鼓勵這種顧客對員工的互動?

References

Bitner, Mary Jo, Bernard H. Booms, and Mary Stanfield Tetreault (1990), "The Service Encounter: Diagnosing Favorable and Unfavorable Incidents," *Journal of Marketing,* 54 (January), 71–84.

Carlton, Jim (2012), "Curbing Hooliganism at Candlestick," *Wall Street Journal,* January 21–22, Sec. A, 2.

Clark, Terry and Charles L. Martin (1994), "Customerto-Customer: The Forgotten Relationship in Relationship Marketing," in *Relationship Marketing: Theory, Methods and Applications,* Jagdish N. Sheth and Atul Parvatiyar, eds., Atlanta, GA: Emory University, 1–10.

Cronin Jr., Joseph J. and Steven A. Taylor (1992), "Measuring Service Quality: A Reexamination and

Extension," *Journal of Marketing,* 56 (July), 55–68.

Eiser, Richard J. and Nicholas Ford (1995), "Sexual Relations on Holiday: A Case of Situational Disinhibition?" *Journal of Social and Personal Relationships,* 12 (3), 323–340.

Grove, Stephen J. and Raymond P. Fisk (1992), "The Service Experience as Theater," in *Advances in Consumer Research,* vol. 19, John Sherry and Brian Sternthal, eds., Provo, UT: Association for Consumer Research, 455–461.

Fisk, Ray, Stephen Grove, Lloyd C. Harris, Dominique A, Keefe, Kate L. Daunt, Rebekah Russell-Bennett, and Jochen Wirtz (2010), "Customers Behaving Badly: A State of the Art Review, Research Agenda, and Implications for Practitioners," *Journal of Services Marketing*, 24 (6), 417–429.

Gallagher Noel (2009), "Fellow Passengers with Bad Breath and BO Have Been Voted the Worst People to Sit Next to in Skyscanner's Most Recent Poll," http://www.skyscanner.net/news/articles/2009/07/002674-bad-breath-and-bo-get-up-travellers-noses-most-annoying-passengers-revealed-by-skyscanner.htm (accessed February 9, 2012).

Grove, Stephen J. and Raymond P. Fisk (1997), "The Impact of Other Customers upon Service Experiences: A Critical Incident Examination of 'Getting Along,'" *Journal of Retailing,* 73 (1), 63–85.

Grove, Stephen J., Raymond P. Fisk, and Joby John (2004), "Surviving in the Age of Rage," *Marketing Management* (March/April), 41–46.

Grove, Stephen J., Gregory M. Pickett, Scott A. Jones, and Michael J. Dorsch (2012), "Spectator Rage as the Dark Side of Engaging Sport Fans: Implications for Services Marketers," *Journal of Service Research,* 15 (1), 1–18.

Hui, Michael K. and John E. G. Bateson (1991), "Perceived Control and the Effects of Crowding and Consumer Choice on the Service Experience," *Journal of Consumer Research,* 18 (2), 174–184.

Lee, Louise (2006), "Kick Out the Kids, Bring in the Sales," *Business Week* (April 17), 42.

Lovelock, Christopher (1994), *Product Plus: How Product + Service = Competitive Advantage,* New York: McGraw-Hill, Inc.

Lovelock, Christopher H. and Jochen Wirtz (2011), *Services Marketing,* 7th ed., Upper Saddle River, NJ: Prentice Hall.

Martin, Charles L. and Charles A. Pranter (1989), "Compatibility Management: Customer-to-Customer Relationships in Service Environments," *Journal of Services Marketing,* 3 (Summer), 6–15.

McColl-Kennedy, Janet R., Paul G. Patterson, Amy K. Smith, and Michael K. Brady (2009), "Customer Rage Episodes: Emotions, Expressions and Behaviors," *Journal of Retailing,* 85 (2), 222–237.

Parasuraman, A., Leonard L. Barry, and Valarie A. Zeithaml (1991), "Refinement and Reassessment of the SERVQUAL Scale," *Journal of Retailing,* 67 (Winter), 420–450.

Parasuraman, A., Leonard L. Berry, and Valarie A. Zeithaml (1993), "Research Note: More on Improving Service Quality Measurement," *Journal of Retailing,* 69 (Spring), 140–147.

Parasuraman, A., Valarie A. Zeithaml, and Leonard L. Berry (1988), "SERVQUAL: A Multiple-Item Scale for Measuring Consumer Perceptions of Service Quality," *Journal of Retailing,* 64 (Spring), 12–37.

Stern, Ray (2011), "Taxi Driver and Passenger Beat Man to Death During Parking Lot Squabble, Avondale Cops Say," http://blogs.phoenixnewtimes.com/valleyfever/2011/08/taxi_driver_and_passenger_beat. (accessed February 7, 2012).

Topping, Alexandra (2011), "Air-Rage Fight over Reclining Seat Forces United Airlines Flight to Return Home," http://www.guardian.co.uk/world/2011/jun/01/united-airlines-flight-seat-fight (accessed February 7, 2012).

USA Today (2005), March 17, International Edition, 8B. "Egypt soccer fans rush field after game, 74 dead" (2012), *USA Today,* http://www.usatoday.com/sports/soccer/2012-02-01-2351436719 (accessed February 8, 2012).

第三部分

互動式服務體驗之承諾

　　第三部分檢視對現在與未來顧客做有關互動式服務體驗之承諾的複雜性，組織透過服務收費的價格與推廣訊息傳達這些承諾。第八章分析服務的定價與定價的目標、服務價格與價值的關係、計算服務成本的方法、還有組合式定價 (price bundling)。第九章探索許多推廣服務的方法，並討論推廣組合包括服務的廣告、人員銷售、新聞宣傳／公共關係以及促銷。

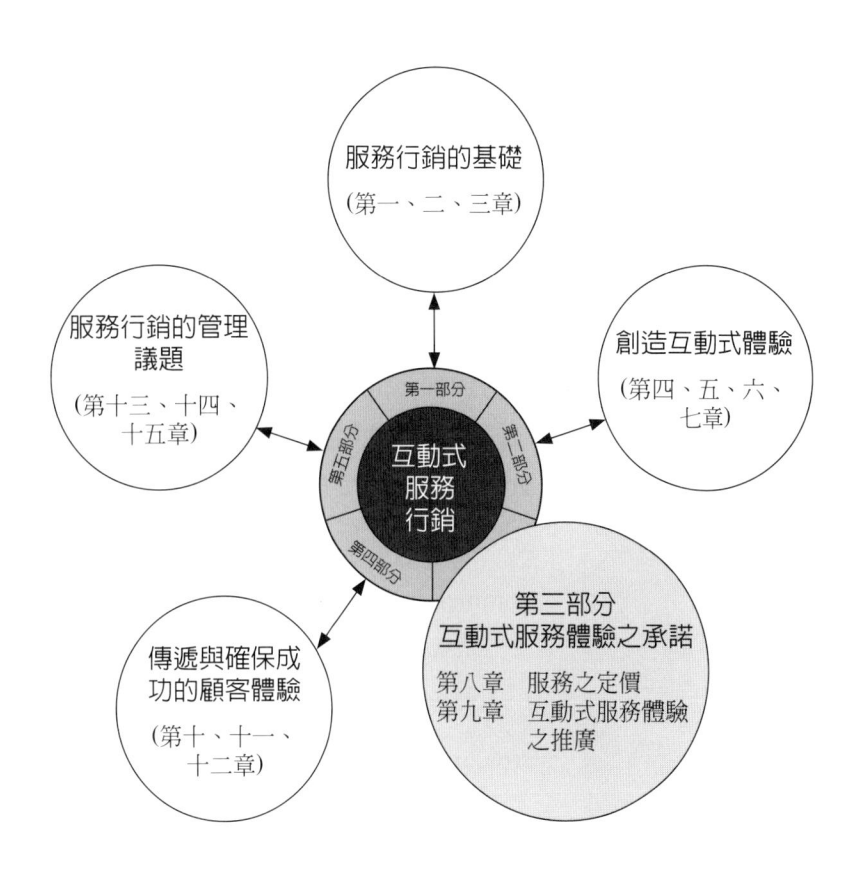

服務行銷的基礎
(第一、二、三章)

服務行銷的管理議題
(第十三、十四、十五章)

創造互動式體驗
(第四、五、六、七章)

傳遞與確保成功的顧客體驗
(第十、十一、十二章)

第三部分 互動式服務體驗之承諾
第八章　服務之定價
第九章　互動式服務體驗之推廣

互動式服務行銷

第一部分・第二部分・第三部分・第四部分・第五部分

第八章
服務之定價

為什麼服務價格會變動？
服務的產出管理
定價目標與方法
服務價格與價值的關係
計算服務成本
組合式定價
其他的定價考慮因素

第九章
互動式服務體驗之推廣

服務與整合行銷溝通
行銷溝通與服務
推廣組合
為服務做廣告
促銷與服務
人員銷售與服務
宣傳與服務
在網路上推廣服務

Sources: http://www.broadmoor.com (accessed August 3, 2012); and Czaplewski, Andrew J., Eric M. Olson and Stanley F. Slater (2002), "Applying the RATER Model for Service Success," *Marketing Management*, Vol. 11 (January/February), 14-17.

Broadmoor 旅館：遇見卓越與價值之處

在科羅拉多州科羅拉多泉市的 Broadmoor 旅館 (http://www.broadmoor.com) 有非常強的卓越名聲，它曾獲得五十二次富比士 (Forbes) (http://www.forbes.com) 五星評價與三十六次 AAA (http://www.AAA.com) 五顆鑽石評價，在這兩個案例中，都讓它成為最長的連續獲勝者。此旅館在1918年成立，並獲得其他旅遊專家的非凡評價，如旅遊休閒雜誌 (http://www.travelandleisure.com)、Zagat (http://www.zagat.com) 與富比士。但 Broadmoor 已遠超過一般簡單的旅館：它是一個度假勝地，而且許多其他延伸的場地也都享受了同樣的榮譽，包括它的餐廳、高爾夫球場、SPA、網球設施與會議場所。要讓這些所有的榮譽發生，Broadmoor 運用了許多成功的原則，包括在服務場所與科技上的持續改善、徵募與訓練員工成為服務熱情者、確保能傳遞顧客期望之卓越服務的充足人力。它雇用來自二十三個國家的1,800多位員工，並提供他們超過四十門著重在款待基礎及進階的訓練課程，新進員工在第一年必須接受超過175個小時的訓練。很清楚地，Broadmoor 承諾了卓越的服務文化，當然它的定價與推廣決策也有相當大的貢獻。

雖然有將近70%的登記是來自於企業用戶，但 Broadmoor 沒有忽略娛樂旅客，包括在定價方面的努力與推廣的活動。正常的房價約在每晚 US$300 到 550 之間，並在淡季期間會有很大的折扣。此外，Broadmoor 提供許多具吸引力的套裝價格，包括在得獎旅館的房間與高爾夫、網球或 SPA 活動，還有餐點與商品折扣。其他的套裝活動在不同的節日提供，例如家庭聚會、浪漫的活動與特殊事件如爵士樂或週末的"侍酒師訓練營 (sommelier boot camp)"。

高級的旅館與度假勝地如 Broadmoor，會應用一些特殊的方法推廣它們自己。基本上，此推廣策略必須是顧客專屬。若 Broadmoor 是"大眾化價格"，如假日飯店 (Holiday Inn) (http://

www.sixcontinentshotels.com) 或 Motel 6 (http://motel6.com)，它會大量投資在大眾廣告上。但是要能有效觸及這些專屬的旅館客人，較低調的宣傳與公共關係是更有效的工具。例如，Broadmoor 旅館努力在旅館業的評等或評比團體中獲得較好的排名，前面所提到的組織就是很好的例子，高評等所產生的宣傳會大大補充此度假勝地較少的大眾廣告曝光。更重要的推廣來源是滿意顧客的口碑宣傳。為了補充這些方法，此旅館聘用了少數的銷售人員，並使用季節性費率與之前提及的套裝活動進行促銷。

第八章
服務之定價

在 Broadmoor 旅館的短文中,此旅館的客房與套房定價創造了高價值服務的知覺。不只有一般的定價計畫,Broadmoor 也提供了季節費率與特殊的套裝活動,除了旅館的套房以外,這些費率還包括額外的服務與舒適的設施,例如世界級藝術畫廊、室內樂,還有特別美食的行程。

服務價格可以依據購買的時間與使用的服務改變,要了解一個組織為什麼必須提供相當多元的價格,我們就必須分析服務組織的生產資產與資產的生產力。資產使用效率議題與其他挑戰讓定價成為服務行銷者的困難決策,組合式定價與其他的定價策略是因為此種複雜性而產生的回應。

本章將探索服務組織面臨定價決策相關的挑戰與機會,有七個具體的目標:

- 檢視為何服務的價格會變動如此大
- 檢視服務的產出管理
- 解釋服務組織中定價目標的角色
- 分析建立服務設施之價值的挑戰
- 說明為何服務成本要被精密計算
- 探索服務的組合式定價策略
- 檢視其他的定價考慮因素

要訂定服務的價格經常對服務與它的顧客都是一個困惑的議題,組織經常在決定無形服務的成本上很掙扎,這點讓設定精確的價格變得很困難。服務組織必須考慮到服務顧客的成本,將成本詳細地歸類到特定服務所需要的前台與後台活動上。例如在定價乾洗襯衫或夾克時，其成本計算需要多精確？同樣可以瞭解，顧客在面臨他們為一個服務應付多少價格才合理的決策時，也會面臨同樣的不確定性。服務的評價涉及到比實體商品更多的主觀性，後者的物料與人力成本可以很容易歸類到某一生產單位上。

服務定價可以是非常複雜的，表8.1列出美國四家主要手機服務廠商基本服務的定價。顧客從這些服務商提供的幾個方案中選擇一個簽約，每一個都有不同的月租費、設備費、每分鐘成本，還有因為提前終止合約而須付出的額外賠償金。當選擇方案時，顧客必須決定哪一種的選擇會比較符合他們打電話的習慣。現在資訊顯示手機服務的價格已逐漸趨向平均，反映出行動電話服務已逐漸商品化，就像把行動網路貼上"啞的管線 (dumb pipe)"的標籤。

在不同服務產業中，由不同標籤標出的不同價格會讓困惑更增加，例如，你支付經紀人的佣金、健身中心的會員費、信用卡公司的融資費用、保險公司的保費、交通運輸費用、房租與電話服務費用。服務產業的規定解除與服務外在環境的改變，都增加了服務定價的策略角色。由於上述這些原因或更多的原因，服務組織發現定價是很困難的。

表 8.1 美國的基本個人無線網路方案：US$39.99/月

方案內容	AT&T	Sprint	T-Mobile	Verizon
內含分鐘數	450	450	500	450
超出分鐘	0.45／分	0.45／分	0.45／分	0.45／分
夜間與周末	5,000分	無限制	無限制	無限制
資料服務	US$2／MB	US$15	200 MB 下一級別的方案是每月 US$5	US$1.99／MB 個人 email：US$5
本地簡訊	文字訊息 US$0.2／條； 多媒體訊息 US$0.3／條	US$5 300條訊息	無限制	文字訊息 US$0.2／條； 多媒體訊息 US$0.25／條

© Cengage Learning

為什麼服務價格會變動？

下列的例子反應服務定價的複雜性：

- 坐在相同旅程、同一班機鄰接位子的兩位乘客支付不同的價格。
- 從相同位置打同樣電話號碼的長途電話會因每天的不同時間或每週的不同天而有不同計價。
- 電影票價格會根據放映時間而變動，同一影片的早場價格通常比晚上場次來得便宜。

為什麼同一服務的價格會變動如此大？答案涉及到第一章中提到的不可分割性與不可保存性的服務特性。在前面每一個定價的例子中，支付的價格會依顧客購買或使用服務的時間而不同。航空公司的票價可能會因為在起飛前多少天預訂而不同，這些**提前費率**(advance fare)的機票票價可能在二十一天、十四天與七天前而不同，在起飛當天購買的票價可能是最貴的，有些"隨到隨走(walk-up)費率"是天文數字。矛盾的是，一些航空公司也在起飛時提供低價的候補費率給空的機位(也就是超額產能)。如果你使用 Priceline 網站 (http://www.priceline.com) 安排你的旅遊，你可能會注意到價格的複雜性與流動性。電話服務的價格結構反映對需求變動的同樣回應，電話公司計算電話的流量並確認不同的負擔水準(在一天中不同時間或是在一週中不同天的電話數量)。要調適此種消費者使用的波動，大多數的電話公司會提供白天、晚上、深夜與週末的折扣。

同樣地，電影院的觀眾尖峰時間是在夜場，下午場的觀眾相對較少，所以電影院通常將早午場的價格下降，以產生客流量。波動的服務需求若加上產能的限制，將會增加定價此一行銷工具的重要性。例如，餐廳會使用**早鳥**(early-bird)價格，以鼓勵顧客能早點用晚餐；或是旅館會對預先訂房的顧客收取較低的房費。病患數只有產能一半的醫院會感到憂慮，因為醫院的固定成本佔總成本的比例非常高。不論服務多少病患，提供服務的固定成本是一致的，例如醫院的建築與設備，不論是服務 1,500 名病患或十五名病患，醫院都必須支付固定成本。相對於維持與營運一家醫院的固定成本而言，變動成本（也就是每服務一位新增病患的成本）是微不足道的。服務組織必須要找到方法，讓營收最大化，並降低服務每位顧客的成本。

服務的產出管理

熟練且電腦化的產出管理系統已在某些服務產業（例如航空公司與旅館）被廣泛使用於價格的設定，讓價格能產生或改變需求，以創造效率與獲利力（Desiraju and Shugan 1999）。例如，旅館的空房會永遠損失這些房間的潛在收入，所以服務組織必須能讓他們的資產做最大的使用。面臨需求劇烈改變的服務可能會使用產出管理系統，當預約訂位時或當服務將被使用時，可以提供價格的調整。基於服務的需求週期（例如一天中的某些小時、一週中的某些天、一個月中的某些週、一年中的某些月），在不同時間提供不同的定價，是服務行銷者對資產使用最大化之挑戰的有效因應之一。

基本上，產出管理的目標是讓固定營運資產（勞力、設備與產能）的獲利最大化。如同任何一個事業，獲利最大化是透過增加收入與減少成本而來。要讓服務收入最大化，不論何時，資產應該被使用在願意付最高價的顧客身上。服務組織要達成此一目標，必須著重在盡可能提高定價時而能增加使用服務的人數。多數的受產能限制服務業會緊密地監視它們的產出，航空公司稱為**負載因素** (load factor)，旅館業則稱為 Revpar（是 Revenue Per Available Room 的縮寫，意為"平均每間可供出租客房收入"）。

價格與需求間天生的取捨會讓產出管理變成服務行銷者的一個困難策略（如聚焦 8.1）。其他所有的因素都相同時，若一個組織提升其服務的價格，使用率會下降。相反地，若降價則會提升使用率。更高的使用率並不表示必然較高的獲利，除非此價格已足夠高。有一點必須弄清楚，產出管理必須非常了解顧客的購買型態與價格敏感度，建立服務的價值對產出管理相當重要。產出管理的另一個元素涉及到成本管理，控制服務的產出與傳遞成本是非常重要的。

聚焦 8.1
如果航空公司賣油漆

在五金行買油漆

顧客：請問你們油漆多少錢？

店員：我們有一加侖12美元的普通油漆，還有一加侖18美元的高級油漆，請問您需要幾加侖？

顧客：普通油漆5加侖，謝謝。

店員：好的，總共是60美元再加稅。

在航空公司買油漆⋯

顧客：請問你們油漆多少錢？

店員：先生，這要看情況。

顧客：看甚麼情況？

店員：實際上，要看很多情況。

顧客：能不能給我一個平均價？

店員：哇，這是一個很難的問題，最低的價格是每加侖9美元，我們有150種加價方式，最高是每加侖200美元。

顧客：那油漆有何不同？

店員：喔，並沒有任何不同，都是相同的油漆。

顧客：這樣啊，那我要一些9美元的油漆。

店員：好的，首先我要問您一些問題，您何時要使用它？

顧客：我明天休假，所以明天要刷油漆。

店員：先生，明天要用的油漆是200美元的。

顧客：什麼？那要何時刷油漆才能獲得9美元的油漆？

店員：在三週後，但您要先同意在那週的週五前開始刷油漆，並持續到至少週日。

顧客：你一定在開玩笑。

店員：先生，我們這裡不開玩笑，當然，在我銷售給您前，我會先檢查是否有任何可以用的油漆。

顧客：這是甚麼意思？你們的架上都是油漆，就在那裏。

店員：正因為您看到的並不表示我們擁有它，它可能是相同的油漆，但我們只在任何週末銷售固定加侖的油漆。喔！順便說一下，價格剛剛漲到12美元了。

顧客：你是指當我們說話時，價格已上漲了？

店員：是的，先生。你看，我們一天要改變上千次的價格與規則，而且由於您並沒有實際帶著油漆走出本店，我們決定要改變價格。除非您希望同樣的事再發生，我建議您趕快完成您的採購。請問您需要多少加侖？

顧客：我不是很確定，或許5加侖，我可能需要6加侖以確保足夠。

店員：哦，不，先生，您不能如此做，如果您買了油漆卻又沒有使用它，您可能會被罰款或沒收您擁有的油漆。

顧客：什麼？

店員：是的，我們可以派給您足夠的油漆，讓您粉刷您的廚房、浴室、大廳與北邊的臥室，但如果您在粉刷另一間臥室前停止油漆時，您將違反我們的價格表。

(續)

顧客：但我是否使用所有的油漆關你們什麼事？

店員：先生，沒有甚麼需要感到沮喪的，這只是規則而已。我們依據您使用所有油漆的想法去制定計畫，如果當您不這樣做時，這會引發我們的所有問題。

顧客：這很瘋狂！如果我沒有一直刷油漆到週日晚上，我想某些可怕的事會發生。

店員：是的，先生。

顧客：好的，我要到別處購買油漆。

店員：那並不會讓您更好，先生，我們的規則都是相同，您要嘛就在這買，現在的價格是13.5美元，感謝您對本航空公司的搭乘—我是指油漆。

Source: 匿名者。

定價目標與方法

> **利潤導向**目標強調產生服務組織投入資源與勞力的高報酬率，**數量導向**目標強調處理大量的顧客或他們的擁有物。

定價策略是由定價目標所驅動，並與服務組織的整體行銷目標相連結。所有服務組織(除了非營利組織與政府單位)將定價策略著重在覆蓋成本並獲得利潤，此二種定價目標的型態是利潤導向(profit-oriented)與數量導向(volume-oriented)。**利潤導向**目標強調產生服務組織投入資源與勞力的高報酬率，**數量導向**目標強調處理大量的顧客或他們的擁有物。組織可以藉由三種價格決定的方法發展定價策略(如圖8.1)。

營運的觀點著重在價格地板，價格地板指的是能覆蓋所有產生服務所需之成本的最低價格。它有時候被稱為**成本基礎方法**(cost-based approach)，因為服務組織藉由小心計算所有成本開始，然後依此而將價格定為所有成本加上利潤額度。收入的觀點是**顧客基礎方法**(customer-based approach)，聚焦在價格天花板，就是顧客可能支付的最高價格，在此情況下，行銷者一開始先找出顧客可接受的價格範圍，然後設定一個可以反映顧客所認知之服務價值的價格，此價格並包含了期望的利潤。最後，**競爭基礎方法**(competition-based approach)基於競爭建立價格，此方法視組織希望如何被認知的結

圖 8.1 價格決定的三種方法

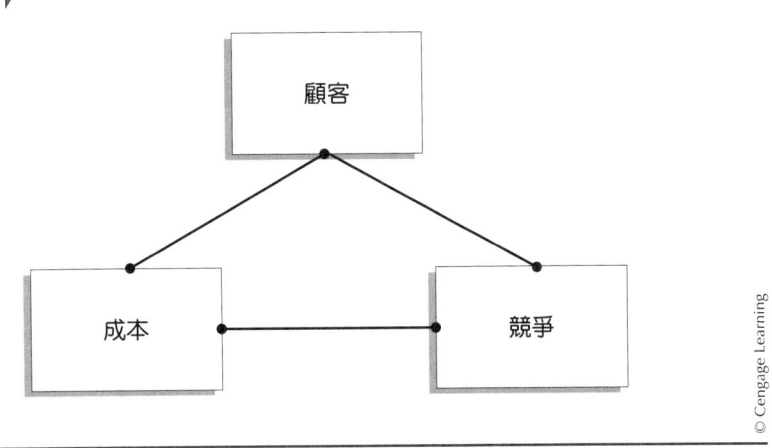

```
        顧客
       /    \
    成本 ―― 競爭
```

© Cengage Learning

果,將價格設定為比競爭者價格高、低或相同。理想上,此三種方法會被整合,以反應出影響價格的三個關鍵因素:顧客、成本與競爭,此三個因素通常被稱為定價的3C。而甜蜜點是指服務提供者可以因為較高的認知價值,而設定比競爭者為高的價格;臭酸點則相反,是指服務提供者可以因為較低的認知價值,而設定比競爭者為低的價格。

服務價格與價值的關係

要建立無形服務產品的價值是相當困難的,因為價值是存在於觀看者的眼中。**價值** (Value) 是對服務的利益與其伴隨而生之成本的相對評估,若一位顧客認為他從服務所獲得的利益(也就是需求滿足)超越了成本(也就是價格),他就會相信此服務提供他好的價值。各種型態的利益與成本都會在價值決定中被衡量,但其中特別重要的兩個要素就是**需求滿足**與**價格**。服務行銷者所面對的問題是服務的即時性 (real-time) 本質,此本質讓顧客很難事先評估它的價值。一些服務如飯店與度假勝地,可能會允許顧客對無形服務表演所伴隨之實體線索進行評估(例如服務場景),但其他服務如保險或投資諮詢,顯然缺乏此種線索。一般來說,大多數服務(如度假或剪髮)的價值只能

> **價值**是對服務的利益與其伴隨而生之成本的相對評估。

在服務體驗期間或之後才能確認。在某些例子中 (如醫藥諮詢、汽車維修)，即使在服務提供後仍可能難以決定服務的利益 (Zeithaml 1981)。弔詭的是，評估服務的利益非常困難，但顧客經常使用價格作為服務卓越性的替代指標。一些組織使用競爭基礎方法進行服務定價，並設定比競爭者高的價格，以引發較多價值的認知。

顧客經常使用成本利益分析以決定服務產品的價值，例如，顧客可能決定花費更多的時間與精力去更遠處的某飯店，只是單純地認為某飯店的食物或氛圍比附近的低價飯店更好。換言之，顧客認知某飯店的價值更高，因為它所提供的利益超過選擇它的成本。通常，顧客對某服務提供者的忠誠度越久，代表此服務的認知價值越高。此種成本效益的對比表示，提高認知價值可以透過增加顧客對利益的認知，或是降低對成本的認知，或兩者皆具。改善服務特點可以強化認知利益，由於服務不可保存本質的影響，顧客通常願意為立即接受服務付出更多的錢，俗話說"時間勝過金錢"，讓服務更方便購買與使用可以減少認知的成本。

服務的認知價值反映在提供物的**價格／需求彈性** (price/demand elasticity)，一個較高彈性的服務是指該服務的價格變動會大幅影響顧客的需求；反之，無彈性服務是指服務價格變動對顧客需求只有很少的影響。彈性服務通常是較任意的服務 (如滑雪)，無彈性服務則通常是必要性的 (如電話服務)。不同的顧客區隔對價格變化會有不同的敏感度，前面提及的產出管理系統中，了解價格敏感度是重要的部分。

計算服務成本

如我們前面注意到的，服務的既有特質讓服務比實體產品的成本計算更困難與複雜。服務的產出成本，是由人力、實體設施與設備、原料與供給品之成本所決定。一般而言，產出一單位服務的總成本，同時涉及使用這些資產的固定與變動成本。有些成本是與銷售單位可以直接連結的**直接成本** (direct costs)，其他則可能是由不同服務所分享之**間接成本** (variable costs)，無法直接連結到每一銷售單位。如一家汽車旅館房間的直接成本例子是洗滌與衛浴用品的價格，而其間接成本的例子是前台人員之行政管理成本的分攤。固定成本則如汽車旅館房屋的貸款或融資，其金額與服務顧客人數的多寡無關，變動成本則如肥皂與電費，依售出的房間數計算。聚焦8.2舉例說明航空產業如何透過在短程飛行中之餐點的計價，將變動成本轉移給顧客。

產品與服務的重大差異，在於服務經常必須與使用相同資源的其他服務分攤間接成本，這些間接成本有時被稱為**分攤成本** (shared costs)。若不同服務的顧客分享空間、設備與其他設施，它們的固定成本(依約定的資源使用時間計算)被稱為**分攤固定成本**。若這些分享資源的成本會隨顧客數量而變，它們被稱為**分攤變動成本**。一般來說，大多數服務之間的分攤成本是固定成本。圖8.2舉例說明，當計算服務價格時，如何將這些成本因素納入。每單位的總成本(TC)由固定成本(FC)、分攤成本(SC)與變動成本(VC)所加總，組織將每單位總成本加上所期待的每單位利潤(NP)，就可以設定每單位服務

聚焦 8.2
分別計價：有創意但很煩的航空費用

美國交通部報告指出，美國航空公司的乘客在2010年共支付了天價的570億美元費用，行李費為340億美元，光達美航空就約有十億美元。如果你對定位進行變更而支付費用，你的貢獻也落在航空公司所收取的230億元取消費用中，平均每件收取250元美金。西南航空自詡為為無多餘、無費用而獲得巨大的成功。除了這些費用，旅客已經習慣在機上付費用餐，大多數的美國航空公司收取一個餐盒或一餐八至十元美金，另外約六元的酒精飲料費用。其他盛行或即將來臨的費用例子包括經常飛行旅客的獎勵票價費、升等座艙的費用、較早登機費、枕頭與毛毯費、無線網路費、廁所費與坐在膝上的嬰兒費用。有這麼多的煩人隱藏性費用，航空旅客可能會對最後的成本感到不悅與驚訝，因為這些費用超過了飛行所花的成本。

Source:http://www.foxnews.com/us/2011/06/14/us-fliers-shelled-out-sky-high-57-billion-in-airline-fees/(accessed August 22, 2011); and http://www.airfarewatchdog.com/blog/3800552/top-ten-most-obnoxious-hidden-airline-fees (accessed August 22,2011).

的價格 (P)。所以，P = TC + NP，TC = FC + SC + VC。

以 Pontchartrain Manor 汽車旅館的假設為例，假設只有十間房間，應如何計算每間房每天 (過一夜) 的成本與定價。若整體設施的每月貸款金額為 $10,000，每間房每天的分攤金額為 $33。若此汽車旅館有一位全職的前台經理、一位每日的管家、一位每週的清潔人員，每月的總人事支出是 $3,000，所以整間汽車旅館的每日分攤固定成本是 $100，或每間房每日的分攤固定成本為 $10。假設洗滌與衛浴用品估計為每房間每日 $7，總成本包括固定成本 ($33)、分攤成本 ($10) 與變動成本 ($7) 共 $50。若我們加上每間房每日的邊際利潤 $10，Pontchartrain Manor 汽車旅館的每間房每天 (過一夜) 價格為 $60。

在每單位變動成本與顧客定價之間的差距即是所謂的**邊際貢獻** (contribution margin)，邊際貢獻是分配於覆蓋固定 (與分攤) 成本的金額，在扣除分配後的邊際貢獻餘額就成為服務的**利潤** (net profit)。在 Pontchartrain Manor 的案例中，邊際貢獻是 $53 ($60 的房價減去 $7 的變動成本)，同時由於固定成本是 $43 (每間房 $33 的貸款金額加上 $10 的分攤成本)，所以利潤是 $10。

每一家服務組織需要一定數量的顧客，以回收所有的成本並獲

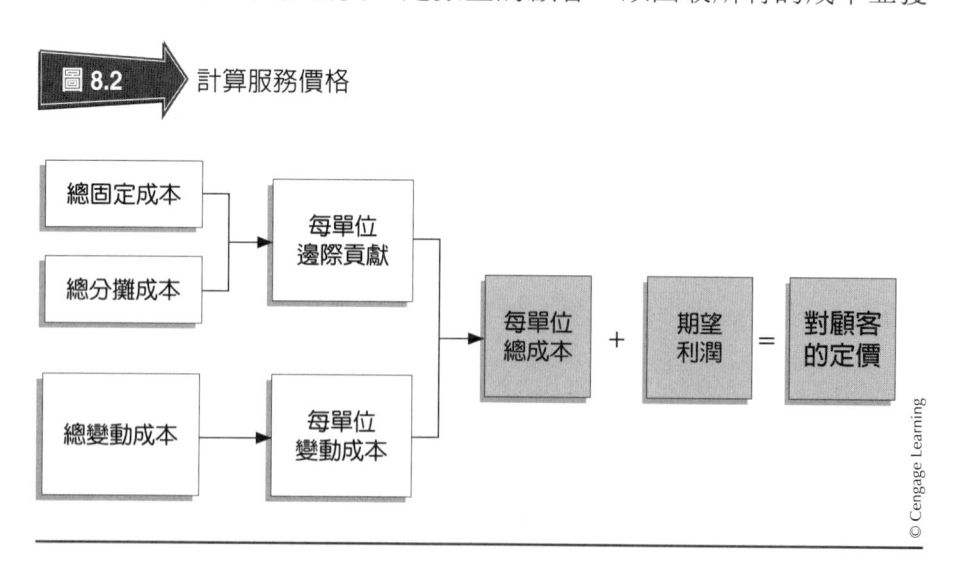

圖 8.2 計算服務價格

總固定成本 ┐
            ├─→ 每單位邊際貢獻 ┐
總分攤成本 ┘   ├─→ 每單位總成本 ＋ 期望利潤 ＝ 對顧客的定價
                                │
總變動成本 ─→ 每單位變動成本 ─┘

© Cengage Learning

利。如同實體商品，服務的價格與產出服務的成本，會決定獲得期望利潤金額所需的顧客數。**損益平衡分析** (breakeven analysis) 可以算出某一定價要回收成本時，所需銷售的商品數量。同樣地，服務的**損益平衡點** (breakeven point) 是指可以回收成本所需售出的服務單位或服務顧客數。損益平衡點的計算是將總固定成本與總分攤成本之和，除以價格與變動成本之差距而得。在 Pontchartrain Manor 的例子中，我們將每月的總固定與分攤成本 ($13,000) 除以每房間房價 ($60) 與變動成本 ($7) 的差距 ($53)，Pontchartrain Manor 每月需要售出 245 間房 (夜)(低於最大量 10×30=300 間) 才能損益平衡，此代表每天約要達到 80% 的住房率。

大多數的服務提供了不同的服務項目，因而讓損益平衡分析變得非常複雜。損益平衡點會因價格而變動，也會依服務業中盛行之需求函數而改變。因為變動成本經常低於固定成本(例如汽車旅館案例中，固定成本是 $43，而變動成本是 $7)，服務提供者可以用低的增加成本提供更多的服務，以善用固定資產，而服務行銷者也可以利用此種機會，提供組合式定價的服務組合。下一節就探討創新的組合式定價機會。

組合式定價

組合式定價 (Price Bundling) 將幾種服務結合成一個吸引人的價格，以提供一個服務組合給來自不同區隔的顧客。此組合中所包含的服務若單獨定價，則可能不是顧客所想要的服務 (Guiltinan 1987)。顧客的變動需求提供彈性定價的可能性，例如，因為服務產品缺少實體的線索，所以一些顧客會在評估相互競爭的服務時，將高價格連結到高品質。相對地，其他顧客會另外組成一個市場區隔，此區隔將低價格視為最重要的考慮因素，並努力找出低價的服務。此低價格的區隔發現，提供自我服務傳遞系統的組織特別有吸引力；而高價顧客區隔則對服務的客製化或客製化的服務組合特別有反應。結

> **組合式定價**將幾種服務結合成一個吸引人的價格，以提供一個服務組合給來自不同區隔的顧客。

果,組織可以調整價格以反映不同區隔的服務差異。如同實體商品的行銷一樣,應該謹慎地依據規模與獲利能力挑選區隔,讓組織的整體顧客組合可以產生資產的最大報酬。

服務組織的資產可以被充分利用於產生與傳遞多重服務,不論是採個別或是組合的方式,以吸引最多數的高價格顧客。因此,組合式定價讓服務提供者可以滿足較大範圍的顧客需求。服務組合的配置能越接近顧客的期望,顧客越能保持忠誠度,忠誠度高的顧客可以確保服務的使用,並能讓服務產能的規劃可以更簡單。因此,組織必須考慮價格的組合,以預防顧客轉換行為的發生,並能實現顧客忠誠度的優勢。

對提供多種產品的服務組織而言,組合式定價是交叉銷售服務的有效方式,或是提供以低於個別服務加總後價格的客製化組合給顧客。圖8.3詳細描述組合式定價如何增加整體的收入,在第二個圖中,組織產生了$320的總收入(包括100個顧客購買$1的A產品,及110個顧客購買$2的B產品),注意有一些顧客會同時購買A產品與B產品。現在若組織提供一個產品組合AB(同時有A產品與B產品),組合定價為$2.5,顧客可以節省$0.5,結果吸引了120個顧客購買此組合,其總收入將遠高過前面的$320。

當然,選擇A產品與選擇B產品的顧客會比提供AB產品組合以前少,假設只剩下80個顧客購買A產品與70個顧客購買B產品,那包括A、B與AB產品的整體收入將為$520,如圖8.3的第三個圖。購買AB產品組合的顧客將包含一些之前同時購買A產品與B產品的顧客(這些顧客之前支付兩者的價格)、一些購買B產品但未購買A產品的顧客等等,還有一些以前兩者都未購買的新顧客。組合式定價在服務業相當盛行,例如銀行、度假套裝行程、有線電視、健身中心、俱樂部與洗車等。對於有產能限制的服務及共享資源的服務來說,組合式定價是一個很有吸引力的定價選擇。顧客將組合服務的獨立或互補特質視為一種有邏輯或是期望的選擇,而服務提供者認為組合服務具有吸引力,是因為大量的顧客可以分攤較變動成本為高

圖 8.3　以組合式定價區隔顧客

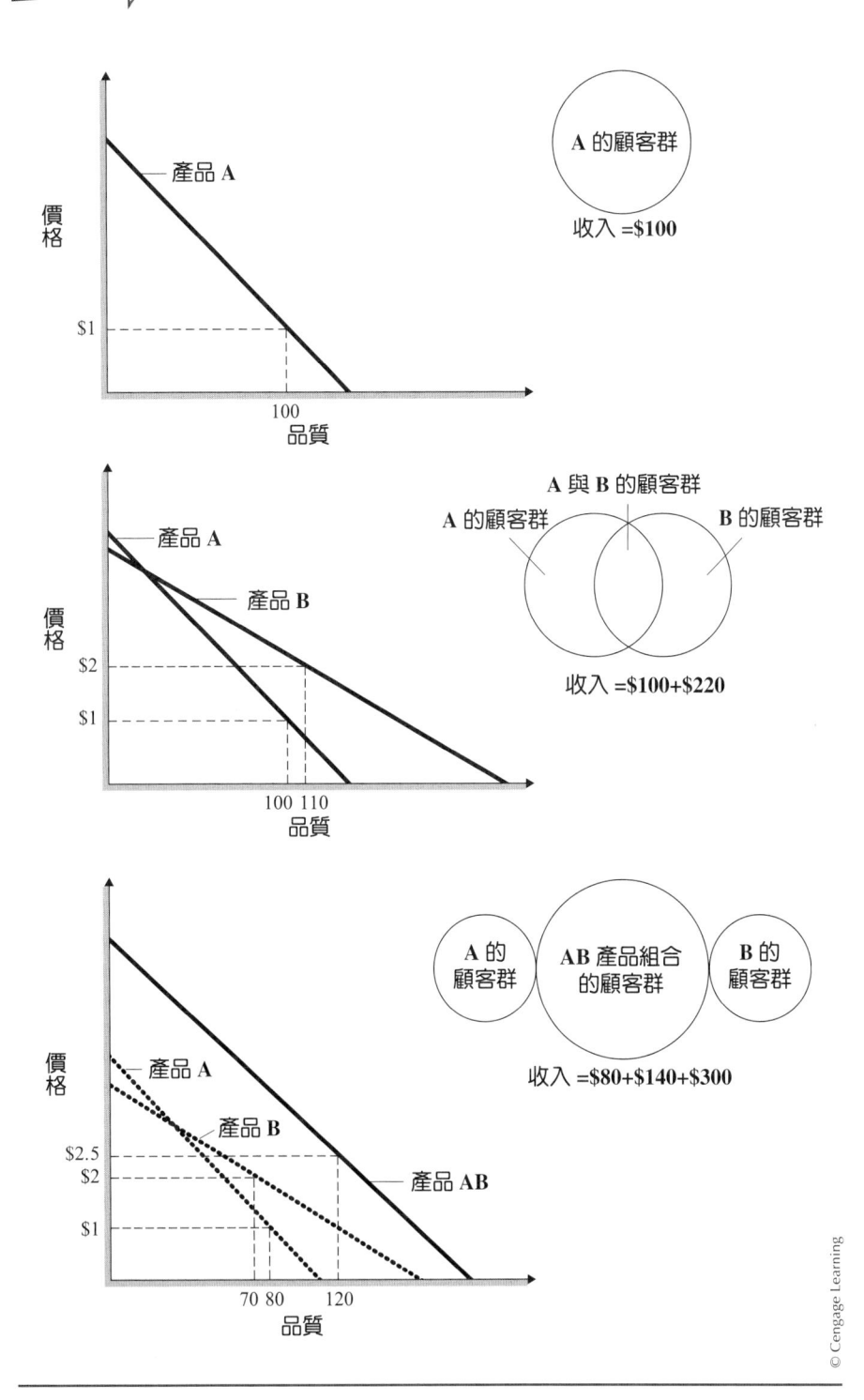

圖一
- 縱軸：價格
- 橫軸：品質
- 產品 A
- $1, 100
- A 的顧客群
- 收入 =$100

圖二
- 縱軸：價格
- 橫軸：品質
- 產品 A、產品 B
- $2, $1, 100 110
- A 的顧客群、A 與 B 的顧客群、B 的顧客群
- 收入 =$100+$220

圖三
- 縱軸：價格
- 橫軸：品質
- 產品 A、產品 B、產品 AB
- $2.5, $2, $1, 70 80 120
- A 的顧客群、AB 產品組合的顧客群、B 的顧客群
- 收入 =$80+$140+$300

的固定成本,而組合的定價可以覆蓋大多數的固定成本。因為連結到價格組合的變動成本是較低的,所以從新增顧客獲得的額外收入通常可以直接成為服務的邊際貢獻。

一些其他有關服務組合式定價的差別很重要,例如,**純的** (pure) 組合式定價代表只提供顧客特定的服務組合;相反地,**混合的** (mixed) 組合式定價代表產品組合與組合中之個別產品都是可以提供給顧客的 (也就是顧客可以購買服務組合或單獨購買服務組合中的個別服務)。也如同大家注意到的,服務組合的價格是低於個別服務之加總價格。因為顧客的價格敏感度與購買偏好的時間不同,將服務價格客製化以吸引不同的顧客區隔,可能獲得最大的利潤與獲利力。比起只提供單一價格,當定價基於購買或使用條件而區分為多層次時,更多的顧客區隔可能會購買此服務 (Dolan and Simon 1996)。組織在確認市場區隔時,可以基於服務產品的本質、顧客期待的產品組合、與數量相關的買者特質、使用者狀態 (新的或原有的)、購買與使用的時機,還有其他任何與此區隔對服務認知價值評價有關的特質。例如在航空業,高價的顧客會獲得如更多放棄或取消的特權。在表 8.1 中所描述的手機服務定價,說明了不同服務功能的結合能被組合成不同的價格包裹。要設定組合中的功能及定價所有已發展的組合,服務行銷者必須了解每一個功能對顧客的價值。

其他的定價考慮因素

當形成服務的定價策略時,其他的定價因素必須被考慮進來,表 8.2 列出一些其他的考慮因素。服務提供了寬廣的創新定價機會,長期獲利能力與資產營收最大化也經常是服務定價決策背後的驅動力量。當一個特定的服務提供者將其產品價格設定比競爭者為高時,就產生了相對競爭服務的服務定位 (positioning)。例如,萬豪酒店在設定它的不同連鎖旅館價格時,會依據該連鎖旅館在其所屬之市場區隔中的定位而設定。服務購買的時機可以被使用於創造不同市場區隔的差異化定價,例如航空旅行,商務旅客因為其旅行計畫的彈性很低,

表 8.2 服務的定價考慮因素

定價的考慮因素	對服務行銷者的涵意
定位	在許多競爭產品中的價格—品質關係
需求時間	市場區隔在不同購買或使用時間的價格敏感度會有差異
會員	折扣與親密的利益可以保留顧客忠誠度,並增加轉換成本
客製化	產品的量身打造或產品組合的客製化可以吸引更多顧客
參與	以低價換取顧客的努力,如顧客的自我服務

© Cengage Learning

所以必須付出較高的價格,以購買特定日期與時間的旅行,臨時決定的旅行計畫決策會讓票價更高。家庭度假計畫相對可以預先規劃,顧客願意保持彈性以獲得較低的票價。服務提供者也必須嘗試透過提供特別的價值(價格相對於服務量)與利益,以和顧客建立起會員關係,並有效增加了顧客的轉化成本。聚焦 8.3 在對網路服務(如相片儲存服務)價格的討論中,獲得一些值得關注的事情。

服務的價格也會因為提供顧客服務的客製化程度而有差異化,當服務是為特定顧客量身打造,提供者可以收取較高的價格。同樣地,當顧客參與服務的生產時,例如自我服務的情況,服務的價格也會下降。

對於定價目標與其他可能的服務定價考慮事項,更詳細的討論可以參考 Indounas 與 Avlonitis (2009)。

摘要與結論

相對於實體產品的定價,服務的本質讓定價變成更複雜的過程。無形性與不易保存性讓顧客難以了解服務的合理價格,而組織在決定提供一項服務的實際成本時也相當困難。還有,成本經常會在不同的服務間分攤,增加了設定精準價格的困難度。相對於典型的包裝商品,服務的變動成本在總成本中所佔的比例是相當小的。服務定價的重要任務之一是隨時間改變顧客的需求,並生產可以增加獲利力的組合。由於此緣故,價格客製化與組合式定價在服務業中相當普遍。服務生產與消費的互動本質提供價格組合許多

聚焦 8.3
一張相片值得什麼？

　　Snapfish (http://www.snapfish.com) 或 Shutterfly (http://www.shutterfly.com) 與釣魚無關，它們與其他相片、影片儲存與分享的網站提供了一些服務，你不只可以儲存、組織與列印你的相片，你也可以增加標記並與網站的其他人連結。你可以要求電子郵件的提示，提醒你有標記被加到你的任何的相片上。由 Google 擁有的 Picasa 網站 (http://www.picasa.google.com) 與 TiVo 相容，允許你可以在你的電視上看相片，並與其他 TiVo 的使用者分享。Flickr (Yahoo 在 2005 年購併) 宣稱擁有 30 億張數位影像，Photobucket 則宣稱已上傳超過 70 億張影像。Flickr (http://www.flickr.com) 的免費服務允許 200 張免費上傳的相片，而 Photobucket (http://www.photobucket.com) 則提供完全免費、無限制上傳與儲存的相片空間。或者你可以每年只要支付 $25 給 Flickr，你可以獲得無限制的儲存空間。Fotolog 讓你每天可以免費上傳一張相片，或是每月支付 $5.5，可以每天上傳十張相片。Smugmug (http://www.smugsmug.com) 每年的標準服務收費 $40，包括無限制的相片上傳與儲存空間，還有將影片上傳到它的 Power and Pro 帳戶中。

Source: Adapted from Lynch, Larry M (2011), "A Comparisonof the Top 5 Photo Sharing Websites," http://www.brighthub.com/multimedia/photography/articles/29672.aspx (accessed on August 05, 2011).

機會，以鎖定不同的顧客與市場區隔。服務組織必須了解，價格代表的不只是顧客支付的成本，價格是建立關係、傳達品質、並貢獻服務組織長期獲利能力的工具。

練習題

1. 檢視一家組織的價格變動，並依需求週期 (如每天不同時間、週、月) 畫出不同的價格點。為什麼價格會變動？若價格不改變，需求量會變成怎樣？
2. 找出一個組織使用組合式價格的例子，並建構出當價格改變時的不同服務功能組合。在組合中的價格優勢是什麼？什麼市場區隔會被組合吸引而非單獨的服務功能？此組合式價格會對組織的整體營收有何影響？
3. 訪談一家服務行銷者，以確認其服務的不同成本。然後使用這些成本與價格資訊，找出損益平衡點所需要的顧客數或銷售額。

網際網路練習題

拜訪你個人銀行的網站及它的一家競爭者,記錄對個人不同存款帳戶的定價。
1. 此存款帳戶的費用架構為何?在定義每一個帳戶及其價格的特色為何?
2. 在每一家銀行內,這些不同帳戶價格差異的關鍵因素為何?
3. 此二家銀行如何藉由其金融服務定價而進行差異化?

References

Desiraju, Ramarao and Steven M. Shugan (1999), "Strategic Service Pricing and Yield Management," *Journal of Marketing,* 63 (1), 44–56.

Dolan, Robert and Hermann Simon (1996), *Power Pricing,* New York: Free Press.

Guiltinan, Joseph (1987), "The Price Bundling of Services: A Normative Framework," *Journal of Marketing,* 51 (2), 74–85.

Indounas, Kostis and George J. Avlonitis (2009), "Pricing Objectives and Their Antecedents in the Services Sector," *Journal of Service Management,* 20 (3), 342–374.

Zeithaml, Valarie (1981), "How Consumer Evaluation Processes Differ Between Goods and Services," *in Marketing of Services,* J. H. Donnelly and W. R. George, eds., Chicago: American Marketing Association, 186–190.

第九章
互動式服務體驗之推廣

　　如之前所提到的 Broadmoor 旅館，此旅館在推廣所提供之服務方面的用心，不亞於在其他營運方面的努力。宣傳與公關特別重要，因為他們要尋找許多"內行"的顧客。

　　本章探索推廣服務時的挑戰，並檢視如何因應服務的特質而調整推廣與行銷溝通。本章有八個具體的目標：

- 強調對於服務的整合行銷溝通之需求
- 檢視行銷組合在對顧客溝通服務時的角色
- 討論推廣組合在對顧客溝通服務時的角色
- 檢視在推廣服務時，的增加對網際網路的使用
- 檢視服務的廣告
- 探索服務的促銷
- 展示人員銷售在服務的角色
- 討論宣傳對服務的角色

　　閉起眼睛並畫出保險公司的服務，它像什麼？它有什麼形狀？有顏色嗎？大小如何？你無法回答這些問題，因為公司所提供的保險（如同許多服務）缺乏了實體的存在。要將無形的東西描述出精確的形象是不可能的，服務產品核心的無形性成為推廣上的主要障礙。在心中描繪保險的困難與組織推廣服務上所面臨之問題是相同的，組織要如何有效溝通看不見的東西或甚至尚未存在的東西？記住，服務必須在即時被傳遞（無法儲存）！很幸運地，多數服務的互動特質產生許多解決此問題的機會。

服務與整合行銷溝通

> **整合行銷溝通**是指追求組織或產品的單一定位觀念，透過規劃、協調與統一所有組織可處理之溝通工具（包括廣告、包裝、公關、人員銷售、線上連結等等）而達成。

　　整合行銷溝通 (integrated marketing communication, IMC) 是指追求組織或產品的單一定位觀念，透過規劃、協調與統一所有組織可處理之溝通工具（包括廣告、包裝、公關、人員銷售、線上連結等等）而達成 (Schultz, Tannenbaum and Lauterborn, 1996)。不論是透過設計或預設，許多組織經過一段時間都已在某種程度上整合了它們的行銷溝通。但一些研究建議服務行銷者必須做得更好，才能發揮 IMC 的潛力 (Grove, Carlson, and Dorsch 2007)。

　　行銷無形產品的挑戰迫使服務組織思考如何克服服務的 "模糊 (fuzziness)" 問題，而 IMC 是一種解決方法。將服務的劇場模式做為創造一致性形象的引導可能有幫助，當我們將服務描繪成對觀眾的表演，我們需要謹慎地協調演員與設施、前台與後台活動及演員—觀眾的互動。在劇場的產出中，每一件事都貢獻給觀眾體驗，服務也是一樣。橄欖園餐廳 (Olive Garden) (http://www.olivegarden.com)、Ritz-Carlton 旅館、北歐航空公司及許多其他的服務組織，都已注意到溝通如何影響它們的服務傳遞系統，而在它們個別的事業領域中建立了一致性的形象。其他的服務組織會追隨這些領先者的領導，並在每一個可掌握的溝通工具中，對其服務表達出清楚、定義良好的定位。員工的外表與舉止、服務場景、服務表演的前台構面、服務的名稱及所有傳統的溝通工具，都應該反映出同樣的定位。

　　在今日的行銷環境中，IMC 有一項重要的構面，就是經由不同的溝通工具，提醒顧客和組織建立連結，藉此提供組織建立顧客關係的機會 (Duncan 2005; Grove, Dorsch, and Carlson 2011)。不論是一個動人的廣播廣告，鼓勵顧客去廣告公司網站搜尋更多的資訊，或是提供直接的回應門口（例如廣告、包裝、傳單或其他溝通工具上的免費電話、電子郵件地址、網站地址），只要任何努力做得好，都可能提供額外產品與組織資訊、創造顧客資料庫、打造與顧客的連結。當組織擁抱新媒體通路如 Facebook、YouTube 與 Twitter 時，這種建立顧客關係的機會更具威力 (Hennig-Thurau et al. 2010)。從事這種工作的報酬是相當高的，若組織可以利用這種連結，協助顧客更讚賞他們的服務、減少顧客認知的風險、編輯顧客輪廓資訊以提供目標顧客所期望的服務產品或特色，則此報酬又會特別的高。除了只有提供直接的回應大門，IMC 中不同的溝通工具必須能鼓勵顧客利用直接的回應機會，一旦接觸到顧客，組織必須有後台的設計與支持，透過即時與有意義的形式，建立及培養與顧客的連結。如此做的服務組織能創造與顧客的對話，以提供雙方的利益，而此方面似乎還有改善的空間 (Grove, Dorsch, and Carlson 2011)。

行銷溝通與服務

服務無形性造成服務行銷者的挑戰，顧客通常無法在購買前或購買中了解他所購買的東西，有時甚至在服務完成後也不易了解。由於此緣故，服務組織必須將其提供的服務有形化 (如圖9.1)。**服務有形化** (tangibilizing the service) 表示讓服務更具體，讓顧客更容易了解

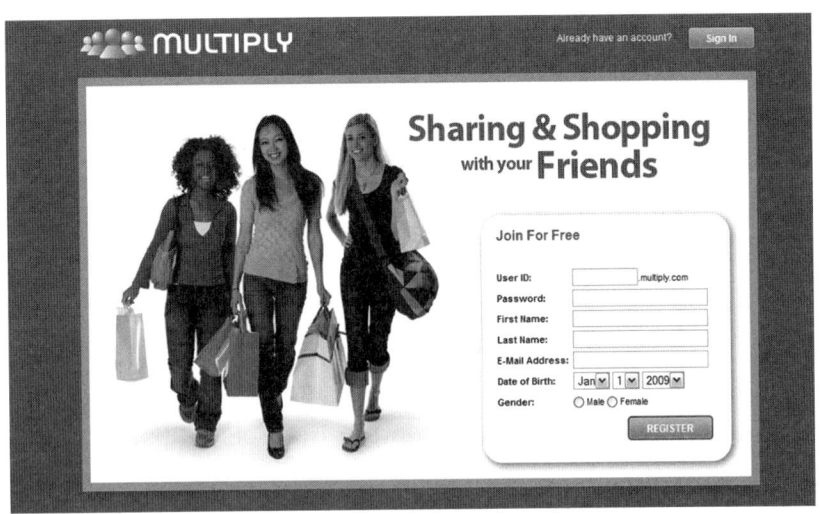

圖 9.1　服務有形化

Source：www.multiply.com

(Shostack 1977)，許多工具可以協助服務行銷者做此工作。實際上，第二章所討論之服務行銷組合的每一元素 ("7P") 可以使用於服務有形化。

推廣 (promotion) 是 7P 中可以明顯與顧客溝通的元素，因此，組織依賴推廣以協助顧客了解他們的服務。然而其他服務行銷組合的任一元素也都能有此貢獻，只是貢獻相當小。當組織在定價、設計實體設施或建立通路計畫時，與顧客的溝通可能不是主要的考慮因素，但是這些決策及其他服務行銷的 P 元素，都隱約地協助顧客對看不到的服務有清楚的圖像。

價格可以協助服務品質的建立，例如在第八章中提到，高價格代表高品質的溝通，而低價格通常建議了較低的要求標準。若你買了飛機頭等艙的座位，你預期獲得的殷勤接待會超過經濟艙的標準。**通路**是服務成立的地方，可能傳達服務的某些本質，顧客對位於市中心高檔地區之乾洗服務的期待，一定會與在稀少人煙地區的乾洗服務不同。我們應該知道服務的所在地區，可能會讓顧客對它的實體外觀、規模、光臨的顧客型態、甚至工作人員產生想法。**產品**的特質可能對顧客做溝通，可用且有保證的基本服務版本數量、組織所選擇的名稱，都會影響顧客對服務的認知。保證在十五分鐘內提供午餐的飯店，讓顧客對服務的敏捷性有明確的期待，也隱約傳達對氛圍與舒適的不同期待。"邪惡城市啤酒 (Sin City Brewing)" (http://www.sincitybeer.com)，想想這品牌名稱是多麼有效地以難忘與獨特方式傳達企業的焦點。

在服務傳遞中的**參與者**(員工與顧客)潛在地產生許多有關服務的資訊，顧客的數量與他們的背景輪廓傳達此服務受歡迎的程度，還有此服務理想中的目標市場。同樣地，員工的穿著、外表與行動會傳達服務的正式程度及組織希望顧客產生的感覺。例如，可以比較一下 Burberry (http://www.burberry.com) 與 Big Lots (http://www.biglots.com)。**實體環境**可以用幾種方式與顧客溝通期待的形象，如第五章提及，裝潢、家具與設備的選擇可以讓服務建立傳統或現代、興奮或沉著的形象,並可溝通是屬於自我服務或者完全由員工服務。想想愛爾蘭酒吧如何透過實體環境傳送有關其服務的訊息,說明它們與一般夜店有相當大的不同。

服務組合的程序傳達了許多有價值的訊息,包括服務殷勤的程度、可能客製化的程度,甚至顧客成為服務共同生產者的角色期望,藉由觀察和參與這些活動,顧客接收有關上述的重要資訊與服務的其他特色。許多汽車維修店(特別是那些換機油與潤滑油服務的店)允許顧客觀看對他們車子所做的服務工作,許多高接觸的服務(如健康照護或髮型設計)鼓勵顧客積極參與服務的傳遞。在上述案例中,服務組合的方式都會讓顧客了解服務的內容。

總而言之,服務組織有許多機會使用任一或全部服務行銷組合元素,讓它們的服務有形化。為了協助它們的顧客更了解服務內容,服務組織應該更謹慎地注意它們行銷決策所扮演的潛在溝通角色,這些行銷決策有關於每一個服務行銷組合的元素。

推廣組合

雖然所有服務行銷組合的元素可以與顧客溝通重要的資訊,推廣是主要方式的選擇,因為推廣此元素就是特別被設計來和客群(audiences)進行溝通。行銷組合的推廣元素告知、說服、提醒與增加價值。**告知** (informing) 是協助顧客理解無形服務本質的重要方法,在組織的溝通中,傳達有關服務傳遞的許多細節可以完成此一任務。以較受喜愛或吸引人的方式描繪產品,或提供顧客誘因以吸引顧客光顧此服務,一個組織可以採用上述的方式,以成功**說服** (persuading) 顧客對其服務有正面的回應。組織若提供一些不常被購買的服務,例如某些家庭維修的方式(如煙囪清潔或氡氣檢查)或預防性醫學(如牙齒檢查或獸醫服務),必須努力於維持顧客對服務的知曉。不同的推廣活動(特別是廣告)可以有效**提醒** (remind) 顧客,這些可用的服務可以滿足顧客可能忽視的需求或需要。整體的推廣努力也能夠為組織的服務**增加價值** (add value)。所有的服務行銷組合元素都可以被整合，以便能為服務注入吸引力、訴求或重要性。例如，迪士尼公司經由許多推廣活動，為整體的服務增加了許多價值。除了告知、說服與提醒顧客，藉由將組織投在迷人的燈光下，迪士尼的推廣增加了服務體驗。

為了推廣服務，組織依賴許多溝通的工具，這些工具通常被稱為推廣組合，**推廣組合** (promotion mix) 由廣告、促銷、人員銷售、宣傳與公關所組成。一個組織的推廣努力可能包括這些元素中的一個或全部的組合，主要視它的目標、資源及其他因素而定。每一元素都有自己的屬性，讓它們可以在不同環境中成為更具吸引力或不具吸引力的推廣工具。當服務組織的目標改變，它的推廣組合也會改變。例如，一家新旅館很可能會強調廣告，以快速傳播此建築物的資訊。之後，此旅館可能將焦點放在促銷，以增加淡季的住房率。

> **推廣組合**由廣告、促銷、人員銷售、宣傳與公關所組成。

廣告

依賴於所使用的媒體與訊息的本質，廣告可以快速接觸大量的客群，並提供他們有價值的資訊、有說服性的主張、有力的提醒及強化的服務形象。如同行銷實體商品，廣告是與顧客的主要溝通工具，而且經常是組織溝通努力的基石。想想你一天所遭遇到與服務有關的許多廣告，其範圍從速食到健康照護等等。

促銷

促銷創造了興奮，並為服務組織在短期內創造了業務。促銷工具如競賽、賭金、獎金、貨品、贈券與免費樣品等，讓組織能在競爭中脫穎而出並吸引顧客。如聚焦9.1中所討論的促銷，麥當勞只用很少的預算，為薯條創造了興奮與新發現的利益。促銷特別適合於刺激對服務的需求，以填滿過剩的產能，如同第十四章中將提到的內容。

聚焦 9.1
你要薯條配什麼？

雖然麥當勞的薯條在 2011 年 Zagat 速食業調查中排名第一，但在知道顧客經常會點較少的薯條之後，加上面臨主要競爭者如溫蒂與漢堡王等的激烈競爭，麥當勞決定在這項主要業務上重新振作。為達成此目標，麥當勞以有限的預算（少於二十五萬美元）推出一項推廣活動，此活動促使顧客將薯條連結到生活中的某喜愛時刻或是某樣東西，而不只是連結到漢堡與飲料。基本上，此活動是將原本服務人員常問的"你要薯條配什麼？"問句，轉換成為能引發個人情景的句子，在個人情景中，麥當勞的薯條是一個受歡迎的附加物。此句子會出現在網路線上、門市與戶外媒體上，還有出現在商標上、Facebook、Twitter 的溝通工具上，甚至出現在包裝上。顧客被鼓勵將最棒的麥當勞薯條體驗填入空格處（你要麥當勞薯條配＿＿＿＿），然後經由行動裝置在網站上登記。顧客也被鼓勵透過 Facebook 與 Twitter 分享他們的回應，以創造從社交媒體進入的人數。誘因是什麼？幸運者可以獲得 $25,000 的獎金以實現其願景，為了維持整個活動期間的顧客興趣，每週會發出數以百計、價值 $50 的麥當勞卡。成果相當棒，此競賽共有 270,000 人登記，超過 120,000 條的麥當勞薯條搜尋（比之前一年的 40% 還多），17,000 條 tweet 訊息中有壓倒性 (95% 正面或中立) 的標記。總體來說，薯條銷售額比前一年成長了 4%。

Source:"2012 PRO Award Finalist: Arc Worldwide/LeoBurnett for McDonald's," http://chiefmarketer.com/promotional-marketing/2012-pro-award-finalist-arcworldwideleo-burnett-mcdonalds (accessed August 14, 2012).

人員銷售

對於像電腦系統維護或與企業簽約的廣告、推廣等複雜或昂貴的服務，人員銷售是一項告知與說服顧客的具吸引力工具。人員銷售的面對面本質讓銷售人員可以回應顧客的問題，對於服務的重要技術方面可以完全解釋，甚至有時可直接示範。人員銷售是專業服務（如法律諮詢、建築顧問）、金融服務（如財務規劃專家、保險經紀人）與企業對企業服務（如廣告代理、調研廠商）的關鍵推廣元素。

宣傳與公關

宣傳與公關是推廣服務的優越方式，特別是對於新的或高風險的服務。有效的公關可以培養卓越的形象，並將創新或高風險的服務塑造成正面的形象。在媒體評論上的宣傳形式對劇場、舞蹈、歌劇與其他娛樂服務是相當重要的，宣傳在許多服務產業中之新服務的早期接受方面扮演了同樣的角色。公關可以克服對服務事件的負面宣傳，範圍從飛機失事到飯店的食物中毒。公關也能將服務連結到某受歡迎的事件（例如音樂嘉年華或運動事件）或社會事件（如環保或世界飢餓的消除），因而產生產品的吸引力。

為服務做廣告

本節檢視廣告的目標、廣告的指引及如何強化服務廣告鮮活度的方法。

廣告目標

服務廣告的目標與一般廣告相同，然而服務組織如何達到此目標可能有些不同。廣告目標（一般而言也是推廣目標）有時被縮寫為 AIDA，代表吸引顧客的**注意** (attention)、**興趣** (interest)、**慾望** (desire) 與**行動** (action) 四個目標。這四個目標的排序有層次性，透過順序的目標達成而達到顧客購買產品的最終目標。首先，廣告必須取得顧客對服務的注意，並讓顧客了解服務組織。其次，廣告必須刺激顧客的興趣，換言之，誘使顧客去處理廣告所提供的資訊。然後廣告可能藉由顧客注意到服務的獨特或期望特色，刺激顧客對服務的慾望，最終則引導出行動。如同實體產品，服務廣告可以指引到任一或幾個 AIDA 的目標，選定的目標會反映出服務提供者對溝通的需求（例如讓顧客了解新服務或是創造顧客對新服務的正面態度），並影響服務提供者的廣告策略決策（也就是媒體選擇、訊息發展等）。例如，法學院畢業生或新的醫生可能需要藉由廣告以宣傳他們的新業務，並提供他們詳細的專業說明及讓顧客知曉。相反地，陷入城市間航線競爭的航空公司發現，針對潛在乘客使用比較性廣告，可能較容易刺激慾望與行動。

除了 AIDA 目標以外，了解廣告在支援其他推廣努力方面的關鍵角色是相當重要的。一個強烈的廣告活動可以讓保險公司的人員銷售任務變得簡單，或是對電信公司提供的新服務產生宣傳或是協助公關的處理，或是協助飯店或旅館舖設有效促銷的途徑。聚焦9.2討論廣告對促銷的重要性。

服務廣告的指引

George 與 Berry (1981) 對服務的廣告提出幾項指引，這些指引指出服務行銷者所面對的挑戰，因為他們必須和顧客溝通基本上是表演的產品。這些服務廣告者應該重視的包括：

- 提供有形的線索
- 將口碑行銷溝通資本化
- 讓服務能被了解

聚焦 9.2
愛睡熊回來了

Wyndham 旅館集團在 2012 年夏天啟動了一個新的活動，此活動的設計在於讓顧客對它的 Travelodge 品牌產生興趣。此活動將焦點放在它多年的吉祥物愛睡熊，還有國家地理雜誌及動物園與水族館協會兩個新的贊助者。此活動稱為 "靠近探險地 (Stay Close to Adventure)"，將 Travelodge 在北美的 440 家旅館列出，將這些旅館列為預算不高又想出成探險旅遊者的最佳住宿旅館。作為活動中的一部分，目前已超過五十歲的愛睡熊以新妝扮重新裝飾，並增加了電腦動畫與大又友善的眼睛，讓牠更現代化。透過電視、印刷、網路與旅館內的廣告，將這隻更新後的吉祥物與 Travelodge 的 "動物園位置 (Zoocation)" 推廣活動介紹給旅客，此活動讓直接與旅館訂房的客人可以收到一張免費兒童票，這張票可以在美國 115 家動物園使用，但需要有一位買票的成人陪同。此活動同時又包括五項 Travelodge 品牌家族在全美動物園的事件行銷，在旅館內有外帶的 "給你動物園 (Zoo to You)" 活動手冊，代表 Travelodge 捐贈美國動物園協會，以幫助黑熊保護工作。

Source: wyndhamworldwide.com/ (2012), "FreshlyAnimated Sleepy Bear Stars in Travelodge Marketing Campaign," http://www.wyndhamworldwide.com/media/press-releases/press-release?wwprdid=1191(accessed August 16).

- 建立廣告的持續性
- 內部（員工）廣告行銷
- 承諾能力所及之服務

　　服務組織可以藉由**提供有形的線索** (providing tangible cues)，克服缺乏實體存在及隨之而來的高認知風險的問題。例如可以提供代言人，線上旅遊網站 (priceline.com) 就邀請威廉・薛特納 (William Shatner) 代言多年，他以星際迷航記 (或譯星際大戰) 電視與電影系列的寇克艦長聞名。一些服務組織的廣告會展示服務設備或設施，快遞業者 UPS 就展示他們的卡車與飛機。其他的服務組織會提供數字與實例，大英航空 (British Airways) (http://www.BritishAirways.com) 公告它們在特定期間的準點率績效。每一種技術都會增加服務的具體性，並協助增強服務品質的認知。

　　服務組織可以藉由**口碑行銷溝通的資本化** (capitalizing on word-of-mouth communication) 解決服務變動性的問題，口碑行銷溝通通常被認為較商業廣告有可信度，因為它來自個人且公正的來源。為了減少選擇錯誤牙醫、會計師、大學教授或髮型設計師的可能，顧客經常依賴其他人的意見。服務組織的廣告可以包含滿意顧客的感謝，或是鼓勵顧客與他們同儕討論，以模擬或刺激口碑的溝通。

　　因為許多服務是複雜且抽象的，服務組織可能需要發展**讓服務被了解** (make the service understood) 的廣告。保險公司與其他無形服務 (如諮詢與教育) 經常運用符號、標誌或口號，以傳達它們服務的重要元素。例如保德信人壽 (Prudential Insurance's) (http://www.prudential.com) 使用直布羅陀巨巖、旅行者集團 (Travelers Insurance's) (http://www.travelers.com) 使用雨傘、美林證券 (Merrill Lynch's) (http://www.ml.com) 使用公牛。在某些情況，藉由在廣告中展示或解釋流程的方式，組織甚至會"讓顧客走過"服務傳遞的流程。當 FedEx 快遞介紹他們的一項創新服務 (此創新的設計可以加速過夜包裹快遞的核心服務) 時，必須有足夠長的時間告知顧客此創新的運作，所以經常需要幽默的電視廣告來傳達此新特色。這些廣告協助顧客在心裡面抓住服務的本質，聚焦9.3說明一些可以協助讓服務被了解的幽默口號。

George 與 Berry(1981) 建議要不斷使用主題、符號與其他的線索，在顧客心中**建立廣告持續性**(establish advertising continuity)。廣告在所有型態的實體證明上裝飾著組織的商標，例如麥當勞的金色拱門標誌；廣告活動也可能不斷強調同樣的服務屬性，例如西南航空的低成本、沒有免費服務、可靠的特質。這些活動創造對服務的認知並

聚焦 9.3
幽默的服務組織口號

在糞槽車上的口號："我們是在2號產業的第一名"。

在婦科醫師辦公室的口號："瓊斯醫生，在妳的(子宮)頸部"。

直腸科醫師的門口："為了加速你的來訪，請背對著進來"。

在水電工人的卡車："我們修理你先生所修的東西"。

披薩店的口號："沒有披薩的七天成為虛弱的一週(使用了weak與week的諧音)。

在密爾瓦基的輪胎店："邀請我們去你下一次爆胎的地方"。

整形醫師的辦公室門口："哈囉，我們可以拿你的鼻子嗎？"。

拖吊公司："我們不對手與腳收費，我們只拖吊"。

在電工的卡車上："讓我們移除你的短褲(shorts, 與短路同音)"。

在產房門口："推 推 推"。

在驗光師辦公室："如果你看不到你在看的東西，你來對地方了"。

在標本剝製師的窗戶："我們知道我們的所有"。

在腳科醫師辦公室："時間會傷害所有膝蓋"。

在汽車經銷商："重新回到步行的最好方式—失去汽車的款項"。

在消音器店外面："不用預約，我們已經聽到你來了"。

在獸醫的等待室："五分鐘內未回來，坐下！留在原位！"。

在電力公司："我們很高興你寄來款項，如果你沒有，很快你就會寄來"。

在飯店窗口："不要餓著站在那裏，請進"。

在殯葬社前院："請小心開車，我們會一直等待"。

在加氣站："這裡是小火花的坦克天堂"。

別忘了在芝加哥暖氣公司的口號："城市中漏氣的最好地方"。

Source: 匿名者。

增強所期待的形象。

在發展服務的廣告時，**內部廣告** (advertising to employees) 應該是一個必須考慮的事項。因為員工也看到顧客所看見的相同廣告，所以對組織的廣告而言，員工代表了第二個客群。因此，設計廣告溝通時應將員工放在心中是有道理的，如此可以激勵或是教育員工。能夠以正面描繪員工的廣告能夠激勵士氣，而描寫員工從事服務相關的期待活動，則能讓廣告成為強化的教育工具；前者微妙但有力的傳送組織如何看待員工的訊息，後者則與員工溝通組織對他們的期待。多年來，達美航空公司的廣告活動將它定位為以員工為中心的公司，廣告的內容都在描述實際且主要的工作人員。研究證實，當組織以精確及正面方式描繪員工時，員工的驕傲、顧客的焦點、效果都會增加 (Celsi and Gilly 2010)。

最後，**承諾能力所及之服務** (promise what is possible) 的建議提醒服務廣告者，要注意過度承諾與低度實現的陷阱。俗語說，你可以賣任何東西給任何人"一次"。廣告可以讓服務擁有無人可抗拒的吸引力，低成本、迷人的體驗與神奇的結果是相當容易承諾的，特別是當服務是無形、變動及無法儲存的時候。如之前所提，服務無法被看到、服務通常會有品質上的大變動、服務要直到顧客購買時才會存在，此種情況會讓組織易於過度銷售組織實際所能傳遞的服務。為了能快速產生大量光顧的客群，廣告常常讓顧客設定組織不可能達到的標準。當期望值大於組織的提供，就注定會發生顧客不滿意、組織不幸地被判定為失望的結果。過度承諾與低度實現會醞釀重大的負面口碑，此負面的溝通將難以克服，並會慢慢削減組織的福利。此門課對廣告主是簡單的，就是要保持具吸引力但要務實。

不是所有的指引都要應用到每一個服務廣告，George 與 Berry (1981) 所開的藥方對某些環境比較適合，例如，對於要推廣項財務諮詢這種抽象且複雜、必須大量依賴人員技巧與能力的服務時，廣告必須要讓服務能被了解，而廣告訴求的對象要同時包括員工與顧客。相對地，在推廣航空旅遊這種品質變動劇烈的類似服務時，廣告應該強調有形的線索並指承諾能力可及之服務。

強化服務廣告的鮮活度

Legg 與 Baker (1987) 對於如何創造能協助顧客更有效處理服務資訊之廣告提供了進一步的建議，一是**鮮活度策略** (vividness strategy)，此策略是一種將服務增加有形性的廣告方法，主要是使用**具體語言**（特定的資訊而不是抽象的名詞）、**有形物體**（實體及知名的服務表達）與**編劇技術**（將服務表演編寫成故事），這些戰術性工作的執行好壞依賴像服務的新鮮度與唯一性等因素。當顧客對服務組織或它所提供的服務不太了解時，鮮活度的嘗試似乎變得更重要。廣告媒體的選擇與服務的型態支配了鮮活動策略的可行性，例如，編劇技術在電視或網路上的串流視訊上會比報紙廣告容易使用。而高度無形的服務如保險，其廣告會比飯店服務更需注意具體語言。

> **鮮活度策略**是一種廣告方法，主要是使用具體語言、有形物體與編劇技術，將無形化變為有形化。

Legg 與 Baker 也建議透過**互動式圖像化策略** (interactive imagery strategy)，發展能建立組織名稱與服務間之強烈連結的廣告。此策略的目標是透過連結二者之圖像表達的廣告而達成，例如達美樂 (Domino) 披薩 (http://www.dominos.com) 的商標就是印有骨牌印記的披薩盒。如果服務名稱具有圖像式的口頭聯想也能達到同樣的目標，例如瞬間潤滑油 (Jiffy Lube) (http://www.jiffylube.com) 或是輪胎上的大餐 (Meals-on-Wheels)(http://www.meals-on-wheels.com) 等。另外一個運用互動式圖像化策略的方法是使用字母重音 (letter accentuation) 的方式，透過在組織名稱中的字母變形手法，可以傳達某些服務的特色。這些手法在改善顧客對服務名稱或特質的記憶特別有效。

> **互動式圖像化策略**使用圖像表達、口頭聯想與字母重音的方式，結合組織名稱與其服務，在顧客心中建立組織名稱與表演的強烈連結。

最後，Legg 與 Baker 主張廣告創造的訊息，應該能讓顧客了解服務的後台營運活動，以及顧客對服務傳遞部分應有的期待。前者可以提供服務品質的額外資訊，後者可以透過讓顧客建立務實的期待而確保顧客的滿意。例如，廣告可以展現技師對汽車所付出的照顧，因而讓顧客可以設定汽車維修時所期待的時間，這兩者所提供的珍貴資訊，都會影響顧客對服務廠商的選擇或是對所接收服務的評價。此點也與前面所提及的廣告指引中之"讓服務被瞭解"具有相同的道理。

George 與 Berry 的指引及 Legg 與 Baker 的處方，都對有效的服務廣告設計提供了一個起點。雖然每一個架構都有自己獨特的見解，但兩者都強調展現具體資訊（如實體證明、數字與事實）的重要性，以增加服務的有形性。有個基本的主張，認為服務廣告者必須比實體產品廣告者更突顯這些資訊 (Shostack 1977)，一些證據也證實服務廣告者確實如此做，Grove、Pickett 與 Laband (1995) 對超過 17,000 則報紙廣告及 10,000 則以上的電視廣告做研究，發現服務廣告的具體資訊成分真的比實體產品廣告多；廣告的產品無形性越高，廣告所提供的事實性資訊就越多。雖然這些是給消費者服務的組織做廣告時的建議，但也可能適用於企業對企業的服務。同樣地，這些架構及其他服務廣告的架構也持續在國際化領域中建立，而且仍然有許多空間去檢視有效的服務廣告 (Stafford 2005; Stafford et al. 2011)。

促銷與服務

服務組織使用促銷方式以便讓顧客產生興趣或光顧，這並不是甚麼新的想法，商人與零售店很久以前就發現一些簡單工具的威力，如折扣價、免費樣品與競賽等。促銷有許多形式，但都是基於某些產品以外的特別吸引力而引來顧客。組織之所以被迫使用促銷，可能是期望吸引新顧客或是維持現有顧客的興趣。航空公司在某段時間降價、旅館推出特別的週末包裝或是服務套餐、飯店提供早鳥折扣優惠、或是衛星網路服務推廣首購的套餐，每種方法都嘗試在短期內增加顧客，並讓顧客熟悉服務組織。然而，這些組織大多數時候希望被促銷吸引而來的顧客，在服務後仍會回來繼續光顧。

組織選擇許多的服務促銷以對付服務業經常面臨的循環性需求，為了鼓勵試用，一些服務會提供透過網路所發送的免費禮券（如圖

9.2）。促銷有時候也是作為防禦性的工具，例如常見到相互競爭的組織會同時使用類似的促銷工具。當一家航空公司降價以爭取顧客時，其他的競爭者也會很快跟進。同樣地，當麥當勞在重要的夏季推出賭金獨得的活動時，競爭者如漢堡王或溫蒂 (Wendy's) (http://www.wendys.com)，等也會推出它們自己的類似活動。不加入這種促銷割喉戰的風險，就是可能導致損失顧客流量的悲慘結果。

不僅只作為管理需求震盪的有力工具，促銷也能變成讓顧客與服務連結的特色。當組織謹慎選擇時，它所使用的促銷工具可以為所提供之服務灌注期望的特徵。一個賭金獨得或競賽活動的刺激感、獎金的商譽、特別促銷事件的激動，都能強化顧客對整體服務的認知。事件贊助在某些案例中是一項特別有效的工具，透過對顧客覺得具吸引力之活動的支持，可以讓服務組織鎖定目標顧客。例如 Chick-fil-A 餐廳 (http://www.chickfila.com) 對大學美式足球的贊助，每年在亞特蘭大舉辦 Chick-fil-A 盃比賽。如果促銷吸引了新顧客或建立現有顧客的忠誠度，它可能實際上已藉由讓顧客與服務連結，而增加了服務

圖 9.2　服務的網路禮券案例

Source: knowyourmeme.com/memes/yoy-win-the-internet

的有形性。因此,服務的促銷可以吸引顧客、調適循環的需求、強化顧客對服務與有形性的認知。如果有強力廣告支持,促銷可以創造大量的顧客刺激,並讓顧客支付更多的金額。然而,組織強烈依賴促銷以產生銷售量,所產生的風險是創造了顧客很少會在沒有促銷時光顧的環境,這些組織只好不斷創造持續的促銷循環如禮券、賭金、獎金等等。

人員銷售與服務

如同廣告一項服務,銷售一項服務非常困難,因為服務無法被展示。顧客無法輕拍一項服務或是踢它的輪胎,他也不能凝視著它的迷人線條,或是將服務翻過來看它的背面,或是打開它以了解為何會響。同樣地,銷售服務的人員無法展示服務像什麼,因為它尚未存在。所以銷售人員必須用其他的方式說服顧客接受服務的屬性或是品質,但是服務優越性的證據必須被謹慎地調整,以避免過度承諾服務所能做到的。銷售人員可能會引用滿意顧客或值得注目之顧客(如名人)的感謝,對於有滿意的高格調顧客或是有許多忠誠顧客的服務,有誰不願意使用呢?銷售人員可能使用看得見的幫助來詳細解釋服務,例如視訊影片或電腦應用等。此外,服務組織必須了解,銷售人員在銷售中的外表與風度會被顧客視為是實際服務與服務組織的線索。一些在銷售服務時所需關注的事項歸納於下 (George, Kelly, and Marshall 1983):

- 精心策劃服務的購買
- 讓品質評估更容易
- 將服務有形化
- 強調組織的形象
- 使用組織的外部參考
- 了解所有公共接觸人士的重要性
- 了解在服務設計過程中的顧客參與

任何服務組織必須努力建立與顧客的強烈連結，此種強烈連結可以忍受時間的考驗，並能與競爭者有所區隔，只有成功實現銷售過程中的承諾，並能維持與顧客的長時互動，才有可能建立這種強烈連結關係。網路、電子郵件與社交媒體網路，很清楚地提供組織各種連結與維持顧客關係的新方法。

在提供服務給顧客時，經常存在採用**建議式銷售** (suggestive selling)，提供額外或補充相關服務選項的行動) 的機會，不論是透過個人或經由電子媒體。雖然這種銷售看起來很少成功，但要了解，即使這種銷售只是偶然成功，其所產生的結果仍很重要，聚焦9.4就示範建議式銷售能產生的潛在利益，並指出將建議式銷售作為人員訓練一部分的需求。

宣傳與服務

銷售顧客熟悉的服務當然遠比銷售顧客從沒聽過的產品來得容易，因此，服務組織能從好的宣傳獲得巨大的利益。組織能到的最佳

聚焦 9.4
"請問您要加量嗎？"

大部分的人們有時會有被服務人員問問題而困擾的時候，例如"請問您要升級到B方案嗎？"或"請問您想延伸產品的保固期嗎？"。實際上，這些**建議式銷售** (suggestive selling) 或**向上銷售** (up-selling) 可能對組織的收入流產生很大的幫助，即使它只是偶爾成功。考慮下列狀況：一家飯店每天有兩個輪班，每班有五位服務人員，若每一位人員能經由建議式銷售增加多一個甜點或小菜，假設價格$5，經過一年則可以創造 $18,200 (5人×2班×7天×$5×52週) 的額外收入。所以很清楚地，建議式銷售可以明顯增加銷售額。當然，這個訣竅是要將建議式銷售做好，所以需要在訓練前台服務人員時，傳授建議式銷售的技巧。例如，向上銷售的建議不能太劇本化或結構化，否則會變成太機械化與冷淡，如此可會讓顧客關上開關。為能正確執行這些工作，組織應該監視服務人員在這些活動上的表演，可能是透過神秘客的方式。在建立建議式銷售的方案前，組織當然應該考慮到道德議題或是社會的歧見，是否應該鼓勵顧客可能比預期花更多錢或消費更多。

宣傳來自開心的顧客，為了吸引顧客，服務組織經常努力將它們的服務名稱連結至某些正面的的事物。以正面方式被報導（例如捐贈慈善團體或支持受歡迎的社會運動）可以從具吸引力的角度塑造服務，同樣地，成為科技領導者或是顧客服務冠軍，也可以讓組織被新聞報導而吸引顧客，Ritz-Carlton、FedEx 或 AT&T (http://www.att.com) 這些國家品質獎得主所獲得的正面曝光就是最佳案例。

　　相反地，當負面宣傳發生時，服務組織必須有適當的計畫以克服或控制。記住，服務是變動的！例如 AirTran（過去名稱為 ValuJet）(http://www.airtran.com) 之所以能在過去的災難後繼續飛行，成功控制負面宣傳的能力是原因之一。想想被駭客侵入電腦系統的服務組織所面對的負面宣傳，此事件將顧客的個人資料置入風險中，組織必須做好傷害控制的努力，以對現在及潛在的顧客維護好商譽。網路對服務組織創造了不同的宣傳環境，因為不論正面或負面的宣傳會被更快速散播，特別是在快速成長中的社交媒體通路。在 2010 年，Facebook、Twitter、MySpace 與 YouTube 等網站使用者所創造的內容，大約超過全球網路流量的 11% (Alexa 2010)，其中又有相當部分是有關市場上產品的分享或評論。除此以外，有責任心的網路使用者會追蹤新聞故事，包括傳統的新聞媒體網站與受歡迎的部落格。從這些網站發出的 RSS 摘要讓使用者可以被動地接收新的內容故事摘要，並透過此摘要可以連結到內容全文。此能力需要新聞閱讀器軟體，此軟體由許多受歡迎網站免費提供，例如 AOL、Yahoo! 與 Google。簡言之，RSS 摘要將新聞的追蹤幾乎自動化，此方式正加速了正面與負面宣傳的效果。

在網路上推廣服務

　　網路已深深影響服務推廣的本質與程序，網路讓服務組織能夠以新奇與互動方式檢核與鎖定較小的顧客市場區隔，當顧客在 Google 或 Yahoo! 上搜尋時，搜尋引擎優化工具能夠被用於確保服務組織被顧客看到。網路廣告的設計，可以吸引與連結顧客到與服務組織相關的網路資訊來源，在零售的案例中，甚至可以將顧客連結到購物的地點及許多其他的資訊。網路廣告經常也伴隨著各種形式的促銷，一些組織提供可下載或列印的線上禮券（如圖9.2）。顧客可以進入網路上的競賽，例如必勝客 (Pizza Hut's) (http://www.pizzahut.com) 的年度 NCAA 大學籃球 (http://www.ncaa.com) "Pick 'Em Challenge"。

因為網路廣告非常成功，所以服務組織改變它們的推廣策略，並將更多的預算投入到網路廣告 (Vollmer, Frelinghuysen, and Rothenberg 2006)。網路廣告最重要的特色之一是能夠依顧客對廣告的回應，仔細追蹤每個廣告的效果。第二個關鍵特色是創造互動式多媒體廣告的能力，此能力可以超越傳統15至30秒廣播式廣告的限制。此種網路廣告可以連結回到組織官網中的多個部分，以讓顧客取得更多額外的資訊。雖然如此，將組織官網與行銷溝通工具有效整合的需求仍然存在 (Grove, Dorsch, and Carlson 2011)。

服務組織也能將電子郵件或社交媒體訊息與網路廣告結合，以創造廣告與銷售的最有力連結。例如，達美航空公司、美國航空公司 (American) (http://www.aa.com) 與全美航空公司 (US Airways) (http://www.usairways.com) 等，將特別優惠的資訊以電子郵件傳送給需要此服務的旅客。在電子郵件中的費率廣告，讓旅客可以輕點一下就連到公司網站並可購票，拜訪航空公司網站的旅客可以發現所有的資訊及推廣的方案。同樣地，許多組織正利用社交網站如 Facebook，透過與其服務相連結的貼文，希望能獲得業務或創造實體商店與網路商店的流量 (Graham 2011)。總結來說，網路提供服務行銷者強而有力的推廣工具。

摘要與結論

推廣服務組織與服務是一項挑戰，所以需要小心地規劃與實施。與服務組織觸的每個接觸點都潛藏強烈的推廣意義。因此，服務行銷者需要考慮使用服務行銷組合的七個P，以創造所期望的形象，如果只憑運氣，要塑造一致性的服務形象是不太可能的。當組織在考慮服務傳遞系統中不同元素的溝通能力時，就如同傳統實體商品的推廣組合決策一樣，組織必須持有相同的遠見。這種整合性的方式必須大量投入資源，在顧客心中建立服務及服務的定位，透過這些整體的努力，服務無形性特色的調適需求會驅動每一個推廣的決策。最終，任何組織的推廣目標應該是要吸引與贏得顧客的支持。

練習題

1. 查閱雜誌、報紙或信件上的服務廣告，確認此廣告反映了哪些 George 與 Berry 對服務廣告所提出的指引。你認為此廣告是好？壞？為什麼？
2. 搜尋 Facebook 上的服務廣告，這些廣告可以反映 Legg 與 Baker 的互動式圖像化的形式：圖像表達、圖像式的口頭聯想、字母重音 (letter accentuation)。將此廣告存起來，並解釋它為何符合這些形式。
3. 在網路上搜尋由服務組織所提供之網路禮券或競賽的例子，你是否覺得這個促銷工具有用，將它印下來並進行討論。
4. 選擇一個服務組織的行銷溝通活動，並分析這些活動是否經由不同的服務行銷溝通組合變數與顧客溝通。從你的觀點，這些活動在行銷溝通整合工作上做得好嗎？為什麼好？或為什麼不好？
5. 選擇一家服務組織，並調查它如何使用網路推廣它的服務：
   a. 它寄給顧客的電子郵件訊息是什麼？
   b. 它的網路廣告放在哪兒？
   c. 它如何使用組織官網進行推廣？

網際網路練習題

搜尋一則全國知名之服務組織的網路廣告，最好是本章沒有提過的，仔細研究這則廣告。

1. 從 George 與 Berry 對服務廣告所提出之指引去描述此廣告。
2. 此廣告有做任何事以增加服務的鮮活度？
3. 此廣告可以如何改善？

References

Alexa (2010), "The Top 500 Sites on the Web," http://www.alexa.com/topsites/global (accessed September 6, 2012).

Celsi, Mary Wolfinbarger and Mary C. Gilly (2010), "Employees as Internal Audience: How Advertising affects Employees' Customer Focus," *Journal of the Academy of Marketing Science,* 38 (4), 528–539.

Duncan, Thomas R. (2005), "IMC in Industry: More Talk Than Walk," *Journal of Advertising,* 54 (4), 5–9.

George, William R., J. Patrick Kelly, and Claudia E. Marshall (1983), "Personal Selling of Services," in *Emerging Perspectives on Services Marketing,* L. L. Berry, G. L. Shostack, and G. D. Upah (eds.), Chicago: American Marketing Association, 65–67.

George, William R. and Leonard L. Berry (1981), "Guidelines for Advertising of Services," *Business Horizons,* 24 (July/August), 52–56.

Graham, Jefferson (2011, August 10), "Car Dealers Use Social Media to Drive Traffic," *USA Today,* B3.

Grove, Stephen, Michael Dorsch, and Les Carlson (2011), "Integrating the Website into Marketing Communications: An Empirical Examination of Magazine Ad Emphasis of Website Direct Response Opportunities over Time," in *The Sustainable Global Marketplace: Proceedings of the Annual Conference of the Academy of Marketing Science,* Vol. 40, M. Conway (ed.), 448–451.

Grove, Stephen J., Les Carlson, and Michael J. Dorsch (2007), "Comparing the Application of Integrated Marketing Communication (IMC) in Magazine Ads Across Product Type and Time," *Journal of Advertising,* 36 (Spring), 37–55.

Grove, Stephen J., Gregory M. Pickett, and David N. Laband (1995), "An Empirical Examination of Factual Information Content Among Service Advertisements," *The Service Industries Journal,* 15 (2), 216–233.

Hennig-Thurau, Thorsten, Edward C. Malthouse, Christian Friege, Sonja Gensler, Lara Lobschat, Arvind Rnagaswamy, and Bernd Skiera (2010), "The Impact of New Media on Customer Relationships," *Journal of Service Research,* 13 (3), 311–330.

Legg, Donna and Julie Baker (1987), "Advertising Strategies for Service Firms," in *Add Value to Your Service,* C. Surprenant, ed., Chicago: American Marketing Association, 163–168.

Schultz, Don E., Stanley I. Tannenbaum, and Robert F. Lauterborn (1996), *The New Marketing Paradigm: Integrated Marketing Communications,* Chicago: NTC Business Books.

Shostack, G. Lynn (1977), "Breaking Free from Product Marketing," *Journal of Marketing,* 41 (April), 73–80.

Stafford, Marla Royne (2005), "International Services Advertising (ISA)," *Journal of Advertising,* 34 (Spring), 65–86.

Stafford, Marla Royne, Tim Reilly, Stephen J. Grove, and Les Carlson (2011), "The Evolution of Services Advertising in a Services-Driven National Economy," *Journal of Advertising Research,* 51 (1), 136–152.

Vollmer, Christopher, John Frelinghuysen, and Randall Rothenberg (2006), "The Future of Advertising Is Now," *Strategy + Business,* 43 (Summer), 38–51.

第四部分

傳遞並確保成功的顧客經驗

　　第四部分是研究確保成功之顧客經驗的方法。第十章探討提供服務品質和服務保證的方法。第十一章調查透過客戶服務和服務補救重拾客戶信心的方法。第十二章檢視服務的成功與失敗，解釋慎重學習服務的成功和失敗是必要的，分析為什麼成功的服務很難達到，描述服務的研究方法和服務評量的管理使用。

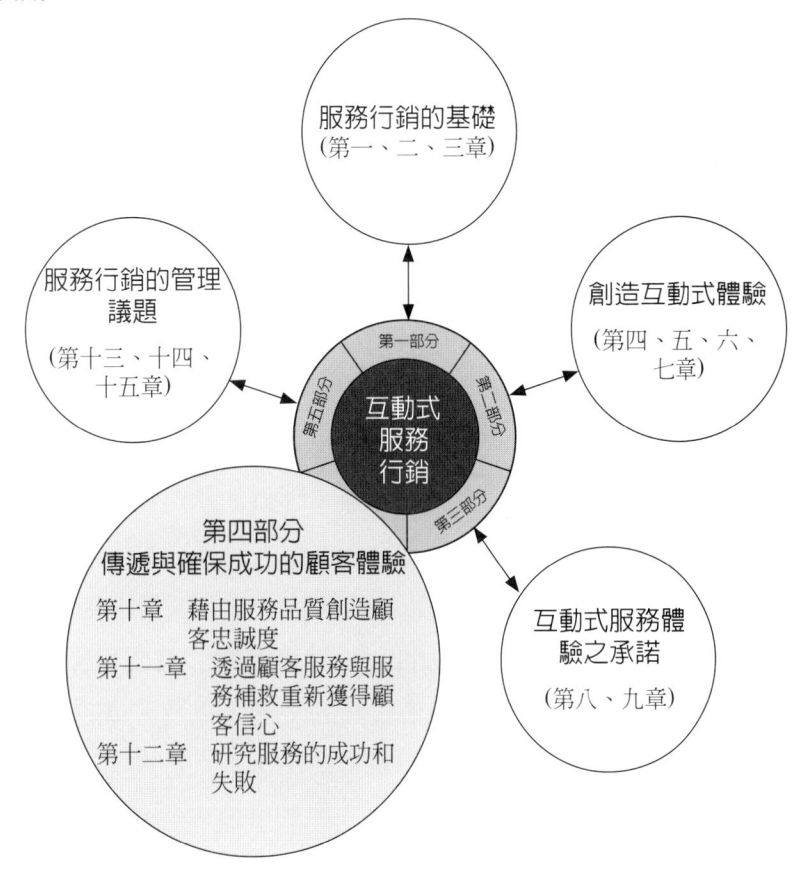

服務行銷的基礎
(第一、二、三章)

創造互動式體驗
(第四、五、六、七章)

互動式服務體驗之承諾
(第八、九章)

服務行銷的管理議題
(第十三、十四、十五章)

第一部分
第二部分
第三部分
第五部分

互動式服務行銷

第四部分
傳遞與確保成功的顧客體驗
第十章　藉由服務品質創造顧客忠誠度
第十一章　透過顧客服務與服務補救重新獲得顧客信心
第十二章　研究服務的成功和失敗

第十章
藉由服務品質創造顧客忠誠度

什麼是服務品質
顧客如何評估服務品質
為何以及何時給予服務保證
什麼造就了非凡的服務保證
如何設計服務保證

第十一章
透過顧客服務與服務補救重新獲得顧客信心

顧客服務
將顧客服務視為一種策略功能
發展顧客服務文化
服務補救的需求
服務補救的步驟
服務補救的隱藏利益

第十二章
研究服務的成功和失敗

為何需要研究服務的成功與失敗？
為何成功的服務難以達成？
服務的研究方法
建立服務品質資訊系統

Source:http://www.jordans.com；http://www.bostoncentral.com (accessed January 30, 2012)。

"購物娛樂"：創造並提供客戶體驗

　　如果您參觀喬丹家具 (Jordan's Farniture) (http://www.jordans.com)，你可以在它的波旁街享受狂歡節 (Mardi Gras) 多媒體展示；玩各種各樣的嘉年華遊戲，如鴨子船遊覽、賽車遊戲；參加高空特技訓練；觀看 IMAX 電影；欣賞水舞和燈光表演；或體驗4D 魔幻冒險電影 (MOM)。你只可以在大波士頓地區中的喬丹家具四個賣場找到這些娛樂項目。第五間賣場於2011年12日21日成立，設在羅德島的瓦立克。這個新賣場以"SPLASH"著稱，這是一場結合雷射魔術、燈光、水及音樂的國家級藝術表演。總裁兼首席執行長 Tatelman 聲稱 "即使是在拉斯維加斯，也沒有人見過類似的表演。" 在麻塞諸塞州的一間商店 "READING"，用接近2500萬顆軟心豆粒糖組成一個波士頓市中心的模型，獲得 "豆城" 的名聲。AVON 商店以魔法村莊著稱，它起源於1958年，由巴伐利亞的玩具製造商製造，其中包括五十九個機關制動的人偶和十八個不同的場景。當然，各商店也提供免費的咖啡、蛋糕、餅乾、霜淇淋和氣球給他們的客人。

　　華倫‧巴菲特 (Warren Buffet) 是著名的投資者和世界上最富有的人之一，他非常喜歡喬丹家具，以至於他的金融服務公司 (Berkshire Hathaway) 常買他們的東西。因為巴菲特說過："喬丹家具真的是我所見過最不尋常的、最獨特的公司之一。這間公司是一顆寶石！"

　　Tatelman 兄弟的家族約在八十年前創設這家商店，他們得到人們的尊敬，因為他們對待1,200多名員工像對待家人。他的員工被稱為 J 小組，每天在每一家店面都要接待大約5,000個訪客。每家店每年比一般的家具店產生六倍多存貨週轉率和坪效。

　　Tatelman 兄弟認為 "首要目標是確保每一位走進商店的客戶有一個美好的時光" 以及 "卓越的客戶服務是一種執著"。在購買任何家具前，客戶可以先使用免費的測量服務以確保家具的尺寸適合。他們會收到從銷售人員的感謝信和由客服中心打來的售後客戶滿意度調查電話。交貨前，每一件家具也都會經過品管團隊全面的檢查和清潔。

喬丹家具稱它的客戶服務創造出"娛樂購物 (Shoppertainment)"。吊牌上為客戶提供問題解答和保養說明，家具零售專家稱讚商店中燈光和音樂非常合宜，商品呈現是利用主題音樂及風格來展現戲劇化的效果。在它的商品樓層內集結了絕佳娛樂效果的商品陳列、模範的客戶服務、最低的價格保證和無壓力感的銷售人員，這些要素為它們贏得了成功的顧客經驗。

不足為奇的是，喬丹家具在家具零售業中贏得無數的獎項。此外，身為許多慈善機構背後的強大支持者，Tatelman 兄弟慷慨的精神為他們得到國家表揚和眾多的獎項。

第十章
藉由服務品質創造顧客忠誠度

如果您到喬丹家具店購物，您會期望從中獲得什麼樣的購物經驗？有沒有可能在第一次購物後就成了那裡的忠實顧客？您又會如何簡潔的描述這樣愉快的購物經驗？在您的購物經驗裡，什麼樣的服務特色和所提供的品質會是您所評估的項目？您又是否會倚賴您過去的經驗來評價其他的零售商店？在一般的情況下，我們會從"態度"或從我們"已知"的行為中來獲得資訊。我們通常會從過往的經驗中來應對每一次所新面臨的狀況。從您曾經在零售商店消費的經驗和服務的品質來看，您會怎麼評價？哪些特點是您在逛完整個賣場比較後的心得感想？現在嘗試將這些特點轉移到其他類型的服務，而這些也將會是本章節所討論的重點。

服務行銷者體認到，他們必須滿足顧客對服務品質的期望，以保持顧客的品牌忠誠度。服務行銷者該如何保證他們的服務品質能夠滿足他們顧客的期望？正如我們所見，在經歷服務的互動性之前，我們很難評估其服務品質。因此，顧客會察覺這樣的高風險，而這也是服務行銷人員在服務經驗發生前所試圖想減少的。利用各種多樣化的技巧來確保他們所感受的體驗。仔細想想，喬丹家具是如何向他們的顧客保證其家具的品質，以及此保證為什麼如此重要？這是有實質效益的嗎？本章將從幾個服務保固的觀點著手。

這一章有五個具體目標：

- 檢視服務者對於顧客忠誠度的觀念
- 檢視對於服務品質的觀念
- 討論顧客如何評價服務品質
- 討論有關保固在服務品質中所扮演的角色
- 檢視有效的保固計畫和其收益

顧客的忠誠度是決定任何企業組織能否維持長期盈利能力的一個關鍵決定因素。若沒有舊顧客長期的光顧和盈利支持，公司可能就必須付出更沉重的心力去開發新的顧客群。顧客關係管理 (CRM) 系統，目的在於幫助企業組織吸引並留住有利潤的顧客，建立長期和有效的業務關係。如果該顧客回報的利潤遠超過其服務所付出的成本，那麼這就是一個相當成功的顧客終身價值。其優點就是伴隨顧客而來的利益，以及他的推薦和正面口碑 (John 2003)。在追求顧客的忠誠度時，Reinartz 和 Kumar (2002) 指出，明白"以超越成本去服務一位忠誠的顧客"的想法是很重要的。Lemon、Rust 和 Zeithaml (2001) 提出了"顧客資產 (customer equity)"，也就是意味著顧客是非常重要的資產，這種現象是由價值驅動股權價值的一個術語 (來自顧客對於該公司產品的客觀評估)。品牌資產 (顧客對公司產品的主觀評價)，和關係資產 (顧客對於該公司產品的承諾超出了客觀和主觀的評價)。開發顧客資產對於企業組織來說是長遠且成功的關鍵，那麼，什麼會產生顧客的忠誠度和資產呢？

研究人員探索了利益、品質和顧客關係之間的關聯後發現，忠誠的顧客會帶來更高的利潤，因為他們可以更容易地被服務，是該企業組織商品和服務品質的重度使用者，並有可能帶來新的顧客。位於麻薩諸塞州劍橋市的戰略規劃研究所 (http://www.pimsonline.com) 發現，市場佔有率、投資回報率、資產週轉率都與知覺品質 (perceived quality) 有關。市場策略的利潤影響 (PIMS) 在數據中證實，當公司提供高於市場平均水平的優質服務會使資額增長。Rust、Zahorik 和 Keiningham (1995) 發展的品質報酬 (ROQ) 模式證明，質量的改善與努力可以產生顯著的經濟回報。Heskett 和他的同事 (1994) 發現顧客的忠誠度、員工的忠誠度和投資者的忠誠度之間有著很強大的關聯,稱其為"服務利潤鏈 (service profit chain)"。他們發現,隨著顧客滿意度所驅使的顧客忠誠度,會使公司成長,並且讓投資者的利益和資金有利可圖。而越多資金就能提供越多資源,亦能改善基礎設施,並聘請最優秀的人才。招聘最優秀的人才並為他們提供最好的資源,便能保證公司能夠有優越的生產品質,進而引導出忠誠的顧客群。在第一章和第六章所討論的良好的內部行銷,能夠確保提高員工績效。表10-1所呈現的是選定服務行業中,顧客保留率增加5%時所能增加的利潤潛力範圍。

如果顧客忠誠度能驅動顧客的滿意度,而滿意度是建立於由該企業組織所提供的服務品質,那麼,顧客忠誠度的關鍵就在於創造和提供卓越的品質和顧客體驗。可以說,服務企業遠比製造商所開發的顧客知識來得更好,因為服務企業在個別的顧客層級中會產生顧客與廠商的互動 (Brown 2000)。因此,對於一個服務企業來說,對所有顧客的消費模式都能清楚了解是有可能的,而如此做且成功了解顧客消費模式的廠商可能獲得一些與品質有關之獎項的認可。例如,1987年設立於美國的波多里奇國家質量獎,已成為品質卓越的標誌,其中就包括一些服務行業。此外,歐洲已發展的ISO9000,已經享有品質標

表 10.1 忠誠度對於利潤潛力的影響

選定的服務行業	每增加5%顧客保留率所增加的利潤潛力
銀行分行存款	85%
信用卡	75%
保險業務	50%
工業洗衣	45%
辦公室管理	40%
軟體	30%

Source: Frederick Reichheld and Earl Sasser (1990), "Zero Defections: Quality Comes to Services," *Harvard Business Review*, 68 (September–October), 105–111. Reprinted by permission.

準的類似地位，許多世界各地的企業組織都在努力獲得此認證。

> **顧客喜悅**會產生是因為顧客的滿意超過期望時。

為了贏得忠誠的顧客，你應該尋求"取悅顧客(delight customer)" (Keiningham and Vavra 2001) 的方法。當顧客的滿意超過期望時，**顧客喜悅** (customer delight) 就會發生。因為顧客會根據他們的經驗來調整自己的期望值，顧客喜悅是一個浮動的標的。例如，你第一次到了雙橡園旅館 (Doubletree) (http://www.doubletree.com) 住房時，他們提供了免費的餅乾來接待你，這可能是一個喜悅的經驗。然而，第二次再入住雙橡園旅館，又收到了免費的餅乾可能僅是你預料之中的。這種模式意味著，顧客喜悅永遠是一個難以實現的現象，服務企業必須不斷尋求新的方法來取悅他們的顧客。

什麼是服務品質？

> 從供應服務者的角度而言，**服務品質**是指他們服務的特性符合他們公司的規定及要求，但從消費者的角度而言，是指服務能達到或超越他們期待的程度。

我們對**服務品質**的看法有很多不同的觀點，取決於我們是供應服務的一方，或是消費者。服務品質從**供應者**的角度而言，服務品質是指他們服務的特性符合他們公司的規定及要求，通常他們所著重的是最大的產出量及最低的成本，來反映出績效及內在成效。但從**消費者**的角度而言，服務品質是指服務能達到或超越他們期待的程度。對於以服務供應者為主及消費者為主的定義最大的差別，在於後者對於相同的服務會讓不同的消費者感受到不同層次的服務品質。為了更進一步了解這兩個角度所帶來的差別，我們來思考以下的例子。一個酒店可能認為在十五分鐘內，按客人的要求把熨斗及燙衣架送到客房是優良服務品質的表現，但是，對於消費者而言，可能會對這個酒店的服務品質評價不好，因為每一個房間本來就應該提供熨斗及燙衣架。對於取決服務品質的標準，這個酒店可能在乎把成本壓低，所以就買少一點熨斗及燙衣架。但對消費者而言，讓消費者花時間去等一些本來就應該提供的服務，會降低對這個酒店的服務品質。所以，服務品質定義應該以所接收的服務而論及以品質達到或超過**消費者**期待而定。

　　品質會與忠誠度的重視和顧客的喜好產生連鎖反應，建立與服務提供者持久的關係。意識到這樣的關聯後，就讓我們看看服務品質是如何影響顧客和服務機構。顧客的滿意程度越大，顧客和提供者之間的聯**繫**就越強。獲得滿足的顧客便有了忠誠度和與服務機構的良好關係。然後服務供應者又會提供更高品質的服務來回饋給這些忠實顧客，進而加強了與顧客的服務傳遞環節，甚至更多。圖10.1說明了他們的行動和回饋連接顧客和服務供應者間的連接鏈。

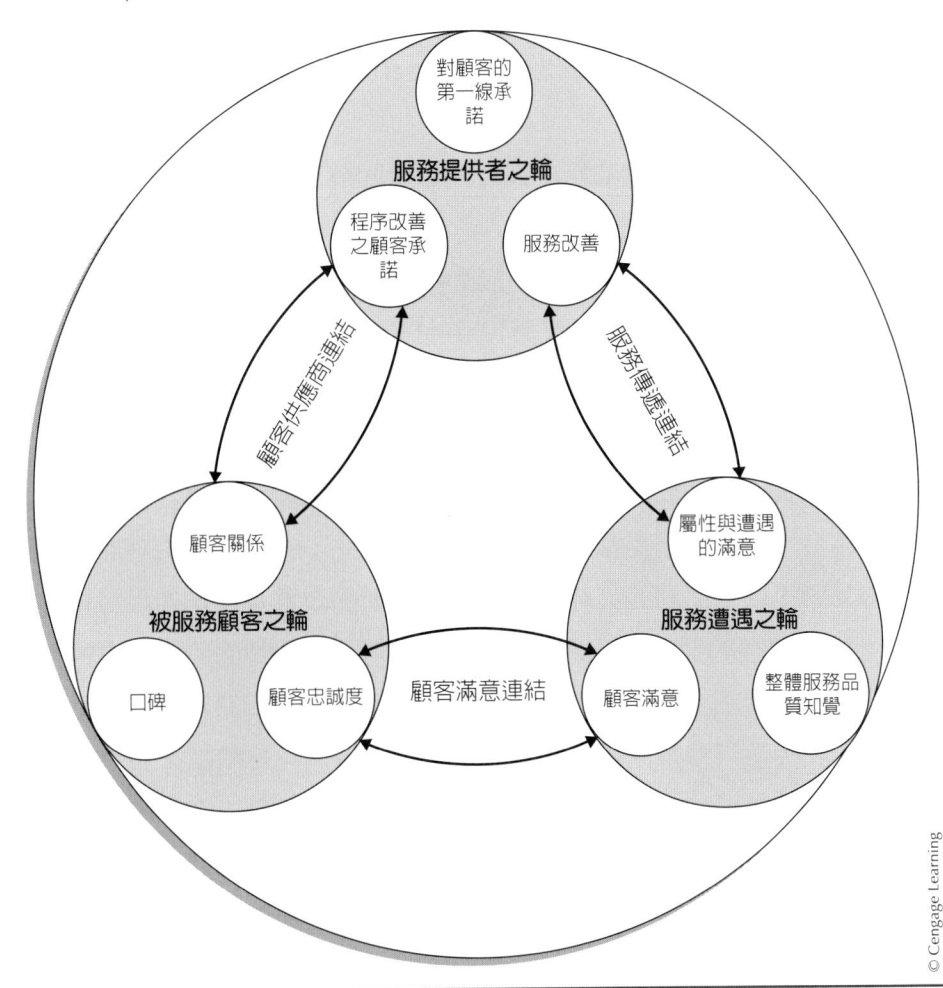

圖 10.1 服務品質循環

顧客和供應者之間有三種連結連接：**服務傳遞連結、顧客滿意連結、顧客供應商連結**。服務傳遞連結表示服務的互動特質，並通過滿意的服務遭遇來鞏固之間的連結。顧客滿意連結代表了顧客的滿意度和忠誠度與服務供應商之間的連結。顧客供應連結則是代表顧客和服務供應商之間的承諾，從而導致兩者之間的互利關係。這些連接鏈分為三個區域，或稱之為"滾輪"，分別代表顧客、供應商和服務遭遇。**服務品質循環**是由這三個連結滾輪所驅動的連接，我們使用循環這個術語來指出，服務品質牽扯到反覆出現在服務組織和顧客之間的一系列循環活動的重要關連。

當顧客多次享受令人滿意的服務接觸時，也就是說，當服務屬性滿足或超越顧客的期望值時，他們便會認為整體服務品質為高，並且容易保持與服務提供商的忠誠度。在 Ritz-Carlton 旅館，無論是哪個員工，當他第一次看到一個問題時，就要"擁有它"直到問題被解決。工作人員被鼓勵並培訓為有創造力的解決問題者，其中包括學習如何預測和確定潛在的服務故障。這種著重於顧客的文化思維，讓 Ritz-Carlton 旅館在服務品質的獎項上兩度獲得了令人夢寐以求的美國波多里奇國家質量獎（見聚焦 10.1）。

忠實顧客們會提供服務組織正面的口碑，並與服務供應商培養出歸屬感的關係與承諾。忠誠度是透過持續獲得滿意的服務遭遇而更進一步成長，也因此，顧客與供應商之間的關係變得互惠互利，使顧客能夠更臣服於服務組織。這是在顧客的幫助下，使服務供應商得以改善其所提供的服務的最佳利益。隨著不斷的改進，服務產品將更加緊密符合顧客的需求。服務的互動性也促進了供應商與顧客的熟悉程度，從而使顧客能夠獲得更多客製化的服務。這個循環完成時，這些流程的改進將會帶來更好、更滿意的服務遭遇和整體顧客滿意度。

思考附近餐廳的簡單例子：對他們來說，他們為那些經常光顧餐廳的常客建立持續提供滿意的體驗。這些忠實的顧客們因個人利益，要求餐廳提高產品以滿足他們的需求，他們則傳播關於餐廳正面的口碑，因此他們與餐廳的關係便是牢固的，因為他們知道彼此，並享受

聚焦 10.1
Ritz-Carlton 旅館：美國波多里奇國家質量獎雙冠王

　　Ritz-Carlton 旅館兩度獲得美國波多里奇國家質量獎，這種罕見的壯舉是提供一致和可靠的服務品質的結果。在每一Ritz-Carlton 旅館，品質領先作為工作人員制定和實施其品質計畫的一種資源和宣傳。擁有全球七十六間飯店二十五個國家38,000多名員工，該公司總裁和其他高級管理幹部仍會在新的營業地點，親自在為期兩天的培訓過程中指導新進人員對於Ritz-Carlton 旅館的"黃金標準"。每個員工每年需接受超過一百小時的顧客服務培訓。為了確保能夠快速解決顧客的問題，每個工作人員都被要求：不管何種問題或是顧客的投訴類型，都需於通知的第一時間採取行動。無論是誰第一次看見一個問題，都需擁有它，直到被解決。從Ritz-Carlton 旅館720個的服務提供系統所傳遞的每日質量報告作為識別數據，成為預防阻礙滿足質量和顧客滿意度的目標問題的預警系統。

　　這些數據如登記、沒有排隊的百分比、所花費的時間、實現業界最佳整潔度的外觀、以及被尚未退房的時間追蹤等。每一位員工被訓練了可以瞄準一個"奧祕"(Mystigue)，這是一套提供全公司員工作為滿足和預期回頭客的喜好和需求的跨職能顧客資料庫。九步驟品質改善團隊設計了客房兒童安全程序：POLO (保護我們的小傢伙) 和計畫零缺點的客房環境，業界稱為 CARE 的程式 (清潔和修復一切)，以及其他提高品質的措施，在大阪Ritz-Carlton 旅館的前台專案團隊減少了50%的登記入住時間。因此這一點也不訝異，為什麼Ritz-Carlton 旅館能夠成為唯一一家榮獲波多里奇獎 (實踐全面質量管理的卓越成就) 的飯店了。

Source:Ritz-Carlton (2011), http://www.corporate.ritzcarlton.com (accessed October 12).

社區互惠的共同感覺。對這家餐廳來說，改善其服務產品、以滿足這些顧客的需求和期望，例如響應顧客的要求、提供新的菜單正是最佳利益。因此，無論是餐廳或是顧客，加強他們之間關係的關鍵來自於互利互惠的利益。同樣的邏輯也適用於大型的服務機構中，滿意的服務體驗能夠帶來持續的顧客滿意度和忠誠度，並伴隨著積極的推薦。顧客與供應商關係的力量促進了共同的願望，不斷提升服務接觸的品質和抑制顧客轉換到其他服務提供者的共同願望。服務品質對於服務組織來說是成功的關鍵，我們要了解顧客是如何評價它，是什麼因素提升認知的服務質量。

顧客如何評估服務品質

顧客評估服務時不同於實體商品，因為服務本質在偏向**搜索**的特質上會較低，但在**經驗**和**信任**的特點質上會較高（見圖10.2）。搜索特質是指我們可以在購買前，例如以汽車的顏色或大小來評估的屬性。經驗的特質是我們只能在購買期間或之後才可以評估，就像參觀主題公園與其相關聯的樂趣特色。而信任的特質則難以評估，即使在消費之後，例如在穩健的財務顧問意見後的屬性。雖然無形的服務約束了顧客客觀評價其品質，顧客們仍會經常評估其服務體驗的品質。他們會怎麼做出這樣的評估？以及他們會評估哪些屬性呢？

研究人員已經開發了各種概念化的服務品質，以解釋不同現象的複雜性。Grönroos (2000) 指出，服務質量涉及到的技術（即結果）和功能（即過程）反映出傳遞**什麼**以及**如何**傳遞這兩者的重要性。在衛

圖 10.2 產品評價連續概念

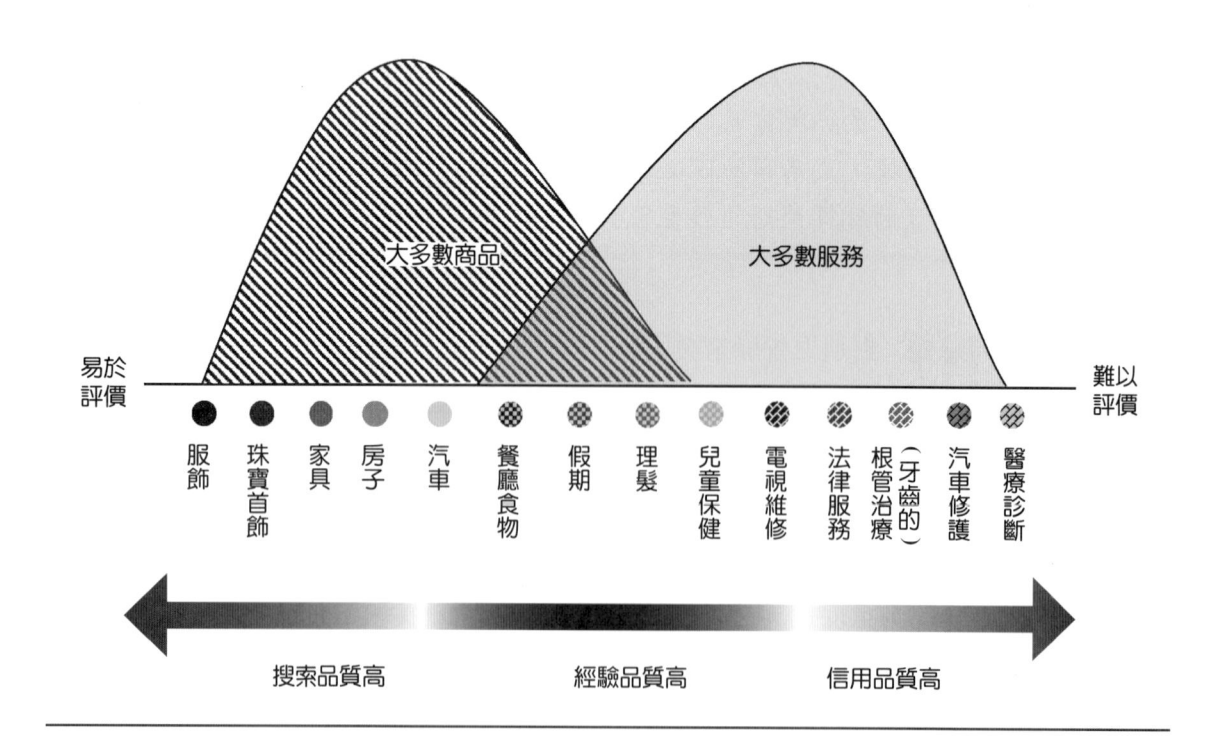

大多數商品　　　大多數服務

易於評價　　　　　　　　　　　　　　　　　　　難以評價

服飾　珠寶首飾　家具　房子　汽車　餐廳食物　假期　理髮　兒童保健　電視維修　法律服務　（牙齒的）根管治療　汽車修護　醫療診斷

搜索品質高　　　經驗品質高　　　信用品質高

生保健服務中,所傳遞的服務被稱為"矯治",而如何被傳遞的服務可以被稱為"關懷"(John 1991)。

使用最廣泛的服務品質度量是由 Parasuraman、Zeithaml 和 Berry 三位於 1985 年所共同努力開發的,研究產出了 SERVQUAL 量表 (Parasuraman, Berr and Zeithaml 1988),這個量表被設計從五個層面來測量顧客對服務品質的感受:

> **SERVQUAL** 是一個從五個層面來設計出為測量顧客對服務質量感受的準則:有形設施、可靠性、響應性、保障性和供應者的同理心。

- **可靠性 (Reliability)**:履行所承諾的服務,可靠而又準確的能力。
- **保障性 (Assurance)**:員工的知識和禮貌以及他們傳達信任和信心的能力。
- **有形設施 (Tangibles)**:物理設施、設備和人員的外觀。
- **供應者的同理心 (Empathy)**:該公司為其顧客提供個人化的關注與關懷。
- **響應性 (Responsiveness)**:願意替顧客說明並提供即時的服務。

需要注意的是,這五個特點的第一個字母按照順序排列會呈現出"評價者 (RATER)",這是一個實用的縮寫,使我們記得顧客使用來做為服務品質的"評估 (rate)"特點。

Parasuraman (2004) 設置了一個為提供服務品質定義的網站,他將電子服務品質定義為:"透過網站提供有利於高效率和有效的購物、採購及發貨的產品和服務的程度。"電子顧客評估以下的電子服務方面:進入的權利、易於導覽、有效率的、訂製／客製化、保密隱私的回應、保證／信任、價格知識、網站美觀、可靠性和靈活性。

Parasuraman、Zeithaml 和 Berry (1985) 的一個重大貢獻為提出了缺口理論的概念:服務品質取決於用戶所認知的服務水平與用戶所期望的服務水平之間的差距。根據他們的研究,四大服務體系的差異造成了這種服務質量的缺口。如同圖 10.3,這些缺口反映了有關溝通、設計和服務傳達的問題。

缺口1－市場資訊差距 這個缺口是指顧客的期望和管理顧客期望之間的差距。這發生在用錯誤的方法來得知顧客資訊，很多時候，管理者認為他們知道顧客的需要，而沒有實際上去詢問顧客想要什麼。例如，有一家餐廳經理認為只要他提供良好的食物就能夠使他的顧客得到快樂，但他可能會驚訝地發現，大量的顧客已經投奔競爭對手，因為他們得花很長的時間在等待上菜。競爭對手的食物可能不是那麼好，但服務可能更好、更有效率。在這種情況下，第一家餐廳的經理可能只是沒有確認那些顧客他們在用餐體驗中真正想要的是什麼。

缺口2－服務標準缺口 這個缺口出現於管理者無法準確地將服務設計轉化成顧客期待的看法。問題可能源自於缺乏資源，或是管理者在為其組織產品開發時，不採取以顧客為導向的方法。例如，管理者可能會將顧客的願望解讀成希望員工能有禮貌的說"您好"和"下次再見"，但對顧客來說，禮貌可能還需要一個真誠的微笑、一個有用的方式和一句令人感覺貼心的的問候。

缺口3－服務性能缺口 這個缺口在於提供服務的組織和提供給顧客的實際服務之間的差別，通常會發生在人們或是服務傳遞系統故障的時候。有時，員工的選拔、培訓和激勵可能不足以進行服務設

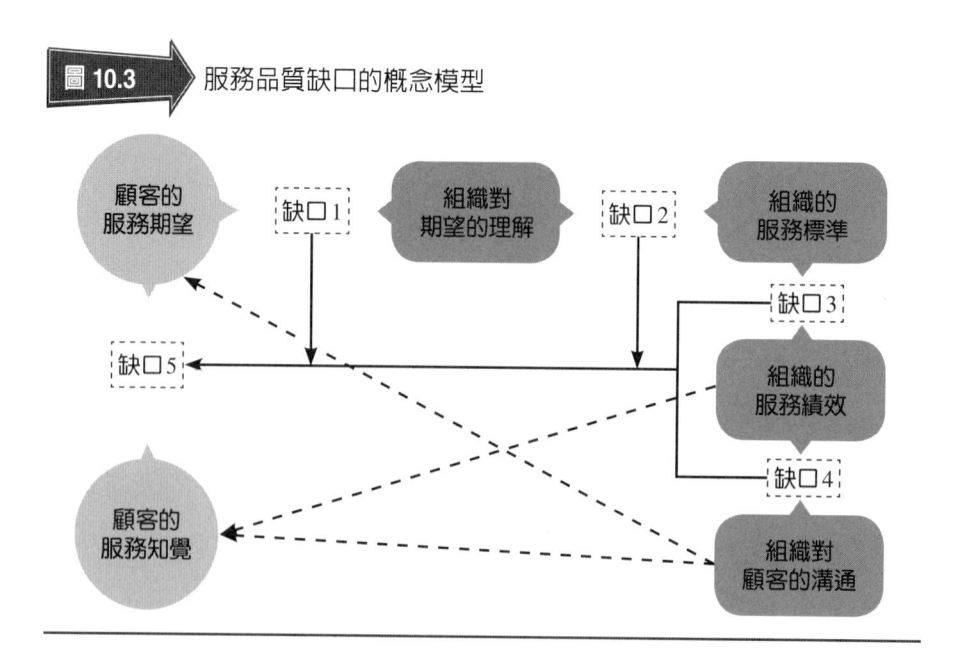

圖 10.3 服務品質缺口的概念模型

計。而有時，設備故障可能是造成缺口的主因。例如，一家航空公司已經設計好，在需求的高峰期可以容納平均每小時100名乘客的登記流程，但是，如果機票代理商都沒有經過培訓，以應對航班延誤或乘客遲到等突發事件，該航空公司可能無法處理平均每小時100名乘客的不滿情緒。缺口3的另一個例子請參閱聚焦10.2。

缺口4—內部溝通缺口 這種缺口是來自於所提供的服務及各種形式的行銷傳播，包括廣告描繪的服務之間的差別。很多時候，是發生於服務組織無法提供其承諾的服務。正如在第九章指出的，服務組織偶爾**過度承諾**和**無法傳遞**。舉例來說，某家航空公司的口號自豪的宣稱："我們熱愛飛行，並展現出來"或是"在空中有些特別的"。但是事實上有多少乘客能夠實際體驗這些說法？

缺口5—服務品質缺口 最後一項缺口是來自於預期的服務和實際接收的喜悅、滿意、不滿意或厭惡之間的缺口。前面所述的那四種

聚焦 10.2
醫療保健條碼減少藥物人為錯誤

您可能聽說過或讀過這樣的新聞故事：一名醫生醫囑使用260毫克的 *Taxol*，但藥劑師準備的是260毫克的 *Taxotere*。病人服用了每日10毫克的過量減殺除癌錠，而不是預期的每週10毫克的劑量。另一名患者接受了200個單位的胰島素，而不是規定的20個單位。一個患者因為收到了另一位患者的抗凝血藥劑的處方而產生大量出血。這四個病例中的患者最後都死亡。美國食品和藥物管理局(FDA)於2004年4月開始，嚴肅的看待用藥錯誤及條碼標籤規則，並於2006年要求所有醫院在病人的藥物上使用條碼。用藥錯誤是可以被預防的事件，可以控制衛生保健專業人員、病人或消費者在藥物治療中所可能造成或導致用藥不當或病人的傷害。2006年醫學研究所報告指出，大約有7,000人是死於醫院的用藥錯誤；研究中估計可預防的藥物不良事件費用約為三十五億。根據美國醫院協會，在五種中最常見用藥錯誤的類型其中有四個因素：不完整的患者資訊、不可用的藥物資訊、藥物訂單誤傳、缺乏相應和錯誤的標籤。電腦化的醫囑記錄和電子的藥物管理系統是額外兩個使用資訊技術解決用藥錯誤的方案。

Source: http://www.fda.gov/Drugs/DrugSafety/MedicationErrors/default.htm; http://iom.edu/Reports/2006/Preventing-Medication-Errors-Quality-Chasm-Series.aspx (accessed, January 30,2012)

缺口，每一個都助長了，此項服務品質缺口。在顧客的期望及其對服務傳遞的認知不應該被過度強調。

> **容忍區**是指所期望的服務和適當的服務之間的範圍，這會受預測服務、服務承諾、口碑交流、過去經驗、服務選擇、個人需求和環境因素等影響。

確認顧客的期望不是件容易的事，顧客有幾個標準或期望的水準：他們期待的、他們認為足夠的和他們所認為理想的服務表現。例如銀行櫃員認為排隊等候僅僅兩分鐘可能是足夠的服務水準，但能夠不必等待將是所有顧客最理想的狀態。顧客受到預測的服務、服務的承諾、口碑交流、過去經驗、服務選擇、個人需求和環境因素等影響，產生一個**容忍區** (zone of tolerance)（所期望的服務和足夠的服務之間的範圍）(Berry and Parasuraman 1991)。服務組織最好能夠理解顧客的容忍區和適應它們，透過比足夠更好、或是比期待更理想來確保服務的最佳利益。這種作法將有助於消除缺口5。見聚焦10.3中所舉的例子，由公正的機

聚焦 10.3

幼兒照護服務藉由評比之品質改善

在美國，由家長、教育工作者和兒童看護中心所使用的黃金標準，是通過全國幼兒教育協會(NAEYC)認證，這十種分類標準涵蓋了兒童、教師、家庭和市區合作夥伴以及專案管理；每個人都有一套自己的標準。2009年，全美幼教協會推出現場輸入、專家評比和方案執行數據分析來制定簡化的評估審查。除了NAEYC認證，各個州均有評級系統來作為評估標準，如兒童教師比率、教師資格、課程、班級規模、安全、環境的豐富設施程度和標準設施。這些標準已經對兒童早期發展的研究所建立。美國衛生與人類服務部擁有全國兒童保健資訊和技術支援中心，負責監督品質評價和績效改進系統(QRIS)，它被形容為"在早期和學齡兒童的護理和教育計畫中，以有系統的方法來評估、提供和交流的品質水準"。QRIS獎項定義為一套電腦程式來提供標準的品質評級。通過參與各州的QRIS系統，早期和學齡兒童的照護和教育機構便能致力於不斷提高服務品質。QRIS有五個要素：(1)標準，(2)問責措施，(3)計劃和醫生外聯和支援，(4)財政獎勵，(5)父母／消費者教育工作。目前，25州有具備完整五個元素的QRIS。

Source:http://nccic.acf.hhs.gov/poptopics/qrs-impactqualitycc.html(accessed October 13, 2011); and, http://www.naeyc.org/ (accessed October 13, 2011).

構認證和評級會如何改善顧客的體驗。

隨著所有從服務的無形性而產生的複雜性，管理者很難保持一貫的高品質服務。反之，顧客無法預先評估其服務，因此，他們的消費與認知風險有了高度的關連。行銷人員有時會提供服務品質的保證，以此來安撫顧客對於他們的選擇。

為何以及何時給予服務保證

如果服務的價格很高、顧客自覺需承擔風險，或者如果服務失敗後的負面影響是巨大的，保證可以是一個用來降低認知風險的偉大工具。如果提供不符合既定標準的服務，**服務保證** (service guarantee) 是一種補償承諾。L. L. Bean 有口皆碑的信譽可以追溯到其100%滿意保證，它的承諾聲明："我們保證所有的產品都能給予100%的滿意度，無論什麼時候都能退還任何東西，只要能夠證明。我們不希望您有任何來自 L. L. Bean 的不滿意。" Radisson 酒店 (http://www.radisson.com) 的保證很簡單："如果您有不滿意的地方，請讓我們在您入住期間知道，我們會改善它，否則無需支付任何一毛錢，這是我們所承諾的"。

> **服務保證**是一種如果提供的服務未能達到既定標準的補償承諾。

服務保證為服務提供者提供了若干優點 (Hart 1988)。首先，服務保證迫使該公司以顧客為中心。這意味著，服務機構將讓顧客決定服務組織是否將工作很好的完成。第二，服務保證為員工和顧客設定了標準。客服人員和其他後台服務系統能夠知道他們的期望以及顧客會怎麼樣表達他們的不滿。服務保證能夠盡量減少對雙方的意料之外。第三，服務保證能產生回饋效果，當該服務失敗，這會使顧客與公司聯繫。這種回饋可以是資訊的重要來源，使服務組織能夠確定和研究需被改正的問題，在相同的服務方面屢次的失敗，能夠告訴管理者應考慮重新設計服務。最後，服務保證建立顧客忠誠度，並抑制跳槽的行為。使顧客就算發生故障時也能夠放心該供應商會將一切導正。

在服務名聲差的產業或者業務大幅受到負面口碑溝通影響的組

織，服務保證或許可以誘使顧客再給組織一次機會。此外，依賴於頻繁且重複購買的服務，會發現服務保證是給予企業再一次彌補錯誤機會的有效途徑。儘管如此，享有品質信譽的優質服務組織，也可能會發現服務保證是不必要的。

什麼造就了非凡的服務保證

Hart (1988) 指出良好的服務保證特質是無條件的、易於理解和溝通的、有意義的、簡單 (且無痛) 的行使權益，並能夠方便快速的取得。服務企業應該保證其品質而無需設置條件。由英國航空公司提供的良好睡眠保證 (British Airways) 服務，提供並確保其商務艙乘客，如果出於某種原因使他們無法睡好的時候，能夠自動升級到頭等艙，並且預定世界俱樂部航班的商務艙。

服務保證應簡潔、準確，撲朔迷離的擔保與印刷精美的註腳是沒有用的。保證只有在涵蓋什麼對顧客是重要的以及有合理且明顯的回饋才是有意義的，良好的保證也利於行使權利並取得。如果補救過程複雜、顧客必須經過重重的努力才能夠來表達不滿，那麼這種保證也是沒有意義的。

服務保證應該被視為一種可提高服務品質的工具。反之，如果一個企業所提供的服務保證無法保障其品質，那麼該企業也在建立自己的失敗。卓越的服務保證能夠藉由提高服務品質來改善顧客體驗。集結了二十多年的服務保證研究，Hogreve 和 Gremler (2009) 指出在他們 109 篇研究論文中，有十六篇著重於改善業務營運，包括員工的積極性和學習，提高產品的質量和服務的創新。

在澳大利亞，McColl 和 Mattsson (2011) 發現了以下在服務保證設計和實現中常見的錯誤：不充分的市場研調、模稜兩可的保證細節、缺乏組織結構和首席執行長的承諾以及缺乏績效評估。

如何設計服務保證

設計服務保證時需要仔細思考該組織的目標、關鍵顧客購買前所關心的問題，以及如何緩解當未達他們期望所帶來的不滿及認知風險。如果這項服務是全新的或是涉及提供新的服務功能，顧客將不熟悉它的好處，因此也很難收到顧客的口碑。在這種情況下，服務保證成為一個重要的交流策略。一個新的餐廳或乾洗服務可能會使用服務保證來吸引顧客，例如，因為顧客在體驗一份新的服務品質之前往往是會感到不確定的，他們可能會擔心是否會被損壞、丟失衣物或延遲交貨。因此，組織必須要確定怎麼樣能夠讓顧客感到安心，並且承諾他們若對提供的服務不滿意能夠得到怎麼樣的補償。

當決定要有服務保證時，一個企業必須做出三大重要決策：明確性的程度、涵蓋的內容、範圍和涵蓋範圍的條件與程度。一些企業會公布具體而詳細的承諾，並清楚地傳達給每一位顧客，甚至在他們的廣告或銷售中使用這樣的承諾。當汽車消聲器服務公司—Meineke (http://www.meineke.com) 在他們的廣告中強調他們的承諾："不滿意，保證全額退費！"，因而輕鬆地提高了他們的辨識度，因為其他人可能很少願意在通訊中公開他們的保證，試圖以個案的方式處理並適應顧客的任何狀況。這也是為什麼服務保證涵蓋哪些內容是項重要的決定。FedEx 快遞的一項退款保證，取決於是否能夠在公布的六十秒內或標註的時間內交貨。最後，組織必須有指定條件作為品質上的保證。例如，在什麼情況下顧客有資格取得這項保證？一些零售商店指定回報的商品範圍內，必須在一定天數裡、原包裝，以及附上銷售收據正本，顧客才有權獲得退款、交換或商品賒帳。必須謹慎訂定這些決策來呼籲和保障顧客的權益，並維持該組織的目標。

摘要與結論

顧客對服務提供者的忠誠度是維持長期盈利能力的關鍵，忠誠和能帶來盈利價值的顧客成為任何一家組織都值得追求的目標。服務品質是最優先的考量，因為它與顧客的滿意度和忠誠度息息相關。服務品質的定義是，作為該服務的顧客所接收到的評價與預期的服務相比，這被設計來使組織了解能夠提供給顧客怎麼樣的交流和服務的一種功能。服務品質一般是以可靠性、保障性、有形設施、同理心、響應性這五個標準進行衡量的。由於服務不是有形的物品，其品質很難被顧客所評價。同樣的道理，管理者也很難確保始終如一的高服務品質。

服務保證是一種強而有力來吸引和留住顧客的方式。他們能降低顧客對於購買的風險，因為服務的無形特質使得服務無法被評價，直到消費期間或消費後才能被評估。對於服務提供者來說，服務保證能驅使組織真正將焦點放在顧客身上，並且為員工和顧客設定了嚴格的標準。服務保證能確保被服務的顧客在服務品質的體驗是最好的。

練習題

1. 採訪在餐廳用餐的人，他們如何評價他們用餐經驗的品質。然後採訪餐廳經理。觀察這間餐廳和他們的廣告，並以其服務品質來闡述 SERVQUAL。而你又會提出什麼樣的建議來減少缺口和提高服務品質？
2. 從你光顧過的服務經驗中建立顧客回函卡。回顧調查的內容，並將其與 SERVQUAL 模型進行比較。你會如何以管理者的角度去評估顧客的期望？當你站在顧客的角度去關注顧客的問題時，你又會怎麼更改這份調查？
3. 為一個服務組織設計一份保證，並且證明這如何符合 Hart 理論中的"非凡的服務保證"的指導方針。並指出服務管理人員如何運用設計這套服務保證系統來改善服務品質。
4. 藉由非凡的服務保證來比較並評估有效的服務保證標準。

網際網路練習題

造訪一個有提供服務保證的網路零售商（這可以是一個有電子商務交易的實體店面）：

1. 就其報價範圍和條件方面進行討論。
2. 服務保證如何影響顧客的認知風險？
3. 你會如何評估這份保證的有效性？

References

Berry, Leonard L. and A. Parasuraman (1991), *Marketing Services: Competing Through Quality,* New York: The Free Press.

Brown, Stephen W. (2000), "The Move to Solution Providers," *Marketing Management,* 9 (1), 10–11.

Grönroos, Christian (2007), *Service Management and Marketing: Customer Management in Service Competition,* 3rd ed., Chichester, England: John Wiley & Sons, Ltd.

Hart, Christopher (1988), "The Power of Unconditional Service Guarantees," *Harvard Business Review,* 66 (July–August), 54–62.

Heskett, James L., Thomas O. Jones, Gary W. Loveman, W. Earl Sasser Jr., and Leonard Schlesinger (1994), "Putting the Service-Profit Chain to Work," *Harvard Business Review* (March–April), 25–36.

Hogreve, Jens and Dwayne D. Gremler (2009), "Twenty Years of Service Guarantee Research: A Synthesis," *Journal of Service Research,* 11 (May), 322–343.

John, Joby (1991), "Improving Quality Through Patient-Provider Communication," *Journal of Health Care Marketing,* 11 (December), 51–60.

John, Joby (2003), *Fundamentals of Customer-Focused Management: Competing Through Service,* Westport, CT: Praeger Publishers.

Keiningham, Timothy and Terry Vavra (2001), *The Customer Delight Principle: Exceeding Customer Expectations for Bottom-Line Success,* New York: McGraw-Hill.

Lemon, Katherine N., Roland T. Rust, and Valarie A. Zeithaml (2001), "What Drives Customer Equity," *Marketing Management* (Spring), 20–25.

McColl, Rod and Jan Mattsson (2011), "Common Mistakes in Designing and Implementing Service Guarantees," *Journal of Services Marketing,* 25 (6), 451–461.

Parasuraman, A., Leonard L. Berry, and Valarie A. Zeithaml (1988), "SERVQUAL: A Multiple-Item Scale for Measuring Consumer Perceptions of Service Quality," *Journal of Retailing,* 64 (Spring), 12–37.

Parasuraman, A., Valarie A. Zeithaml, and Leonard L. Berry (1985), "A Conceptual Model of Service Quality and Its Implications for Future Research," *Journal of Marketing,* 49 (Fall), 41–50.

Reinartz, Werner and V. Kumar (2002), "The Mismanagement of Loyalty," *Harvard Business Review* (July), 5–12.

Rust, Roland T., Anthony J. Zahorik, and Timothy L. Keiningham (1995), "Return on Quality (ROQ): Making Service Quality Financially Accountable," *Journal of Marketing,* 59 (April), 58–70.

第十一章
透過顧客服務與服務補救重新獲得顧客信心

以喬丹家具為依據，如果你不能提供一個良好的顧客服務，你想這樣可能會得到什麼回應？你是否覺得透過設定一個程序，即可簡單又直接的改善這個問題？你是否認為喬丹家具必須設立一個對顧客的專門單位，確認究竟是錯誤的產品或是不良的服務傳遞？喬丹家具是否應鼓勵消費者提出抱怨，以便使其服務有得到矯正與改善的機會？如果今天受到不佳服務的換作是你，你會怎麼做？你會提出抱怨嗎？如果是，那商家又是如何處理？處理後你又如何回應？而這經驗會如何影響你未來的消費行為？或者你會把這次的難受經驗告訴你的家人和朋友，而不是回饋給商家？又或者你會隱忍這次的事件，不抱怨，而這又是為什麼？

無論是提供商品或服務的組織都提供顧客服務，有時稱之為補充服務 (如第一章)，其所提供的顧客服務足以影響一個組織獲得或失去顧客。然而，再好的顧客服務仍不能補救主要商品不良對消費者所帶來的負面經驗。更不幸地，即使是專為提供顧客服務、設計精良的服務系統，組織的核心產品有時仍會失敗，當此情況發生時，必須採取步驟以重新贏回那些對服務失望的顧客。這個章節就是要探索顧客服務的議題，及讓提供服務的組織設計服務補救程序，以減緩不可避免的服務缺失。本章有六個具體的目標：

- 檢視顧客服務的概況

- 以策略功能角度評估顧客服務
- 探索如何發展顧客服務文化
- 討論為何組織需規劃服務補救
- 具體呈現服務補救步驟
- 探索服務補救的潛在利益

顧客服務

補充服務伴隨著許多商品及服務交易，在很多例子裡，組織的競爭是基於這些補充服務，特別是該組織的核心產品與業界標準規格相似或有機會成為業界標準規格的情況，組織就能透過補充服務建立核心競爭優勢。

> **顧客服務**指所有顧客與供應者間，除了主動的銷售與輔助組織與顧客關係的核心服務產品以外的互動行為。

顧客服務指所有顧客與供應者間，除了主動的銷售與輔助組織與顧客關係的核心服務產品以外的互動行為。它包含核心與補充要素的提供，但核心產品本身則不在內。例如，在髮型設計，剪髮並不被視為顧客服務項目，但此行為卻徹頭徹尾都包含在裡面。如果顧客提出額外要求，顧客服務將成為組織應對這類狀況的辦法。感謝顧客的光臨，或是在提供服務後提供多樣化的追蹤支持服務亦屬於顧客服務的範疇。在製造業裡，除了實際的銷售行為，任何與顧客的互動都可算為顧客服務，而它終將會影響結果，無論好與壞。有些組織提供相當不佳的顧客服務，甚至可被稱為"根本沒有服務 (disservice)"可言 (Grove et al. 2012)。

將顧客服務視為一種策略功能

大部分的組織認為顧客服務是不可避免的，儘管該組織的所有員工都有責任服務顧客，但該責任卻往往被歸屬於少數獨立或特定的部門承擔，例如顧客關係或顧客事務部門。客服部門往往被員工認為是最辛苦的單位，因為會聯想到憤怒顧客的處理，更糟的是，公司政策亦不能提供多少幫助，因為受限於許多僵化的規定與標準作業程序。

受限於公司政策是許多客服單位的共同經驗，這些政策使得他們在處理客訴、退貨、利返、換貨等現況遭到阻礙，也就是說，公司政策反而無法維持良好的顧客關係。要做好顧客服務，客服必須以策略性來思考如何與顧客建立正向的連結。客服單位必須編制在組織高層而非被動單位，否則該單位對組織的潛在利益無法呈現。主動的客服單位可提供組織以下幾項好處：訊息來源、可用於投入改善產品設計的資源，以及建立和增進消費者關係的機會。

客服單位成為訊息中心

所有顧客服務互動都能提供包含消費者需求的有價訊息來源，透過擷取到資料庫，顧客服務單位所蒐集到的訊息可以幫助規劃與決策，進而提升組織定位並使決策更有效，與整合行銷決策 (7Ps) 有關的經理人都將受益於客戶回饋的訊息，並能實際執行於組織。以康乃狄克州丹伯里的美食雜貨店 (Stew Leonard) (http://www.stew-leonards.com) 為例，它就在賣場多個且醒目位置設立客訴與回饋信箱，同時定期彙整消費者意見並納入決策。在更廣泛的層面，如 Angie's List (http://www.angieslist.com) 就能透過已整合出的最愛服務，幫助客戶從超過五十萬個有信譽的自營商中尋找最適合的服務。

客戶服務可做為改進服務的來源

客戶服務人員可協助改善公司公關服務的決策，並有助於推出新服務。新的改善想法可直接來自顧客而非來自於客服人員轉述。組織是否能滿足該市場區隔的需求？透過顧客間的互動，服務組織還能獲得什麼機會？

客戶服務是增進顧客關係的機會

如果客服單位不在意顧客的特殊需求，或不聽從提出建議的客戶，他們就會失去這些客戶並而轉而奉送給競爭對手。提供服務需要靈活性與創造性好回應特殊情況。聚焦11.1就是在探討一個服務組

聚焦 11.1
規劃顧客服務：Aer Arann 航空培訓計畫

優秀的顧客服務在於能即時並準確地滿足顧客的需求與期待，而服務的互動好壞取決於服務人員當下的即時反應。基於這個事實，愛爾蘭地區航空公司阿倫航空(AerArann) (http://www.aerarann.com) 進行了一場現場實驗，以確認乘務員的培訓內容包含此項要素並提升乘務員的表現。與其他同行相比，他們在接受九小時來自戲劇學校所指導設計的狀況模擬訓練後，變得更有自信，也更能自發應對緊急況，進而提升了整體的服務品質。此外，那些受培訓的乘務員對於這次的訓練都給予了正面的評價。某位受訓者說：透過培訓使我能處理不尋常的緊急狀況。阿倫航空將就是個絕佳的實際例證。

Source:Daly, Aidan, Stephen J. Grove, Michael J.Dorsch, and Raymond P. Fisk (2009), "The Impact of Improvisation Training on Service Employees in a European Airline: A Case Study," *European Journal of Marketing*, 43(3/4), 459–472.

織如何提供更好的顧客經驗。除此之外，客訴與建議往往是一種寶貴的資源，可以增強客戶關係。系統化之下，從顧客資料庫中選出的特定訊息可以幫助組織在服務上更貼近消費者的渴望。長途電話營運商 Sprint (http://www.sprint.com) 就會主動聯繫解約顧客，了解原因並透過任何辦法找回顧客。

發展顧客服務文化

透過將顧客服務提升至公司策略的層級，來自客戶服務單位的訊息對全體員工的重要性也增加了，現在那些不滿意客戶的訊息將被視為一種策略組織資源。美國運通 (American Express) (http://www.americanexpress.com) 前執行長曾表示："機會就藏在還沒被滿足的顧客身上"。無論從事服務或製造的組織都知道，客戶服務是一項重大的組織資產。客戶服務單位須仰賴高科技且高投資的客戶互動系統，此系統能將電話連結至客戶支援中心。這套系統可讓員工查詢顧客資訊，以便提供更即時且更符合需求的服務。

顧客服務的一項重要功能，就是能使組織重新贏回不滿意或抱怨之顧客的青睞。每次顧客服務遭遇最終會呈現什麼樣的結果，取決於顧客服務的成功或失敗，以及失敗後的補救措施，圖11.1呈現了多種服務遭遇的可能結果以及對顧客忠誠的影響。在最佳的情境中，服務遭遇的結果是卓越的，而且顧客給予讚賞。經由這種互動關係，組織可能學習到顧客被激勵的原因，並將此訊息存檔，進而在未來提供更佳的服務。透過這樣的操作，顧客的忠誠度就有提高的機會。他們甚至有機會成為**宣傳大使**向其他人介紹的媒介 (Kaufman 2005)。在另一個極端，是那些沒獲得適當服務並擁有糟糕經驗的顧客。他們可能變得更加憤怒與沮喪 (Bitner, Booms, and Tetreault 1990, p.80)，而他們過去所經歷過的優良服務也會造成負面的加成效果。如果可能，這些消費者會選擇另一家組織，很可能是競爭對手，同時也有可能透過口碑傳播負面的評價。從某種意義上來說，他們對組織的傷害好比恐怖份子。在這兩種極端之間有許多情境，每一種都可能讓消費者選擇繼續或終止與組織的關係。凡是服務一直未能上軌道的組織必須作出改善，從失敗中將損失降到最低，並設法贏回顧客。

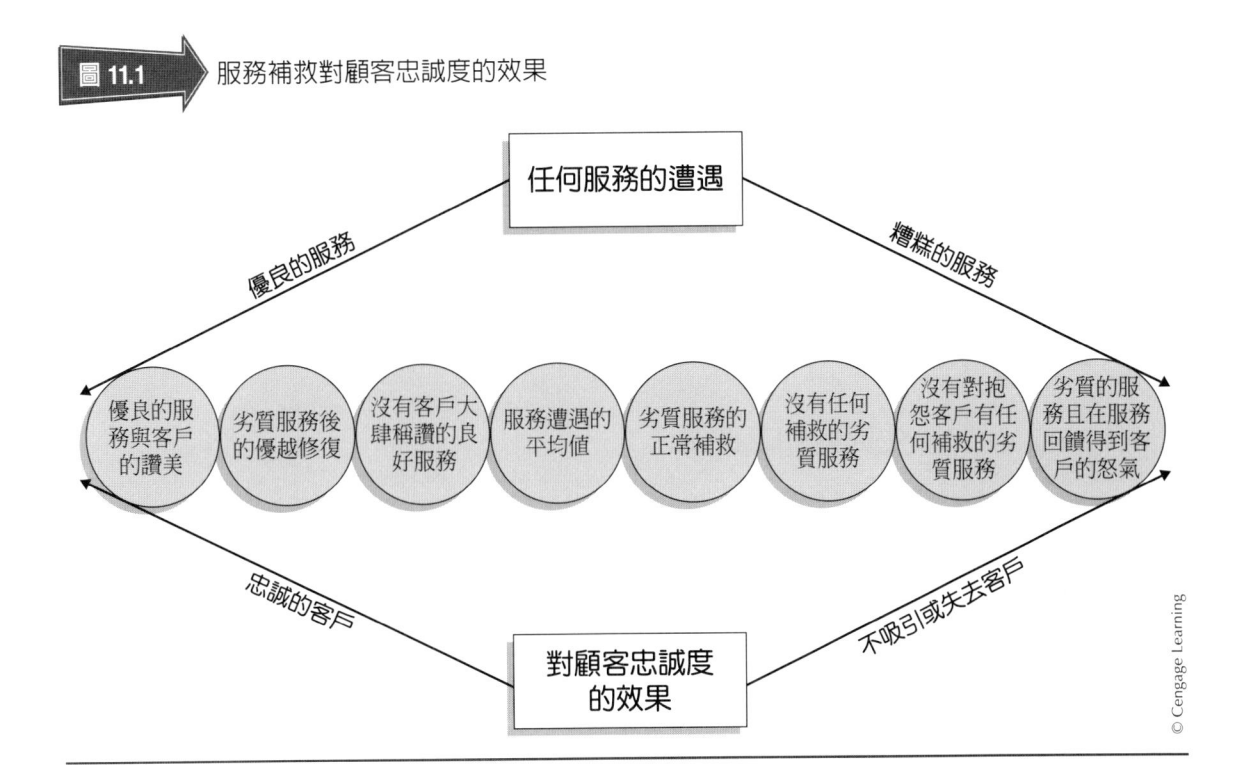

圖 11.1 服務補救對顧客忠誠度的效果

```
                        任何服務的遭遇
              優良的服務                糟糕的服務
    ┌────┐ ┌────┐ ┌────┐ ┌────┐ ┌────┐ ┌────┐ ┌────┐ ┌────┐
    │優良│ │劣質│ │沒有│ │服務│ │劣質│ │沒有│ │沒有│ │劣質│
    │的服│ │服務│ │客戶│ │遭遇│ │服務│ │任何│ │對抱│ │的服│
    │務與│ │後的│ │大肆│ │的平│ │的正│ │補救│ │怨客│ │務且│
    │客戶│ │優越│ │稱讚│ │均值│ │常補│ │的劣│ │戶有│ │在服│
    │的讚│ │修復│ │的良│ │    │ │救　│ │質服│ │任何│ │務回│
    │美　│ │    │ │好服│ │    │ │    │ │務　│ │補救│ │饋得│
    │    │ │    │ │務　│ │    │ │    │ │    │ │的劣│ │到客│
    │    │ │    │ │    │ │    │ │    │ │    │ │質服│ │戶的│
    │    │ │    │ │    │ │    │ │    │ │    │ │務　│ │怒氣│
    └────┘ └────┘ └────┘ └────┘ └────┘ └────┘ └────┘ └────┘
            忠誠的客戶              不吸引或失去客戶
                        對顧客忠誠度的效果
```

© Cengage Learning

服務補救的需求

失敗的服務是常有的事,更明確地說,服務不像生產產品一般可在廠內控制與調整,服務屬於即時狀況的應變,且服務是互動式的,因此可知人力的素質對於服務品質影響甚大。人們可能隨著情緒起伏不定而不可能持續維持高水準的服務品質,而這終將導致消費者得到糟糕的服務經驗。除此之外,外在因素例如天氣、設備故障、供應商失誤及組織競爭力等亦會影響服務水準。有遠見的組織了解且接受這個事實,並制定應變措施,減少失敗發生時的衝擊。換句話說,他們預期服務到補救的需求。

聚焦11.2即是一個很好的例子,它描述飛機乘客受到服務失誤且有著糟糕的消費者經驗,而不幸地,這是個真實事例。雖然一個失敗的服務並不總造成如此糟糕的結果,但多數人閱讀此案例時或多或少都覺得心有戚戚。重點在於航空公司還可以做什麼來改善這個狀況?

服務補救 (service recovery) 歸類為組織為了重新贏回那些受到服務失誤顧客的好感所做的一切努力,一些組職對於服務補救並不抱持樂觀態度,而有些組織則是以嘗試心態看待這項工作,僅有少數組織會花心力、研擬策略來達成此任務。組織往往缺乏相關知識或傾向以透過某種程序來達成消費者重新信任的目標,或許他們認為他們的客源還有許多,而且沒有理由打擾那些不滿的消費者。又或者他們認為花時間、精力去補救是不值得的。上述的兩種情況,這些組織的推論是錯誤的。

> **服務補救**歸類為組織為了重新取回那些受到服務失誤顧客的好感所做的一切努力。

流失顧客的高成本

失去顧客是一件非常昂貴的開銷,這是因為尋找並找到一個新客戶去填補既有客戶的成本是高的。根據統計,找一個新客戶來替代既有客戶所花的成本,比維繫既有客戶還高三至五倍以上,必須花高昂的廣告及行銷費用才有機會獲得一個新客戶。另一方面,既有顧客為組織帶來的收入比起初次消費的顧客來的多,而且他們往往願意付出

聚焦 11.2
飛行乘客的夢魘

　　約翰在一個星期五的下午抵達孟菲斯機場，準備登機飛往斯普林菲爾德、密蘇里州。他在出發前已估算好所有可能發生的狀況：路上的交通情況、需要停車的時間、所需辦理的登機手續以及登機門位置等。然而下面的事件完全超出他的預期。

　　正當約翰和其他十五位乘客在候機室等待小螺旋槳飛機時，他們被告知由於機械故障，飛機將會延遲20~30分鐘才起飛。沒有人想坐上不安全的飛機，所以他們接受了且沒有抗議。但狀況開始惡化，原本的20~30分鐘開始變成一小時，而且也沒有預計出發時間的任何訊息。此時有兩架同型的飛機降落又起飛，且每班機都只有少少幾位乘客。奇怪的是，櫃台完全無法提供任何飛機已預備好的時間保證。

　　又過了一個小時，約翰和其他乘客開始感到飢餓，但附近並沒有餐廳。所以那些乘客開始詢問是否有足夠的時間去附近的商家或餐廳，而代理櫃台說當然可以，但警告他們不要離開太久。當飛機準備好時就會立即起飛。一聽到這樣的說詞，原本那些想離開的乘客因為這一個飛機會立即起飛的訊息而反而不敢離開了。三個半小時過去，依舊沒有任何航班的訊息。乘客們開始失去耐性，並向櫃台發洩怒氣。

"到底是發生了什麼王八事？"、"這架臭班機到底飛不飛？"、"為什麼那幾班飛機沒載人就飛走了，而我們卻還被遺留在這個無限等待的地獄裡？"、"現在到底誰負責？"暴躁的乘客們對著機場櫃台發怒，場面變得非常火爆。

　　在過了原定起飛近五小時之後，航空公司的代表來到已被怒氣炸爛的櫃台。在發放了5元兌換券後，稍稍緩解了乘客的怒火。顯然解除飢餓勉強安撫了在場的乘客，整個機場只有一間餐廳，而且在乘客們抵達前就已經休息了。更糟糕的是，航空公司所發的食物兌換券竟然僅購買條熱狗。

　　當這群生氣又飢腸轆轆的乘客回到櫃台後，他們被告知他們的飛機將會在一小時內起飛，替代的飛機已經從黃小石 (Little Rock) 機場起飛且即將會抵達。沒人解釋為何航空公司找另一架飛機會花這麼長的時間。

　　當飛機抵達並正式起飛，疲憊不堪的乘客滿懷感激到甚至忘了航空公司沒有為延遲而表示歉意。最後經過七小時的航程，飛機抵達目的地。但不幸地，約翰的行李遺失了，而這又是另一個故事。

更多。與他們交易的交易成本很低，而且不需要透過信用檢驗或其他額外開銷。因為既有客戶已熟悉將得到的服務，所以組織反而不需另外花費這一筆開銷。此外,他們還會透過口碑幫助組織行銷,引進新客戶。同樣地,那些不再光顧的顧客也可能勸說其他人不要光顧。

另一個觀點是以長遠效益來衡量將流失顧客的成本,屏除考量顧客一次性的收益,公司組織更應該考量該維繫該消費者長期消費所帶來的效益。Carl Sewell 是 Sewell Cadillac (http://www.sewell.com) 的老闆,估計一位滿意的凱迪拉克顧客對公司的終身價值超過五十萬美元。考量可能會失去那些小額消費客戶所產生的影響,如果一個客人通常在早上消費一杯咖啡和早餐共計約3.5美元,這乍看之下僅是個小數目,但當你知道這個客人每週消費兩次,而且每年約有五十次的消費(其中兩週在度假,所以無消費),又再加上這個客人可能就在附近工作,姑且估計有十年之久,這筆收益就是 3.5×2×50×10 = 3,500 美元,這個數字突顯出了維繫老顧客的長期價值。

如同在第十章所記載的,只要稍許降低顧客不滿意的程度就能為組織帶來超額的收益。在這個邏輯之下,每個組織都應該努力減少、消除消費者不滿意的服務經驗。而相對地,那些忽視消費者抱怨的組織就顯得不夠聰明了。然而必須要注意的是,任何一間組織都不能滿足所有的顧客。有些客戶消費少、光顧次數低,所以也更難以滿足。此外還有研究顯示,在產品生命週期中的早期階段失去顧客所產生的損失比晚期要高。

何時需要服務補救?

這本書已強調服務是一串事件的結合,可以創造成功與失敗的消費者經驗。每個消費者所碰上的事件都會影響他們對於良好服務的定義。任何服務都可能是組織的形象廣告,舉凡是否備有停車場、接待員的態度、能否提供適當的建議到提供特殊服務。顧客評價服務好壞的點就在組織與顧客任何接觸的**關鍵時刻** (moment of truth) (Carlzon 1987),這時刻是組織能否贏得消費者愛戴的機會。當一個組織做出了

> 顧客評價服務好壞的點就在組織與顧客任何接觸的**關鍵時刻**。

聚焦 11.3
消費主義是"消費者的反擊"

無論你經歷過多糟的服務，在消費主義(Consumerist)的網站上(http://www.consumerist.com)或許能找到更糟的例子。在這上面所有的糟糕案例都來是消費者最真實的血淚經驗。消費主義是一個蒐集了每天各種消費者經驗且可編輯的部落格，大多數的故事都是被忽略、輕視或糟糕對待的描述。同時消費主義也是由消費者聯盟(http://www.consumersunion.org)所成立消費者報導(http://www.consumerreports.org)雜誌的子公司。

這些都是描述消費者受到糟糕服務的經驗和組織努力補救的例子。這些在消費主義上的例子被認為可以幫助其他公司避免犯相同的錯誤。此外，消費主義也成為消費者彼此告知、交換訊息的平台，進而得知這些組織最終究竟能否把問題解決。

Source: http://www.consumerist.com, (accessed on September 18, 2012)

失敗的服務，則可能必須進行補救。聚焦11.3描述這一個補救服務失誤的例子。

是否需要服務補救可由關鍵時刻的幾個構面評估，第一：複雜的服務(服務組合牽涉到許多步驟)比簡單的服務需要更多的關鍵時刻，甚至因此需要更多的服務補救。例如，去酒店住宿就可能會比使用ATM出現更多錯誤的服務。然而，一些複雜的服務能為客戶提供關鍵時刻的機會更少，因為大部分的服務都發生在消費者接觸不到、同時也無從評價的地方。

第二，並不是所有的關鍵時刻對消費者而言都相同重要。其主要影響原因在於消費者的主觀感受。例如在飯店業，拼錯顧客的名字並不像遺漏顧客曾預定房間般嚴重，服務單位需要面臨的最可能挑戰，就是要確定何時才是關鍵時刻，因為那才是一個需要服務補救計畫的時機。

第三，每個特定的關鍵時刻都蘊藏一些造成錯誤的可能性，就拿簡單如在餐廳端盤子送餐的行為當例子，菜可能送錯桌、餐點可能已冷掉、服務生的手指可能插進湯裡等。當組織要辨別何時是關鍵時刻時,還需考量其他造成關鍵時刻發生失誤的任何可能性,並且預備好解決它們。

辨別補救需求的其他方式

服務單位能從服務補救的必要性中學習到許多,例如有個方法是提供顧客說出不滿的機會,可以用顧客回函、電話專線、服務信箱或網站留言的方式 (Brown 1997),這個辦法的好處是可以讓不滿意的顧客有明確的地方可以抱怨。例如假日飯店就將它們總公司的電話留在旅客的房間內,讓他們的心聲能直達總部而不是飯店櫃台接待。還有許多組織如北歐航空規定須提供總部的網址,讓惱怒的客戶可以輕易投訴。

組織應鼓勵這些受氣的顧客將抱怨發洩出來,而不是任由這些聲音去影響其他潛在的顧客。組織會透過某些管道蒐集消費者建議和抱怨,而這也成為他們彙整可能造成關鍵時刻失敗的資訊,以及辨識客戶不滿原因的能力。透過這些監測機制,組織可以衡量哪些顧客需要服務補救,並且發現任何可以使補救機制更貼近消費者需求的辦法。但很可惜的是顧客回函或其他回應並不能讓組織即時處理這些抱怨,這套機制讓那些在關鍵時刻失誤的抱怨可能過很長一段時間後才被發現。

要辨識何時應提供服務補救的更好辦法,是授予第一線面對問題的工作人員部分權力,面對同樣的問題,須擔當責任且被授予權力得以即時解決顧客問題的員工,遠比毫無決定權的員工來得有幫助。任何服務的進行,第一線員工可以即時找出問題、蒐集訊息並且解決抱怨。當抱怨發生時,被賦予權力的員工可以即時應變並贏回顧客的好感,這也就是授權給員工的關鍵好處之一。然而被授權員工必須具備察覺顧客不滿並能解決問題的能力。要獲得授權員工所帶來的優勢與好處,組織必須在徵人、訓練和留住員工上下更多苦心。

另一個發現機會的方法是"走動式管理"(MBWA),服務管理者經常花時間"顧田"就更能發現問題並減少服務補救的可能性。雖然這個結果出乎起初的設定，走動式管理使管理者除了需監管服務外，還得同時參與解決問題。如同其他被授權的員工一般，透過走動式管理，管理者可以立即取得訊息並相對應提供適當服務，同時讓管理者本身處在於一個可以直接接收到顧客抱怨並了解整體狀況的位置。當消費者對服務不滿意時，他可以即時提供必要補救步驟。這種管理方式為服務的互動性提供了新的機會。

服務補救的步驟

本書已說明了服務補救對組織的重要性，下一個問題是如何保證補救能順利實施。如同之前所說明的，一個錯誤的服務補救跟一個錯誤的服務一樣糟糕，或甚至比沒有補救更糟。因此在面對消費者為所受到的服務感到不滿時，服務單位必須有系統性的贏回消費者青睞計畫。有這樣一個計畫由 Zemke 和 Schaaf (1989) 所擬定：道歉、立即改善、引發同理心、象徵性贖罪和後續追蹤。每一個步驟都建立在前一個步驟的完成。

道歉

服務補救的過程始於道歉。當一個組織在一開始意識到客戶的不滿時，就應有人出來道歉，但通常都沒有如此做。道歉在某種意義上便是承認錯誤，而這樣的承認方式對有些組織來說很陌生。然而，道歉對服務組織來說很重要，這能夠幫助他們了解到自己的不足。經營服務業務本身就存在了失敗的風險，因為服務本來就是多元化的。一旦組織能夠接受有時候會發生的錯誤，便可以灌輸員工在客戶感到失望時，能夠給予真誠的道歉。這個簡單的舉動得以延續客戶對其組織的感受和評價，並幫助鋪平了後續步驟的途徑來恢復他的善意。

立即改善

第二個步驟自然而然地延伸自道歉，也是一個失望的客戶所期待的。客戶會想知道要怎麼做才能消除他們的疑慮或失望。**立即**代表這個動作是迅速的；**改善**則代表努力來導正問題。當一個服務組織執行立即改善的步驟，這也向客戶證明是如何看重他們的投訴。就像一個執行良好的道歉動作，會寄送一則訊息告訴客戶，他們的滿意度對組織來說很重要。若一個組織怠慢處理客戶的不滿，或未能以一些行動證明來消除客戶認為自己不重要的感受，那麼這個客戶將會加入其他不滿的客戶行列，如同前美國職棒大聯盟的知名總教練尤吉·貝拉所說的："成群結隊躲得遠遠的！"。

引發同理心

在立即改善的步驟之後，引發同理心通常能夠成功的修復關係。服務組織必須向憤怒的客戶傳達的是他們理解未能達到客戶的需要。然而，同理心意味著不僅僅是簡單的承認錯誤，更是完整的道歉。同理心代表能夠努力理解客戶為什麼對組織感到失望。如果服務人員可以站在客戶的立場，便能夠理解他的失望並成功地傳達這份同情心。而同理心的回報，則是客戶能夠意識到這組織是如何敏銳的察覺他的困境，這種意識能夠化解很多憤怒和有效建立起相互尊重的共同點。然而，虛偽的同理心反而會適得其反，擺出要人領情的同理心，這只會增加客戶的不滿。因此，服務組織的明智選擇還包括將提高員工的聆聽能力以及同理心視為職能訓練的一部分。

象徵性贖罪

有同理心是很重要的，但卻無法給予客戶賠償，所以接下來的修復步驟就是以某種有形的方式來彌補組織的錯誤，這也必須是透過提供一份禮物來做為象徵性贖罪的一種方式。這份禮物可能是一份免費的點心、未來旅程的機票、下次再訪旅館時的客房升級，或是一些其他的手法來提高客戶不佳的服務體驗。這個步驟稱為象徵性贖罪，這個動作不只是被設計來提供一個取代的服務，更是向客戶傳達組織願意為他的失望負責，並願意為這個錯誤付出代價。再提醒一次，組織必須謹慎地行使贖罪時的努力。如果對組織而言成本過大，這個動作可能會對底線產生負面的影響。另一方面，如果贖罪的份量太微薄，甚至會失去其象徵的意義。因此，對於服務機構而言，如何確定客戶可接受的門檻是很重要的。

後續追蹤

在某些時候，組織必須檢查其贏回客戶信譽的努力是否成功。在象徵性贖罪的動作後，該組織可利用是否獲得好評來衡量如何安撫客戶的方法。如果顯示該組織未能達到這一個目標，那麼修復的過程將需要額外的措施。後續追蹤可以採取多種形式，具體方式取決於服務的類型和恢復的情況。它可以是在象徵性贖罪後幾個小時內的一通電話、幾天後的信件或電子郵件訊息，或是在服務體驗結束時的口頭詢問。關鍵在於要確定組織所做的這些補救努力是否受到客戶的讚賞，還有組織是否克服了客戶的失落。此外，一項後續追蹤的行動能夠使組織有機會評估本身的恢復計畫，並找出改善的必要。

總之，組織一旦採取了這些步驟，便可望在克服客戶的不滿上有長足的進步。然而，這應該視每個案件裡不同客戶的失望程度而定，有時可能不需要履行每一步驟。有時候，客戶僅是對一家公司所提供的具體服務感到不滿（例如花太多時間等待飯店修繕客房裡不亮的燈），根據 Zemke 和 Schaaf (1989) 的理論，這種類型所產生的情況起因於燈不亮的困擾，所以只要簡單地執行服務補救的前兩個步驟：一個誠懇的道歉和立即改善問題，就足以成功的解決問題。在其他的時候，組織的處置不當（例如沒有即時送達一份重要的文件、誤將他正在通話中的電話切斷）會激怒客戶，這類型會導致犧牲的錯誤，就必須履行所有服務補救的五個步驟。該組織必須盡最大的努力來證明客戶的重要性，因為他明顯是受到組織造成的錯誤所影響的。這個組織必須努力證明他們能夠理解客戶的不滿，並且願意付出一些東西來彌補。當整個服務補救的過程實施後，受害客戶才有可能意識到他的困擾正在被重視。這個問題的核心在於理解客戶，以及評估什麼才是提供服務者可以給予和應該給予的，如果無法給予適當的服務，客戶便很可能會表現出如憤怒和挫折感的負面情緒 (McColl-Kennedy and Sparks 2003)。

服務補救的隱藏利益

此外，從服務失敗到客戶滿意的轉向也會帶來顯著的收益，系統化的服務補救方案在幾個方面來說是對組織有利的。一方面，這個過程可以在服務時幫助提高服務的整體素質 (Tax and Brown 1998)，如果客戶在服務體驗後提供反饋意見，或是組織能夠察覺客戶表露的不滿，那麼服務品質的改進便是有可能的。換句話說，那些不滿的客戶所提供的資訊，其實是允許組織在服務上能夠有改進的空間。如同前面所討論的，員工被授權在事件發生的同時處理客戶失望的來源，從而抹殺其影響。

保持對不滿來源的後續追蹤，也能夠幫助組織創造一個被修復的需要。無論是在服務的過程中或是後來發現了一個錯誤的汙點，謹慎地蒐集和儲存事件的訊息，都能夠在關於服務品質的數據上建立一個豐富的資料庫。當該組織分析了這些數據時，可能就會在他的服務傳遞系統上形成一個造成麻煩的特定模式。這方面的審查觀點可以揭露出，為什麼在某些特定的時刻會有這樣的錯誤蔓延，並且產生如何解決問題的見解。最終，透過整合、分析和改進服務補救背後的起因與需求，可以產生一個更強大的服務傳達系統。這樣的數據也可以說明，一個組織是否能夠透過補救的工作成功地降低了客戶的流失 (Reichheld 1996)。這裡的關鍵因素是將這些資訊有效的系統化，因此，組織應該考慮制定回饋方式，歸納出使工作人員能夠簡單、有用且容易理解的盡力補救報告。

如果那些關於客戶不滿的資訊能夠被正確的運用，那麼服務補救實際上是可以減少被搞砸的關鍵時刻所造成的影響。一個組織必須意識到服務上的過失有時候是會發生的，但也會為他們未來能夠提供更好的服務撒下成功的種子。

摘要與結論

　　客戶服務是讓每一個組織邁向更成功的重要組成因素之一。服務系統偶爾會出現失誤，問題是，當錯誤發生的時候應該要怎麼應對。雖然客戶有可能會選擇原諒，但要是沒有補救的意圖也可能是不合理的。明智的組織會直接解決錯誤和將注意力放在潛在的看法上，或是把劣質的服務轉化成幫助他們能夠更有效服務客戶的資訊。他們善用這樣的資訊，並在採取服務補救步驟的這段期間再度贏回失去的客戶，並使用一個系統化的手法來向客戶傳達他們對組織的重要性。擁有一個服務補救計畫，也就是向客戶傳達一個強烈的訊息，表示組織重視他們所感受的滿意度，並且也向他們的員工傳達出極具影響力的聲明，表達組織是如何嚴肅看待服務品質的。

練習題

1. 找一張本地服務業務的客戶回函卡，觀察是否提供足夠的細節，可否確認一位客戶滿不滿意他的服務？要如何改善？
2. 考慮最近一次令你感到不滿的服務場合。你是怎麼做的？如果你要投訴，又是怎麼傳達你的不滿？以及該組織是怎麼處理的？如果你沒有抱怨，那麼又是為什麼？
3. 想想一個你經常光顧的服務，算算看你對於該組織的終身價值？為什麼這是該組織要思考的重要價值？

網際網路練習題

1. 從許多網站當中搜尋（例如：Yelp!, TripAdvisor, Open Table 等等）客戶的評論和分級，挑選一個特定服務及其評論。
2. 從網站上選擇一位客戶並描述其服務失敗或服務補救。
3. 其服務組織是否有針對此事件進行回覆？
4. 這種負面的宣傳是否會對組織有任何影響？

References

Bitner, Mary Jo, Bernard M. Booms, and Mary S. Tetreault (1990), "The Service Encounter: Diagnosing

Favorable and Unfavorable Incidents," *Journal of Marketing,* 54 (January), 71–84.

Bowen, David E. and Edward L. Lawler III (1992), "The Empowerment of Service Workers: What, Why, How, and When," *Sloan Management Review,* 33 (Spring), 31–39.

Brown, Stephen W. (1997), "Service Recovery Through IT," *Marketing Management,* 6 (Fall), 25–27.

Carlzon, Jan (1987), *Moments of Truth,* New York: Ballinger.

Grove, Stephen J., Raymond P. Fisk, Lloyd Harris, Emmanuel Ogbonna, Joby John, Les Carlson, and Jerry Goolsby (2012), "Disservice: A Framework of Sources and Solutions," in *Marketing Dynamism & Sustainability: Things Change, Things Stay the Same..., Proceedings of the Annual Conference of the Academy of Marketing Science*, 32, Jr. Leroy Robinson, ed. New Orleans, Louisiana, 169–172.

Hogan, John E., Katherine N. Lemon, and Barak Libai (2003), "What Is the True Value of a Lost Customer?" *Journal of Service Research,* 5 (3), 196–208.

Kaufman, Ron (2005), *Up Your Organization,* 3rd ed., Singapore: Ron Kaufman, Pte Ltd.

Lovelock, Christopher H. (1994), Product Plus: *How Product + Service = Competitive Advantage,* New York: McGraw-Hill.

McColl-Kennedy, Janet R. and Beverley A. Sparks (2003), "Application of Fairness Theory to Service Failures and Service Recovery," *Journal of Service Research,* 5 (3), 251–266.

Reichheld, Frederick H. (1996), "Learning from Customer Defections," *Harvard Business Review,* 74 (March–April), 56–69.

Sewell, Carl and Paul R. Brown (2002), *Customers for Life: How to Turn That One-Time Buyer into a Lifetime Customer, 3rd ed.*, New York: Pocket Books.

Tax, Stephen S. and Stephen W. Brown (1998), "Recovering and Learning from Service Failure," *Sloan Management Review*, 40 (Fall), 75–88.

Zemke, Ron and Dick Schaaf (1989), *The Service Edge: 101 Companies That Profit from Customer Care,* New York: Plume.

第十二章
研究服務的成功與失敗

喬丹家具明白貼近客戶需求的重要性，因此客服單位追蹤了每筆銷售，並以電訪進行售後滿意度調查，缺少這些顧客的回饋，可能無法了解客戶是否真正滿意。在顧客接受服務後的調查可以衡量顧客對體驗的評價，但有些研究方法可以在服務體驗期間就能使用。本章將討論衡量客戶體驗的重要性，並檢視衡量方法是否適合，分別以四個主題分述如下：

- 強調研究服務成功與失敗的重要性
- 檢視為何成功的服務難以達成
- 討論研究服務的方法
- 建立服務品質資訊系統

Leonard Berry (1995) 曾於著作中提及："服務優質的公司不僅只評價公司及其員工的表現，更會獎勵員工的優秀付出"。這段論述中隱含了兩個要點，第一，必須能對公司及其員工的表現做出正確評價；第二，則是應具備優良的獎勵方案。例如，汽車出租公司 Hertz (http://www.hertz.com) 便藉由意外事故機率、保險求償乃至駕駛者使用習慣等大量數據報告的彙整，來作為管理階層判斷及改進的依據；而 Berry 認為 Mary Kay (http://www.marykay.com) 則以優良的星級員工獎勵系統見長，獲獎的星級員工得到的不只有讚美，更有愛與尊重等精神上的鼓勵。無獨有偶，為了成為產業龍頭，西南航空也以年度頒獎酒會的方式，提名並獎勵讓飛機準點起降、順暢行李處理及單次航班最低客訴等對公司有重大貢獻的員工。為了找出獲獎者，組織必須具備判斷員工績效的能力，而定期檢視員工績效也能為組織帶來各種好處。

為何需要研究服務的成功與失敗？

服務成果評量是為了從客戶及員工的觀點來判斷服務的表現，客戶對組織服務的期待與滿意度息息相關，若組織提供的服務符合、甚至高於客戶期待，滿意度便會上升，反之亦然。因此，組織應從成功的服務經驗中找出關鍵要素，以確保未來仍能獲得較高的滿意度，而失敗的經驗則應被檢視與改進。

當組織了解客戶滿意與否的關鍵因素，便能藉此贏得組織改造的先機，包含找出改良組織的優先事項及獎勵優秀的員工表現、預防顧客的轉換行為等。此外，本章將延伸探討從服務評量中取得的資訊，能如何強化領導階層的決策。概因客服評量中取得的資訊不只能直接讓客戶受惠，也能引導員工得知組織對其表現的期待，並形成一種潛移默化的內部員工表現標準。若內部標準沒有被建立起來，產生的風險不只是讓員工沒有確切的工作達成目標或方向，更會產生員工自身對組織毫無建樹的質疑。因此，組織能藉由定期從客戶回饋的資訊，讓員工明白客戶在乎他們的服務品質，並將直接帶動客戶忠誠度，能讓組織因此受惠。

一間重視服務的組織應盡可能地適時向客戶表達關心，以得知客戶想法。比如餐廳的服務生，若隨時留意顧客用餐時的反應，便能在察覺異常的當下立即向顧客表達關切；又如家具店或者汽車零售商，也能向身邊經過的顧客趁機了解消費體驗；又或者信用卡公司，能在顧客移轉帳戶時，適時電訪了解其原因。這些為了傾聽顧客聲音而做的努力，終將化為幫助組織提升的珍貴資訊。

大多數服務表演的互動特質提供許多詢問顧客意見的機會，一般而言，除了極端滿意與否這種較為強烈的意見表達，顧客通常僅以口頭知會組織或者旗下員工他們的想法；而這些回饋的意見中，也僅只有少數特殊案例會發展成抱怨或者讚美，多數的反應則介於這之間的模糊地帶，所以大多數顧客的評估會無法被聽到或看到。因此，極重視客戶服務的公司，往往因其長期培養的與客戶的良性互動文化，而能暗中接收到顧客真正的看法。

為何成功的服務難以達成？

如同我們已知的現實，服務的本質就是在變動的環境中進行。因服務執行的當下即是處於動態的時空背景之中，因而難以掌控所有可能影響到服務品質的狀況。例如飛機誤點的原因，便往往超出本身所能控制的外部因素，也許是因為起降地、航程中的天候不佳；事實上，天候不佳引起的更嚴重問題則是與飛機失聯，並導致機場在安排其他航班班次上的一片混亂。其他諸如設備故障、對可疑包裹的維安檢查、需要從旁協助甚或緊急藥物救助的乘客等，都是難以事先預測而導致飛機誤點的可能原因。

這些因時空背景為服務品質帶來的不確定性，使得傳統的評量方法無法客觀判斷服務的成果；如同本章早先提及的，客戶調查僅只能獲得資訊，卻無法解析導致這些資訊的服務體驗原因。幸運的是，現今已發展出了數個新的評量方法，而這些方法亦有各自的強項與弱項。因此最好的做法，就是機動性地組合運用這些衡量工具，以抵銷各方法的不足。接下來，我們將探討各種適合在不同情境下運用的衡量工具。

服務的研究方法

許多重視客戶體驗的公司選擇以市調或者焦點團體的方式取得客戶訊息，而將實驗方法使用於測試新的服務產品上的頻率是比較低的。觀察技術和關鍵事件技術 (Critical Incident Technique) 能夠在評估過程中以及類似服務表現中的行為給予幫助。Levy 和 Kellstadt (2012) 提出一種融合質性的 "積分器 (integraphy)"，最適合用於在檢視服務方面的消費情況時，捕捉豐富的細節和複雜性的研究。表 12.1 概述了這些及其他服務的研究方法，並說明如何管理使用這些以不同方法所

表 12.1 研究方法

方法	描述	使用實例
觀察技巧	取得組織營銷服務等活動的紀錄，可以由人或機械儀器直接或間接地、光明正大或隱蔽地達成。	觀測資料可以用於檢視服務是否按計畫提供。
神祕消費者	神祕訪客能從員工的行為舉止、與顧客的互動及周圍環境等方面，觀察整體服務表現。	神祕客的報告可提供關於前台員工表現上的有用資訊，藉以用於培訓及檢視。
員工報告	員工的報告回饋了服務進行中的狀況及當下時空背景的資訊。	員工的報告可以用於指導改善服務，從服務中學習並提出服務補救過程。
調查／市調	一般的調查，可藉由電子郵件寄發問卷、電話訪問或派員詢問的方式，了解顧客需求、期望及消費體驗等資訊。	客戶調查可以評估市場行為、服務品質和客戶滿意度。該結果可被用於確定服務改進的優先次序。
焦點團體	將一小群顧客聚集在一起，由一位中立者主持活動來徵求他們對特定消費體驗的想法。	焦點團體的報告可以測試新的服務理念和服務改善建議，並能從客戶或員工的回饋獲取具體的服務問題。
實驗性現場測試	在已控制變數的環境下，檢視特定的服務要素，以觀察顧客及員工的反應。	實驗可以測試新的服務產品、服務交付選項或改善現有服務。
關鍵事件技術	在服務活動進行中，請顧客敘述導致滿意或不滿意的事件。	關鍵事件技術可以幫助檢測服務的失誤情況，並確定有效的服務補救。
關鍵時刻的影響分析	從關鍵時刻中分析顧客期待與實際的消費體驗是加分或減分。	關鍵時刻的影響分析可以顯示出那些對客戶體驗上有消極和積極影響的服務腳本或藍圖。

蒐集的資訊。

觀察技巧

依據特定的觀察技巧，研究人員能夠掌握對整體環境第一手且全面的資訊。而在眾多的觀察方法中，Grove 與 Fisk (1992) 建議從三個關鍵要素著手：

- 用什麼方式（人或者機械儀器）取得觀察紀錄？
- 在哪個時間點（服務進行中或結束後）紀錄資訊？
- 處在觀察環境的何方（光明正大或隱藏在幕後）？

　　如果說到觀察人類的服務經驗，觀察人員可能是那些服務人員、管理人員、客服人員或獨立觀察員。人類觀察員會將他們的判斷和個人價值觀增添到他們正在蒐集的資料，另一方面，主觀偏見也可能會破壞他們的觀察準確度。對人類觀察員來說，要完全保持客觀是很困難的，就算他們被訓練而且努力不帶偏見。相較之下，使用機械設備如攝影機或電腦所做的觀察，能為決策者提供一個固定的數據正本。另外，透過機械裝置所蒐集的數據能夠以自動化的形式保存，這有助於追蹤特定的服務性能、特定的服務位置或服務供應商。不論使用任何一種觀察技術，服務人員都必須尊重和保護客戶的隱私。聚焦12.1演示了一則關於在網路上發生令人難以置信的個人隱私漏洞。

　　不管是由人或是機器，都可以透過直接（即：同時）或間接（即：事後）觀察來蒐集資料。有時候服務組織會聘請神祕客來觀察其服務表現，例如美國航空公司，使用一套秘密飛行者計畫來評估乘客對其服務的體驗。這種方法的優點是可以第一手評估實際服務的服務表現，而不是在衡量事實後才重建服務性能的取代資料。間接觀察的例子包括追蹤分析（例如：在售後並確定其交貨後研究其發生的實際環境）和收據分析（例如：審查所提供的帳單收據來揭示與服務客戶有關的訊息）。死亡率就是一個例子，可以間接顯示出與醫療品質有關的數據。直接觀察則比間接觀察提供了更全面的資訊類型；然而，它卻也是昂貴、耗時並且不切實際的。

　　觀察資料的蒐集可以是顯眼的或是不引人注目的，那些被觀察者可能知道也可能不知道自己正在被觀察。雖然私密的觀察可能會產生倫理問題，但它會消除其對象刻意演出行為的可能性，顯眼的觀察行為會提醒被觀測者表現出他們最好的行為。因此，服務研究者們要是揭露了他或她的身分，可能就無法看到實際發生的服務本質。

聚焦 12.1
網路和你的隱私

每次當你使用搜尋引擎，你的鍵盤動作都被記錄和操縱，為你提供正在尋找的資料結果。這種搜尋資料會顯示比如你的愛好和興趣，和包括可能你的政治和宗教信仰、醫療和財務資訊。"Cookie"這種不經使用者認可，就由伺服器電腦直接寫入使用者硬碟中的小型文字檔案，是用於追蹤你使用網路瀏覽器所查看的頁面。Google巧妙繞過蘋果瀏覽器(Apple Safari)的隱私設定，讓使用者下載cookie以追蹤使用者行為。這種濫用cookie的行為迫使Google得對蘋果公司支付$2,250萬美元的罰鍰。

接著除了有資料洩漏、疏忽和馬虎所造成的安全問題之外，還有惡意的駭客問題。多年來，Yahoo!、美國線上(AOL)、Google都曾出現過其資料庫的安全漏洞。2012年7月，幾乎有五十萬的用戶名稱和密碼被曝光。根據CNNMoney指出，以下是前三大安全漏洞機構(從九個清單中選出)：

- Sony PlayStation Network—駭客造訪了7,700萬個帳戶，包括2,200萬未加密的信用卡號和個人資訊。
- Epsilon：世界上最大的許可電子郵件營銷公司—從超過100個用戶端揭露了6,000萬名客戶的電子郵件。
- RSA Security：是EMC數據存儲公司的安全部門—駭客造訪了4,000萬員工訪問組織和政府網路所使用的身分驗證權杖。

截至本書出版為止，陪審團仍然聲稱一群匿名的駭客正透過美國聯邦調查局的電腦存取1,200萬名iPhone和iPad的帳號。

Source:http://money.cnn.com/galleries/2012/technology/1206/gallery.9-worst-security-breaches.fortune/index.html, Accessed：October 1,2012

正如我們在前面的章節中所看到的，許多組織依靠"走動式管理(MBWA)"來蒐集有關他們服務傳遞系統的訊息。在這種方法中，由於員工認識經理或管理者，所以這可能會導致他們採取不同的表現，儘管實行"走動式管理"的服務管理者，可能還是會透過其他關於服務操作等形式輸入的調查方法，來察覺大部分未被發現的資訊。對於那些可以對客戶隱瞞其身分的人，"走動式管理"可能會產生更多關於服務傳遞系統的刺激發現。

這些人或機械、直接或間接、透漏或隱蔽的觀察，可以用以許多不同的方式進行組合。最終，研究者的興趣確定了所選擇的特定方法，隱蔽的方法往往是觀察人類行為最直接的選擇，因為它能夠顯示出服務的同時所帶來的深刻、特寫視圖。

神祕顧客

　　獲得直接的、未公開的人類觀察方法之一就是使用神祕顧客，**神祕購物**(Mystery shopping)是以一種低調的方法偽裝成消費者去觀察和蒐集有關組織服務表現的資訊。這些神祕顧客將他們無論是實際造訪服務機構或是遠距離接收組織的服務經驗，做一個有系統和綜觀的審視，神祕顧客完成問卷調查後會提交給組織審查，問卷調查可能是簡單的也可能是複雜的，這取決於所希望獲得的訊息量。最終，這些報告會確認需要改正的服務問題。許多服務組織會使用神祕顧客來評價前線員工的績效、實體環境和整個服務過程。可參考聚焦12.2在衛生保健中利用神祕顧客的演示範例。

> **神祕購物**是以一種低調的方法偽裝成消費者去觀察和蒐集有關組織服務表現的資訊。

員工報告

　　在收蒐集有關組織服務績效的相關資訊時，員工報告也是一個重要的來源。對一個渴望蒐集全面性的回饋資訊時，無論是從其前台員工或是後台勞動員工所提供的報告都是很有用的。這些人員，包括前台員工與客戶的交流，都能提供與服務傳遞系統有關的第一手資料。員工報告可以提供不適用於客戶的見解，因為他們熟知其過程、後台支援和其他沒被看見的顧客問題。這種方法當然也可能包括偏見，但它仍是一個對於監控服務績效的有益輔助方法。畢竟，服務人員對服務表現所擁有的獨特和開明的見解是客戶和老闆都沒有的。

調查／市調

　　傳統的研究方法如調查和訪談也可以評估服務表現。典型的調查數據通常記錄大量的受訪者接受試驗的統計資料，組織會依調查詢問客戶對於服務交易的評價與記錄，或評估他們的客戶與該組織整體的關係。這樣的調查可以定期在每位消費者消費體驗之後，或是在服務

聚焦 12.2
假患者真視察之"神祕顧客"：為了提高醫院和醫生服務績效而雇用間諜偽裝成病人及其回饋報告

零售業和飯店業往往會使用神祕購物的方法來更了解其消費體驗，而健康護理行業也開始轉向神祕購物的方法。衛生保健的競爭日益激烈，使得醫院和醫療場所都在尋求新的方式來改善患者的體驗。

使用過神祕患者的衛生保健場所指出，在病人的體驗上，包括等待的時間、更好的醫療程序說明、延長服務時間的行政部門、護送逝世的患者、甚至在候診室裡播放減輕壓力的電視節目等，都有大幅的進步。

許多醫院和醫生辦公室會告知他們的職員會有神祕患者來訪。他們可能會提到這些神祕患者會在一個禮拜或是一整年間不定期的來訪。大多數員工都能適應這種作法，但有些人則認為這樣猶如被上頭監視般。神祕患者可能會在結束看診後表露自己的身分，但大多數的時候，員工從未發現過神祕患者的真實身分。

若要開始醫療保健的經驗，神祕患者可能會先生稱有一些問題、然後造訪診間或是急診室看病，或甚至捏造假的症狀。通常的情況下，神祕患者會假裝是沒有醫療保險的病人，由醫療保健機構支付所有費用。為了記錄體驗的細節但又不戳破他們的偽裝，神祕患者可能會在他們的衣服、袋子、行事曆上或是當他們在廁所裡的時候做筆記。醫療的神祕購物行為也提出了一些棘手的問題—他們擔心神祕患者會佔用真正生病的患者他們所需的資源和時間。因此為了盡量減少這種風險，神祕患者會被告知只有在不太繁忙的時候才能造訪急診室。

Source: Shirley S. Wang (2006), "Health Care Taps 'Mystery Shoppers': To Improve Service, Hospitals and Doctors Hire Spies to Pose as Patients and Report Back," Wall Street Journal (August 8), D1.

期間針對特定客戶進行。通常我們都能在餐館或飯店的房間床頭櫃上發現所放置的意見卡，都是典型進行調查的例子。請參閱圖12.1中美國社會安全局的意見卡為例子。大部分的調查不是由內部處理就是承包給外面專業的市場研究機構。Bizrate (http://bizrate.com) 網站主要是比較購物網站，並為零售商提供調查回饋的服務。聚焦12.3就是以Bizrate為線上零售服務的研究服務之見解為例。

圖 12.1　網路調查的範例

我們對您的承諾

當您與我們展開業務：

- 我們將安排經驗豐富的員工為您提供服務，並在每一次的交易中使您感受到禮貌、尊貴和尊重。
- 我們會提供我們最佳的所需時間來完成您的需求，並在延誤時給予充分解釋的理由。
- 我們會清楚地解釋我們的決定，好讓您理解為什麼、我們的作法以及若您不同意時會怎麼處理。
- 我們會確保辦公室的安全與舒適度，以及公共設施是可以使用的。
- 我們會在您已預定時間的十分鐘內為您服務。
- 當您撥打我們的專業800，即可在五分鐘內接通。
- 如果您從我們任何一個辦事處索取或更換社會保障卡，我們將在五個工作日內寄達。如果您急需社會安全碼，那麼我們會在一個工作天內告知您。

隱私權法案

根據社會保障法第七章第702節，社會保障局被授權得蒐集此評論卡上的資料，您的回答皆出自於自願，所提供的訊息將用於協助我們改善服務品質。

《文書工作削減法》聲明—此資訊蒐集符合美國聯邦政府機構提出的信息資源管理政策 (Pub. L. No. 96-511, 94 Stat. 2812, codified at44 U.S.C.§§3501–3521)。如《文書削減法案 (1995)》第二條修訂，我們將提供一組合法的官方管理號碼給您，否則您不需回答這些問題。我們估計將會花費您五分鐘的時間來閱讀說明、蒐集有關的事實並回答問題。**將您已完成的表格寄回或是攜至您當地的社會保障局。電話資訊表列於您電話簿中的美國政府機構欄，或您可致電1-800-772-1213 (TTY 1-800-325-0778)**。您可以對於我們上述所預估的花費時間提出評論，並發送至 SSA, 6401 security Blvd., Baltimore, MD 21235-6401。此地址僅供寄送關於上述的預估時間而非完成的評論表格。

請填寫並寄出

圖 12.1　（續）

社會保障局批准　　　　　　　　　　　　　　　　　　　　　CMB 號 0060-0528

我們怎麼做？

日期	時間

您是否為了以下造訪本局：

☐ 社會安全卡　　　　　　　　　　☐ 訴求
☐ 退休或遺屬福利　　　　　　　　☐ 個人收益表
☐ 傷殘補助金　　　　　　　　　　☐ 提出您的更改記錄
☐ SSI 福利　　　　　　　　　　　☐ 其他（指定）＿＿＿＿＿＿

您有預約嗎？　　　　　　　　　　花費多久時間等待服務？
☐ 是，具體時間：＿＿＿＿＿　　　☐ 30 分鐘或更少
☐ 否　　　　　　　　　　　　　　☐ 30 分鐘以上

依據您最接近的感覺打勾

您的滿意程度：

	非常滿意				非常不滿意	
您收到的整體服務？	①	②	③	④	⑤	⑥
我們的預約系統？	①	②	③	④	⑤	⑥
等待服務的時間？	①	②	③	④	⑤	⑥
等候區的舒適性？	①	②	③	④	⑤	⑥
在辦公室的隱私度？	①	②	③	④	⑤	⑥
工作人員的禮貌？	①	②	③	④	⑤	⑥
員工的知識？	①	②	③	④	⑤	⑥
工作人員是否樂於助人？	①	②	③	④	⑤	⑥
訊息的準確度？	①	②	③	④	⑤	⑥
訊息的透明度？	①	②	③	④	⑤	⑥

請提供意見或建議來協助改善我們的服務

＿＿＿＿＿＿＿＿＿＿＿＿＿＿＿＿＿＿＿＿＿＿＿＿＿＿＿＿＿
＿＿＿＿＿＿＿＿＿＿＿＿＿＿＿＿＿＿＿＿＿＿＿＿＿＿＿＿＿
＿＿＿＿＿＿＿＿＿＿＿＿＿＿＿＿＿＿＿＿＿＿＿＿＿＿＿＿＿

大名（非必填）　　　　　　　　　電話號碼（非必填）
　　　　　　　　　　　　　　　　（區號）

地址（非必填）

表單 SSA-117-PC（01-2010 年）

Source: http://www.sea.gov/online/sea-117 pc.pdf

聚焦 12.3
Bizrate 笑臉量表

　　Bizrate 網站是購物和零售商的領先研究資源，一開始只是由 Frahad Mohit 給商管學院學生的作業，Mohit 想要提供顧客一個評估不同網路商店品質的一個方式，因而建立了第一個網路的顧客回饋與評論平台，現在由 Shopzilla 公司 (www.shopzilla.com) 公司擁有和經營。Bizrateinsight 是 Bizrate 網站的一個服務，提供全球 6,000 個零售商有關顧客的回饋和分析，以幫助他們建立起客戶忠誠度。

　　客戶以十六項品質評比來評價網路商店，其中八個是針對網路商店"結帳"做評價。調查會在收據的頁面上進行邀請，那些零售商 (也就是 Bizrate 網站的客戶) 在三個月內有至少二十個顧客的評論時，那麼此零售商將會收到 Bizrate 發出的笑臉報告卡。報告卡所使用的評量表設計如下：

☀ 太傑出了！
☺ 很好！
☹ 還算滿意！
☹ 爛透了！

　　這個 **BizRate 笑臉量表**(BizRate Smiley Scale) 是以簡單而直覺的方式，將大量關於商店能力的紮實研究結果視覺化，使消費者能一目了然的在購物中比較出優缺點。

　　Bizrate 網站向他們的零售商客戶提供其客戶回饋和評比等一整套的服務平台，服務包括前兩週客戶回饋數據的重要郵件、顧客回饋資料評比的諮詢資訊、客戶開放性評論的快速回應、零售商要求過去三十天內之數據的重要信號、分類的客戶評論。

Source: http://bizrateinsights.com/ (accessed August 16, 2012)

焦點團體

　　焦點團體的訪談也能得到重要的質性回饋，就像他們為了行銷商品所做的包裝，會有一個主持人引導由八至十二個人一組的焦點團體進行深度討論，進行新的服務方向和改善服務的想法，或是簡單地探索服務的優勢和劣勢。焦點團體的方法證明對新業務、服務功能的概念測試，或是測試創意概念的廣告活動特別有用。

實驗性現場測試

　　服務組織可以選擇透過實地測試來檢查新的服務概念和特點。這種方法允許服務組織在投入大規模財政資源之前，先以小規模的實驗方式來評估新的服務理念。從實驗的回饋中可以用來確定服務理念的效益,並且做出修改,直到取得了適當的設計來實踐。

萬豪酒店開發出院子酒店的概念來吸引商務旅客。為了測試這個概念是否可行,公司安裝了一台卡車,裡面有為了新的連鎖酒店所設計的室內裝潢及特色,並且將它交付在各行各業中,去廣泛的徵求潛在客人的意見。其他服務組織也採用了類似的實驗性現場調查方法。麥當勞現場測試新的菜單;花旗銀行 (Citibank) (http://www.citibank.com) 為了評估他們的自動取款機新設計;橄欖園連鎖餐廳也使用實驗性現場測試方法來研發經銷商的新據點。

關鍵事件技術

> **關鍵事件技術**是一種研究方法,適用於研究客戶和一線員工的服務經驗。

關鍵事件技術 (Critical Incident Technique) 是一種研究方法,適用於研究客戶和一線員工的服務經驗。你可能還記得,第十一章中所謂的關鍵事件,是一個在服務遭遇時會令人對服務體驗滿意或不滿意的觀察事件。分析關鍵事件的研究方法已經適用於研究客戶和員工的服務體驗,並跨足到多種服務類型,包括銀行、餐館、旅遊景點和航空公司 (Gremler 2004)。在這些情況下,組織透過關鍵事件技術來詢問受試者,並提供他們環境的詳細資訊。他們的反應會被記錄並精心審查,以確認優良或不良知服務傳遞的模式和細節。該方法為研究者提供了關於服務現象豐富和情感的觀點,這是透過傳統的調查方法所達不到的見解。

關鍵時刻的影響分析

我們已經看到關鍵事件類似於"關鍵時刻",再更貼近研究關鍵時刻,以識別導致或破壞成功傳遞服務的資訊。關鍵時刻的影響分析 (Zemke and Schaaf 1989) 涉及到三種不同測定方法的組合。第一,它衡量了客戶在接觸時對服務組織的期待 (例如,正在預定酒店的時候)。第二,辨識出在特定接觸點會降低客戶之卓越服務感受的過去體驗。第三，評估在特定接觸點會強化客戶之卓越服務感受的過去體驗。在某種意義上，關鍵時刻的影響分析是從客戶觀點描繪的關鍵服務地圖，指出組織能做甚麼來創造一個令人難忘且正面的服務體驗。此外，僅是進行這樣的分析，可以為組織說明或發現客戶對於卓越服務的體驗認知。有時候，組織會發現客戶所**認知**的狀況會和他們所**想像**有很大的落差。因此，如果使用得當，關鍵時刻的影響分析可以檢測出需要注意的錯誤點，並最終使組織能夠為其客戶提供更好的服務體驗。

許多的研究方法都討論到需要接觸客戶，以審查他或她的經驗。正如你可以看到聚焦12.4中，在這個網路時代，客戶正在經歷泛濫的問卷調查疲勞轟炸。事實上，當我們在三個不同的地方工作時，我們會使用視訊通話軟體 Skype (http://www.skype.com) 來進行，當我們每通視訊結束後，Skype 會要求我們給予整體品質的評價，因為"我們

聚焦 12.4
疲勞轟炸的調查

"我們非常感激您決定閱讀這個故事。您願意接受一個關於令您滿意的閱讀經驗的簡短調查嗎？您可以在網站上閱讀這篇文章嗎？您會為其他讀者評分嗎？"這是一個來自供應者的疲勞調查。幾乎每一次在你購買完東西的時候，就會被要求填寫有關於你和服務提供者的經驗問卷。從醫生的辦公室和律師事務所到日常生活中的零售買賣，客戶被尋求回饋的調查所淹沒。當你拿到問卷的時候你會怎麼做？你會填寫嗎？你是認真的在回答問題嗎？你想知道是否真的有人會閱讀你所完成的問卷以及是否真的有人會參考你的建議而做些什麼嗎？

Pew 研究中心對於民調相關的事情非常的了解，其調查主任(他也是美國公眾輿論研究協會主席)說，這種回應率都在萎縮。Pew 的回應率從1997年的大約36%左右，到了2011年已經下降至11%。美聯社定期進行意見調查的報導也看到了類似回應率衰退的趨勢。這說明了客戶已經厭倦了提供回饋。

Source:http://lifeinc.today.msnbc.msn.com/_news/2012/06/20/12300983-survey-fatigue-do-companies-care-what-you-think?lite, (Accessed on October 1, 2012).; http://www.usatoday.com/money/story/2012-01-07/consumer-fedback-fatigue/52432412/1, (Accessed on October 1, 2012)

的回饋將有助於使 Skype 更好"。

建立服務品質資訊系統

研究服務的成功和失敗對服務的獲利力來說是必要的第一步，Berry 和 Parasuraman (1997) 提出全面的**服務品質資訊系統** (service quality information system, SQIS)，鼓勵並幫助組織把顧客的聲音納入決策中。這種制度使組織能夠評估服務品質行動和投資的影響，並提供有根據的績效資料以獎勵卓越的服務表現和矯正較差的服務。圖 12.2 展示了服務績效的研究如何能夠提高服務機構的獲利力。他們處理從服務成功與失敗中獲得的訊息，使管理者在改善服務和新的服務開發上能確定適當的優先次序，這些優先次序是建立在客戶的聲音上。因此，這樣集中的努力應該能夠透過提高服務品質，達成更多的客戶和員工滿意度。正如在前面的章節中所提到的，滿意的員工和客戶能夠帶來更多客戶的保留和減少客戶的轉換，進而有助於提供獲利力。

Berry 和 Parasuraman (1997年) 提到，SQIS 應該包括四種服務品質的研究方法：交易的調查、客戶的怨言、評論和查詢紀錄、整體市場調查和員工調查。這四種方法挖掘出三個關鍵族群：客戶、員工和

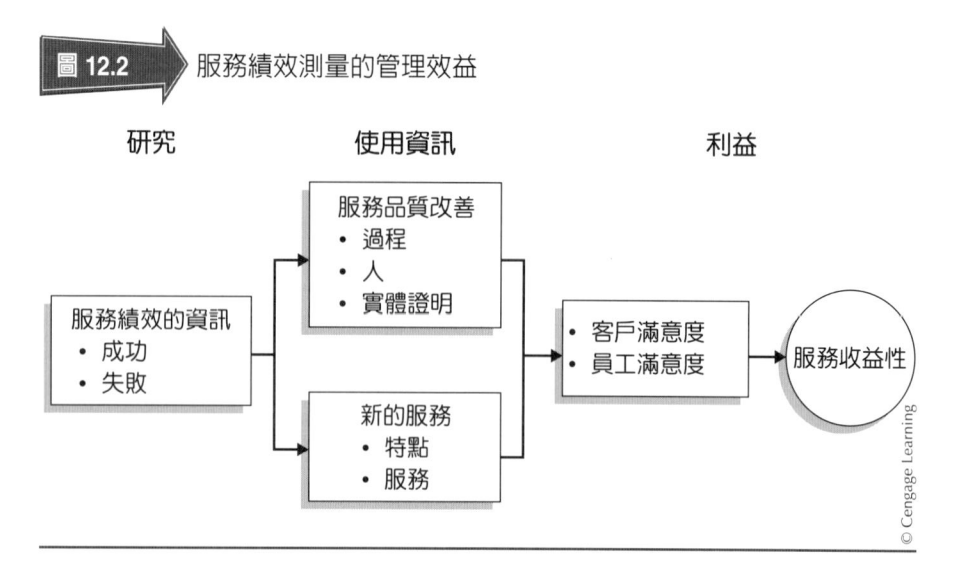

圖 12.2 服務績效測量的管理效益

競爭者。Berry 和 Parasuraman 的 SQIS 準則是：
- 衡量服務的期望
- 強調資訊品質
- 捕捉客戶的話語
- 將服務績效與業務成果連結
- 聯繫每一位員工

評量甚麼？

想要有系統地評量服務績效的組織，首先必須選擇他們所研究的服務傳遞系統構面，然後再決定要問什麼問題（如果使用的是調查研究方法）或要觀察什麼（如果使用的是觀測技術）。測量應該是定期性的，而產生的資訊也應該被儲存起來以供審查。

組織可能會使用服務藍圖做為問題結構的指南，直接的觀察並確保服務體驗的各個重要方面都包括在內。例如，當一家銀行透過它的網站提供服務，銀行可能會發現，透過客戶可能會使用的任何服務網頁介面去追蹤每一個步驟是有用的，藍圖會引導研究者的具體步驟來構成該服務。另一種方法，可以將問題構築在第十章中所討論的 SERVQUAL 項目上。在所有情況下，提供開放式問題是有益的，讓受訪者提供他認為重要的回饋意見，而不是只侷限在服務組織認為重要的議題上提供回饋。如果這項研究的重點是從客戶的角度去詮釋服務體驗，研究人員可能會導出人口統計學和服務使用的資訊，以確定哪些類型的客戶對於這項服務都會說些什麼。例如，研究可能會顯示，老年人的客戶群都著重於消費環境中符合人體工學的設置，這也會促使服務機構解決老人可能面臨的停車位、使用空間或標誌問題。

如何使用資訊

即使組織有系統地評量其服務績效，沒有好好的利用這些結果也是沒有效果。評量只是達到目標的手段，最終的目標是要改善服務，因此由評量得到的結果必須幫助組織導向且聚焦到目標上。具體來說，這些資訊應該協助發現在服務過程、硬體設置、人員行為方面的問題。評量結果或許也會用在評估服務表現需要達到什麼樣的標準，這些資料可以拿來判斷哪些人可以得到獎勵，哪些東西需要改變等等，甚至能指出哪些服務活動或服務構面有最高的優先權。

如果這些研究專注在員工表現的評估上，服務組織必須強調公平性，使用多樣化的評量及測試，保持評量步驟簡明，並同時評量後台及前台人員的團體及個人表現。另外，無論職位的高低都需要被評量(Berry 1995)。

由服務評量裡得到的資訊也能幫助做市場決策，包括市場定位、區別及市場行銷組合。以金融機構為例，如果資料是由組織用戶端得到，任何回饋的結果都能拿來決定關於雇用、訓練、評估經銷商和其他客服人員的相關事項。或許還能監控及改進服務設定，例如客服區的硬體設定、給網路客戶的組識網頁設計及外觀。而由金融機構的前線工作者得到的回饋，能拿來用在評估程序及給客戶的互動步驟。這裡的重點應放在用戶如何得到投資資訊，對各種投資產品下訂單，或是提交客訴或要求。

摘要與結論

學習成功與失敗對任何要給顧客絕妙體驗的服務是基本的，準確評量顧客對服務的反應提供好的資訊來幫助改善服務。使用多種方法蒐集這些資訊，服務的體驗本質可以讓組織用觀察法從顧客及員工身上得到回饋。一點一滴得到的資訊能幫助組織做決策並改進服務，提供新服務，並訓練及評估前線人員。

練習題

1. 設計一份觀察報告格式給拜訪服務組織的神祕顧客，如餐廳或是零售店。解釋在可以從神祕客拜訪中得到什麼樣的資訊。
2. 取得並評論一份從服務組織拿到的顧客調查，用第十章的 SERVQUAL 模式來比較問題內容。

3. 回想你在學校塡過的教師評量表,是否涵蓋了你所有的教育體驗?你會增加或減少什麼樣的題目?爲什麼?
4. 設計一份服務的顧客回饋卡並解釋你設計題目的背後原理。
5. 建構一份有關你最近接受服務的關鍵時刻影響分析,並依此提供服務改善的建議。

網際網路練習題

在服務組織的網頁上尋找客戶滿意調查表並回答下列問題:
1. 評論問卷結構—問題數、完成問卷的時間、作答方式。
2. 評論問卷內容,問卷如何配上第十章的服務品質模型。
3. 評估你能從問卷中得到多少訊息。

References

Berry, Leonard L. (1995), *On Great Service: A Framework for Action,* New York: Free Press.

Berry, Leonard L. and A. Parasuraman (1997), "Listening to the Customer—The Concept of a Service-Quality Information System," *Sloan Management Review,* 38 (Spring), 65–76.

Gremler, Dwayne D. (2004), "The Critical Incident Technique in Service Research," *Journal of Service Research,* 7 (August), 65–89.

Grove, Stephen J. and Raymond P. Fisk (1992), "Observational Data Collection Methods for Services Marketing: An Overview," *Journal of the Academy of Marketing Science,* 20 (Summer), 217–224.

Levy, Sidney J. and Charles H. Kellstadt (2012), "Integraphy: A Multi-Method Approach to Situational Analysis," *Journal of Business Research,* 65 (7), 1073–1077.

Wang, Shirley S. (2006), "Health Care Taps 'Mystery Shoppers': To Improve Service, Hospitals and Doctors Hire Spies to Pose as Patients and Report Back," *Wall Street Journal* (August 8), D1.

Zemke, Ron and Dick Schaaf (1989), *The Service Edge: 101 Companies That Profit from Customer Care,* New York: Plume.

第五部分

服務行銷的管理議題

接下來的三章將探討服務行銷的相關管理議題。第十三章除了討論服務行銷策略中的定位和區隔，還審視它所面臨的挑戰，並描述它的競爭優勢。第十四章探討如何應付服務的波動需求，思考為什麼服務需求會是個問題，並討論如何在服務產能和需求中取得平衡的策略。第十五章探討服務組織的全球化，特別著重全球化服務行銷相關的各種挑戰。

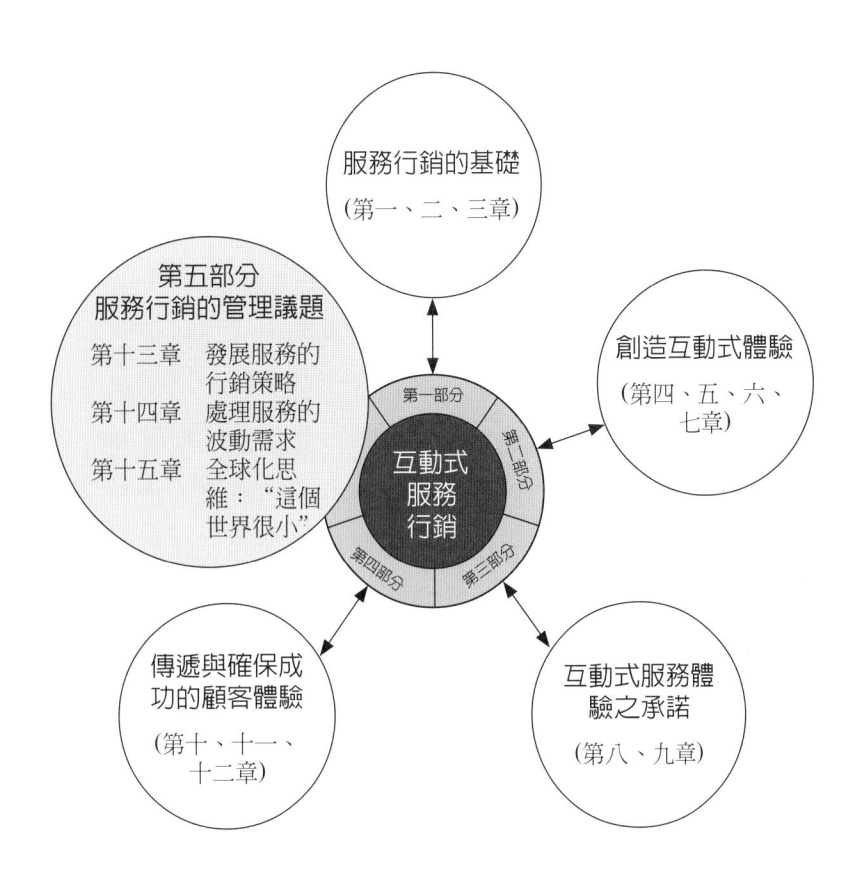

第五部分 服務行銷的管理議題
- 第十三章　發展服務的行銷策略
- 第十四章　處理服務的波動需求
- 第十五章　全球化思維："這個世界很小"

服務行銷的基礎（第一、二、三章）

創造互動式體驗（第四、五、六、七章）

互動式服務體驗之承諾（第八、九章）

傳遞與確保成功的顧客體驗（第十、十一、十二章）

中心：互動式服務行銷
（第一部分、第二部分、第三部分、第四部分）

第十三章
發展服務的行銷策略

服務組織的行銷策略概況
掃描環境
規劃服務行銷策略
定位和服務區隔
行銷組合策略
服務的策略挑戰
獲得競爭優勢的服務策略

第十四章
處理服務的波動需求

為什麼服務需求會造成問題呢？
服務需求的本質
服務產能追逐需求
平穩需求以滿足服務產能
最大產能與最佳產能的比較

第十五章
全球化思維："這個世界很小"

服務與文化
全球化的服務貿易
全球服務市場的進入策略
全球化服務的標準化與適應化
多語言的服務系統
科技和全球化服務

IBM 讓你活在一個"智慧型的地球"

《富比士雜誌》針對業者的銷售量、利潤、資產和市場價值，公布全球前2,000大的公司排名，IBM 位居2011年排行榜第三十二名，並且被標註為"電腦服務業"。2011年中，IBM 的營收達到1,070億美金，經營面廣布170個國家。IBM 預期在2015年，有50%的收入來自軟體銷售，30%的收入來自各地市場的成長，IBM 已經是一個全球化的服務公司。

2011年 IBM 在非金磚四國區域(即巴西、俄羅斯、印度和中國以外的區域)，開設了一百個新的分支機構。他們在世界各國的專業部門，均致力於下列領域：在中國的電子政務、能源和公用事業研究實驗室；在珀斯(Perth)和里約熱內盧的天然資源解決研究中心；在新加坡和聖保羅的銀行業務中心；和在利馬為拉丁美洲國家設的小額融資中心。

IBM 計畫在商業分析、雲端和一切數位的領域發展成長，讓我們能藉著引進數位智慧，來改變個人、公司、甚至整個產業的行為模式，打造一個"智慧型的地球"。IBM 表示，一個更聰明的地球，將會改變從"反應"到"預期"的典範。從2008年開始，IBM 在世界各地2,000個城市從事打造"智慧型的地球"的業務。在都柏林，IBM 與地方當局共同研究，建立了"智慧城市"科技中心。在里約熱內盧，IBM 設計了智慧運營中心：一個電腦化的指揮中心，可以從數十個城市機構、氣象站和網站取出資料。通過預測分析，這些機構可以預測和防範犯罪、災害，並且更好地管理交通、用水、用電、廢物管理以及這個城市各種必需但不定的服務需求。巴西想要藉著這些服務，為2014年世界盃足球賽和2016年的奧運會作好準備。

里約熱內盧有630萬居民，是一個龐大的、複雜的和美麗的城市。市長 Eduardo Paes 提出里約的四大努力方向：城市的未來必須有友好環境、必須能處理市民的變動與整合、必須將社會關係密切化、必須使用高科技來呈現。Paes 說："在目標達成的那一天，當我們談起城市時，我們談論是一群同心協力的人，而不是一個地方。而且，我們覺得這個夢想的實現為期不遠"。

Source: http://www.forbes.com/sites/scottdecarlo/2012/04/18/the-worlds-biggest-companies/; http://www.ibm.com/annualreport/2011/ghv/; http://www.ted.com/talks/lang/en/edurado_paes_the_4_commandments_of_cities.html.

第十三章
發展服務的行銷策略

如同本部分開頭的小品文所示，IBM 一直追求全球化的"智慧型地球"策略，使他們成為全球提供商業服務最重要的公司。這一策略，使 IBM 在打造智慧型地球的戰略傘下，可以在每個國家提供客製化的訊息和商業服務。

本章從各個層面，仔細分析適合所有產品銷售的行銷策略，但比較側重為服務業設計行銷策略的特殊挑戰。這一章共有六個具體目標：

- 提供服務組織的行銷策略概況
- 描述掃描服務環境的程序，並討論外部環境如何影響服務產業
- 解釋服務行銷策略的規劃過程
- 檢視服務組織的定位和區隔化的任務
- 介紹服務組織所面臨的獨特策略挑戰
- 傳達服務策略在獲得競爭策略上的重要性

服務組織的行銷策略概況

以顧客為導向的行銷策略，使得服務業者無論經濟好壞，都易於留住老客戶並開發新客戶。服務的基本特質需要那些應用在實體商品的不同行銷策略，因為市場行銷活動與服務組織的人力資源管理和業務能力有密切的關係，一個成功的行銷策略對服務組織極為重要。服務行銷策略不僅要考慮效率和生產力的營運目標，它還必須考慮人力資源的雇用、培訓和激勵。

行銷策略 (marketing strategy) 可以定義為調整**可控**之行銷因素以應付或開發**不可控**之環境力量的程序。**可控**的行銷因素取

> **行銷策略**可以定義為調整**可控**之行銷因素以應付或開發**不可控**之環境力量的程序。

決於提供的服務，**不可控**的環境因素會影響服務業者和市場。雖然組織有時可能藉由某些活動(例如以遊說改變法律)影響不可控的力量，但這種情況比較少，通常一個組織必須要應付和適應的是外部環境。成功的行銷策略使服務和市場的需求配合，換句話說，它要適合公司的資源與環境的條件。這種方法要求公司仔細審視環境、計畫和採取策略，並評估策略的成果。

從外部來的不可控力量對服務業者有重大的影響，從全球經濟改善和市場自由競爭帶來不斷上升的收入，鼓勵了更多的顧客購買服務，而不是自己服務。放鬆管制(倫理和法律環境變化的結果)從根本上改變了個人銀行業務、航空服務和美國各項專業服務的性質。社會、文化和人口狀況的變化，導致雙薪收入家庭增加，並提供許多的服務行業產生，如托兒、乾洗服務以及送貨到家。最後，科技也在主要和次要的層面改變了人們的生活與工作。例如，網路使個人容易找到資訊和直接從航空公司購票，大大減少了旅行社的訂票服務。服務行銷者的關鍵在於尋求機會，或解決由不可控力量帶來的威脅。

服務組織主要的可控因素，如同第二章所提的七個 P(包括傳統行銷組合的四個 P：產品、價格、促銷、通路，以及服務行銷組合額外的三個 P：參與者、實體證明、服務組合過程)。雖然不可控的因素(例如經濟趨勢和競爭情況)和實體產品相似，但服務行銷者要面對更多的挑戰。與製造業不同的是，製造業只需與其他品牌的產品競爭，而服務組織不但要與其他的服務業者競爭，有時還必須與顧客競爭。畢竟顧客可以選擇自己去執行許多服務。例如，屋主可能選擇自己照顧庭院，而不雇用環境美化公司來服務。選擇自己執行服務或支付服務公司，會影響的行業如：**餐廳、健身中心、髮型師、稅務預算、家電維修、汽車維修、清掃服務、洗衣店和運輸公司**。一些大膽的人，甚至會選擇自我教育而不上大學，或自己換手錶的電池而不去找鐘錶店。

Hamel 和 Prahalad (1994) 認為，真正創新的公司必須學會與未來

圖 13.1 競爭未來

	服務的顧客類型	未服務的顧客類型
未闡明的客戶需求	未闡明的機會	未闡明和未服務的機會
闡明的客戶需求	當今的業務	未服務的機會

競爭，這樣的公司善於發現潛在和難以言明的客戶需求，並設法滿足它們。簡而言之，他們擅長於先到達未來。圖 13.1 提供了四種可供服務組織做的策略選擇。自滿可能導致公司停駐在目前的業務範圍，而同業的競爭壓力，會慢慢地削弱該公司的地位。服務組織藉著開發新客戶，獲得更多的服務機會，就是所謂的市場擴張策略。星巴克咖啡 (Starbucks) (http://www.starbucks.com) 從美國向其他國家的擴張就是一個例子。另外，利用產品擴張策略，觀察客戶可能有的新的需求，也可以尋找到額外的機會。

這擴充策略的一個補充例子來自可下載電視節目 iTunes 的網站，最困難的策略是追求**未闡明的和未服務的機會**。這一策略需要同時追求新客戶和提供新的服務產品，具有雙重的策略風險。新創業的服務公司就是追求這樣的一種策略，而大公司和老公司實施這一策略時，它被視為公司多元化的策略。這種追求未闡明需求和未服務市場的一個例子，就如麥當勞於 1996 年進入印度時，出於對印度宗教的尊重，提供了雞肉而非牛肉的 Maharaja 漢堡，又因為很多印度人都是素食主義者，該公司也提供了一種蔬菜漢堡。

掃描環境

一個服務組織開發成功的行銷策略之前，需要清楚地瞭解它所面臨的條件。**環境掃描** (Environmental scanning) 是仔細監視外部環境可能對服務組織構成**威脅** (threats) 或**機會** (opportunities) 之改變的程序（見圖

> **環境掃描**是仔細監視外部環境可能對服務組織構成威脅或機會之改變的程序。

圖 13.2 環境掃描

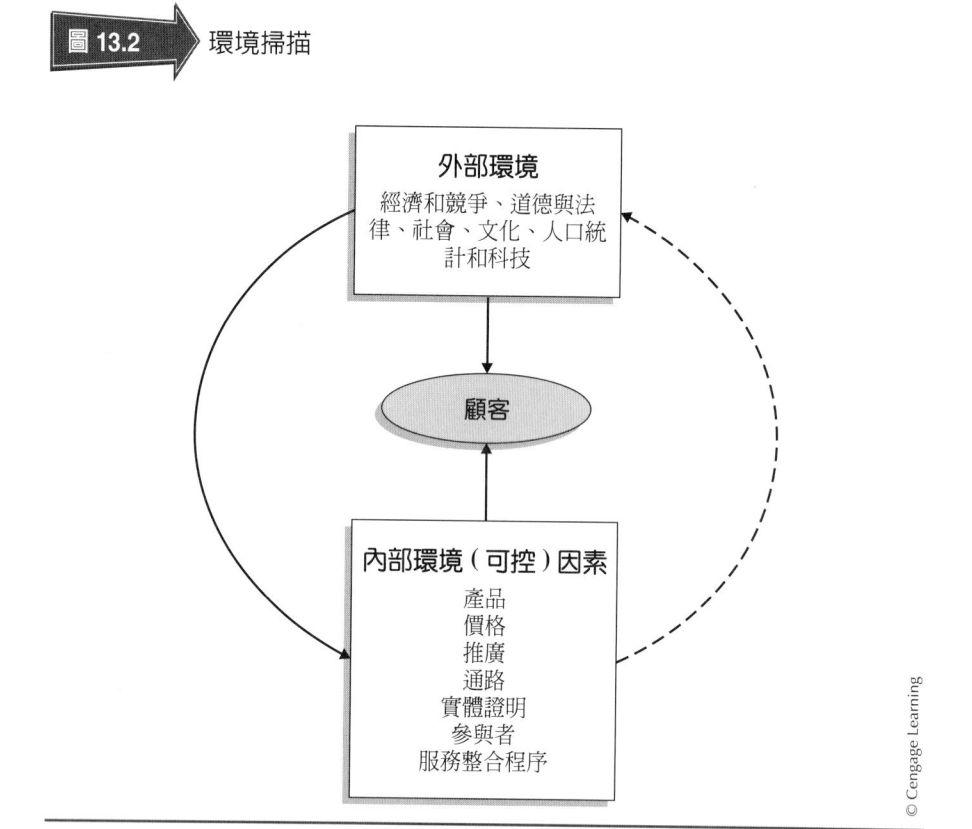

```
┌─────────────────────┐
│      外部環境        │
│ 經濟和競爭、道德與法  │
│ 律、社會、文化、人口統│
│      計和科技        │
└──────────┬──────────┘
           │
           ▼
        ┌─────┐
        │ 顧客 │
        └─────┘
           ▲
           │
┌──────────┴──────────┐
│  內部環境（可控）因素 │
│        產品          │
│        價格          │
│        推廣          │
│        通路          │
│       實體證明       │
│        參與者        │
│      服務整合程序     │
└─────────────────────┘
```

© Cengage Learning

13.2）。廣泛的環境或不可控制的外部因素可能會影響服務組織。此外，建立服務體驗的內部環境或可控因素也需要仔細監測。一旦知悉外部環境構成的機會與威脅，服務組織可以調整其可控的因素，以儘量擴大機會和減低威脅。

成功的環境掃描是一個連續的過程。今天的業務環境變化如此之快，服務組織必須不斷地保持警惕。幸運地，現代資訊科技使服務組織可以蒐集到豐富的環境資訊。

環境掃描最有趣的地方，是威脅和機會之間的區別只是角度問題。舉例來說，美國大蕭條時期的1930年代，被廣泛認為是對各種企業的威脅。儘管如此，一些企業在這暗淡的期間仍然可以發展，如第一個 A & P 雜貨店 (http://www.aptea.com)。透過自助式服務，提供客戶更好的價格和選擇，A & P 成為了現代超市和大賣場的先導。因此，即使在最困難的經濟條件下，創意企業家仍可以找到機會。

對環境條件的策略調整可採取三種形式：被動、主動、過動 (見圖 13.3)。**被動的策略** (reactive strategy) 是對環境的變化反應遲緩，有時僅當公司被迫時才採取行動。相比之下，**主動的策略** (proactive strategy) 是對環境變化迅速反應。**過動的策略** (hyperactive strategy) 是對環境的變化處理太匆促。警戒的服務組織尋求非被動的策略，當他們掃描環境時，會監測環境和採取快速的反應，但又不至於變成過動的策略傾向。

不幸的是，許多服務組織只是採取被動的策略。例如，西爾斯百貨 (Sears) (http://www.sears.com) 曾經是世界最大的零售商，但西爾斯最為人垢病的是對所處的零售市場反應太慢，包括忽視競爭對手沃爾瑪 (Walmart) (http://www.

> **被動的策略**是對環境的變化反應遲緩。
>
> **過動的策略**是對環境的變化處理太匆促。
>
> **主動的策略**是對環境變化迅速反應。

圖 13.3 對環境的策略調整

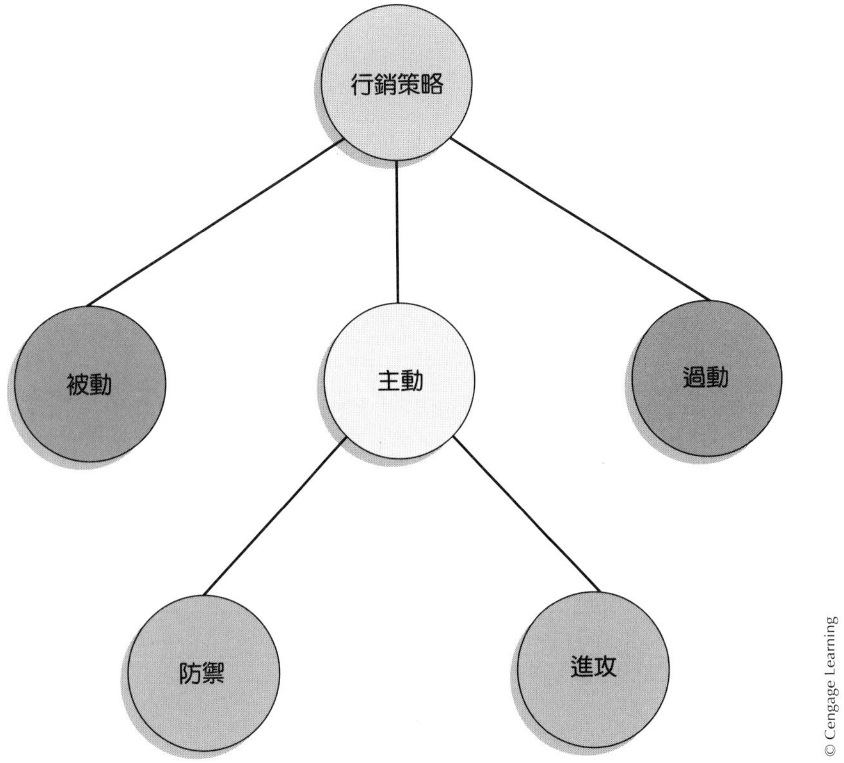

```
          行銷策略
        /    |    \
     被動   主動   過動
           /    \
         防禦   進攻
```

© Cengage Learning

walmart.com) 的穩定成長。1990年代，西爾斯終於在其業務中作了重大的修改，但爲時已晚，沃爾瑪已變成今天最大的零售商。

主動的策略可以採取兩種形式：**防禦策略**和**進攻策略**。防禦策略是一種快速的反應，以保護公司免受環境的威脅。而進攻策略是一種快速的回應，以捕捉機會。

> **防禦策略**是一種快速的反應，以保護公司免受環境的威脅。

> **進攻策略**是一種快速的回應，以捕捉機會。

防禦性的策略需要採取快速行動，以防止環境的威脅傷害到公司。當微軟意識到其軟體產品和服務在網際網路地位處於劣勢時，比爾·蓋茲發起一種被稱爲"擁抱和擴展"的防禦性策略。在短時間內，微軟產品重新定位其所有產品都與網路相容。

瞭解進攻策略如何捕捉機會的一個好方法，是想辦法去創造未來的服務。FedEx 的創始人 Fred Smith，因爲看到商業環境的變化，激發他去創造一種夜間快遞的行業。有線電視新聞網 CNN (http://www.cnn.com) 的創始人 Ted Turner，當他看到新聞技術的日新月異，因此創建了第一個二十四小時的電視新聞頻道。Robert Earl 爲硬石咖啡的創始人，看到滾石音樂在全球風行時，捉住機會建立一個遍布世界，以節奏感吸引人的餐廳。

每當服務組織急於過早地進入新市場或生產新產品時，如果沒有適當的規劃，會產生一直改變策略的情況。網際網路在其初期的爆炸式成長時期產生這策略的例子很多，例如 Furniture.com (http://www.furniture.com) 是於1998年推出的一個獨立型網路家具商店，但在2000年就關閉了。在2001年，Furniture.com 被一群具有更好策略計畫的前雇員所購買，新公司改與領先的家具零售商攜手合作，以提供迅捷的交貨及在地服務。

每個服務組織都會受到動態的外部環境影響：經濟和競爭、道德和法律、社會、文化和人口以及技術環境。

經濟和競爭的環境

服務經濟的快速增長是大多數國家經濟進步的一個主要來源。服務產業有時會比製造業面對容易的進入，鑒於製造廠商需要投入大量的資本貨物，而服務業只需要適度的資本投資就可以啟動。可能的最具挑戰性的經濟和競爭力是全球化的服務市場，越來越多的服務組織已經找到了在其他國家經營的吸引力，舉個例子，我們今天有了全球性的銀行、餐館、酒店、醫院、零售商和工程公司。通信科技大力挹注於市場的全球化。事實上，只有少數的服務產業沒有全球性的競爭對手。此外，全球化的服務組織面臨著更多的壓力，因為要更關心他們經濟決策對生態的影響（見聚焦13.1）。

道德與法律環境

道德關乎於個人的及專業上的價值標準，價值標準取決於個人生存及企業生存的目標及方向。行銷的實行常會接受到嚴重的道德批評，然而，道德問題在行銷圈中仍舊沒有受到足夠的重視。

許多服務事實上都是依賴大眾信任他們會做"正確的事情"的事實，當一家醫院切錯病患的腳、銀行對於其資金管理不善、一架噴射式飛機撞到了半山腰或堤防失效以致洪水淹沒了一座大城市，而新聞媒體則夾帶了頭版的故事。儘管這樣的例子可能不會顯示為道德的失敗，但追根究柢他們往往源自於道德上的錯誤。

服務業的法律環境在不同的服務產業和國家有很大的不同，很多服務業往往比製造業的同行受到更高程度的嚴厲監管。例如，銀行、航空公司、電信業和衛生保健行業，在許多國家中處在較複雜的監管環境。全球性的服務組織則面臨著更複雜的多國監管環境。例如，對於航空快遞業說，各國政府需在"批准新的空中航線"和"減少的規章"之間取得雙向的共識。然而，普遍的全球化趨勢似乎是對服務業放鬆管制。在歐洲國家的公共事業公司發現沒有政府的補貼，很難在一個自由的市場裡發展。但自上世紀八零年代以來，因為致力於消除政府參與航空、電信、銀行和公用事業，使得美國成為在世界上最為開放的服務環境之一。

在離開法律問題的主題之前，我們應該注意到，雖然政府的決策

聚焦 13.1
在服務業的綠色行銷問題

當討論環保意識和綠色行銷問題時，通常重點是在生產汽車、罐頭食品、一次性尿布、活動房屋和其他製成品的製造商。我們了解實體產品生產需要稀少的原物料、過程和產出可能有害生態。大多數服務業產品的無形性和不易保存性可能看起來對環境威脅不大，然而，儘管核心服務是無形的，但許多服務仍需依賴於實體產品來實現他們的利益。

舉例來說，航空公司運輸時就需要一架噴射式飛機和許多其他實體裝備，草坪養護依靠各種工具和化學藥品，而醫療服務可能需要各種各樣的有形的物品，從壓舌棒到高科技醫療設備。此外，雖然它們是不可見的性質，但服務流程通常需要會產生廢物的資源。例如，在從一個到另一個地方的運輸過程中，飛機、火車、公車、計程車或其他運輸服務消耗大量的能源，和排出作為各種能源副產品的污染物。簡而言之，服務通常涉及廣泛的實體產品和對自然資源的依賴與支援。鑒於服務經濟的龐大規模，必須考慮到服務產品的有形方面對生態及環境造成重大影響。

許多知名的服務組織已執行環保活動，例如，佛羅里達的環球影城(Universal Studios)定期回收幾乎所有所使用的紙製品；Harrah's酒店降低了有近30%的能源消耗，最顯著的包括長期居住的客人考慮不每天更換新的床單。同樣地，在紐約的Essex House Hotel淘汰一次性鐵絲衣架，而改用可重複使用的籃子來歸還客人送洗的衣服。零售業鉅頭沃爾瑪為了減少自然資源的消耗，它統一規定其供應商提供綠色導向的產品。在其他的例子中，AT&T改變了幫它設備上色的化學藥劑和程序，以減少有毒污染物的產生。而加拿大的皇家銀行計畫在其1,600家分行機構節約用紙，幾乎將所有作業以電子數據處理。

關注於服務過程中的生態健全也是環境保育的重要一環，試想一家連鎖酒店，如凱悅飯店或萬豪酒店，採用將後勤部門及公共區域的恆溫器設定在僅有兩度溫差的節約能源政策。這種些微的溫差幾乎不會被多數的資助者和員工察覺，卻可以讓能源的消耗大幅降低。顯然的，若整個酒店業執行這種措施，將會產生巨大的影響。

Source: Adapted from Grove, Stephen J., Raymond P. Fisk, Gregory M. Pickett, and Norman Kangun (1996), "Going Green in the Service Sector: Social Responsibility Issues, Implications, and implementation," *European Journal of Marketing*, 30(5), 56-66. Reprinted by permission of MCB University Press.

是在環境中的主要力量，但政府同樣也是一種服務業。任何政府所提供之最基本服務應該是保護其公民。卡崔娜(Katrina)颶風向世界展

示了一個政府未能保護其公民的可怕例子。綜觀世界各地，政府的服務正在受到越來越大的公眾監督。現在已經有一個又一個國家，公民要求他們的政府展現更強的回應能力、更有效率和更負責任。

許多服務組織在倫理和法律上的失誤一直被媒體密集報導，安隆 (Enron)、世界通訊 (WorldCom)、環球電訊 (Global Crossing) 和其他幾個主要的服務組織相繼破產，因為其關鍵主管人員受到有關非法和不道德行為的指控。另外，這種醜聞嚴重損害像勤業 (Arthur Andersen) 和美林 (Merrill Lynch) 這種受人尊敬之機構的聲譽。

社會、文化和人口環境

服務業 (尤其是專業的服務業) 對於不斷變化的顧客品味和喜好通常是反應遲緩的，如今世界上廣泛的社會及文化改變，使得服務組織越來越難以預料及應付顧客不斷變化的口味。不管怎麼說，服務組織必須勤奮努力才能跟上社會、文化和人口結構的變化。生活方式的改變創造新的服務行業，雙薪家庭需要日間照顧老人的看護和保姆服務；而今天的白領階層，因為久坐不動的生活與逐漸增加的健康問題相結合，而造就了一系列的健身俱樂部。

社會的變化包括家庭結構和生活方式的改變，以及次文化的發展。文化的變化則包括不斷變化的工作倫理和 " 消費者 " 文化的發展。人口結構的變化反映在變動的出生率、年齡分布、性別分布和人口趨勢，這種變化對社會和服務機構產生重大的影響。例如在美國，比例失衡的嬰兒潮世代，扭曲了他們生命週期每個階段對服務的需求 (學校、音樂、餐廳、退休服務等)。

科技環境

科技無疑是塑造服務外部環境的最強大的力量，因為資訊科技、醫療科技和運輸科技的進步而造成服務業重大而徹底的變化。在如第三章中所述，資訊科技在改變事業和市場上扮演相當重要的角色。

科技改變在進步發展經濟中的快節奏，增進了對新型服務業和高科技服務業的需求。科技也提高了醫療護理或通信等服務的品質，科技讓人們能夠節省時間並提高他們的生活水準，從而導致人們對娛樂和康樂設施上更高的要求，包括旅遊、電影、酒店和餐館以及體育活動。此外，科技為人類提供的互動機制，它改變了整個服務提供的性質。尤其是服務組織現在可以從一個地點，藉由資訊科技將影響力傳達到整個世界。

規劃服務行銷策略

要瞭解一個服務組織發展市場行銷策略的過程，首先假想自己是一位行銷經理，而你必須計畫推出新的服務，且必須採取系統性方法來分析組織的現況。通常，為實現預期目標所必須的順序步驟包括策略的規劃、設計、實施和控制。現實上，和那些制定製造商品策略的企業組織相比，這些步驟並沒有什麼不同，不同的是服務組織在每一步驟之細節的考慮，而這些組織應該將這些考慮對應到每一個步驟中。聚焦13.2提供一個例子，電腦遊戲可以被用來協助城市規劃者規劃更好的策略。

規劃策略

此步驟包括確定服務的目標，以及目標將被完成的方式。計畫需藉由連續不斷的掃描市場環境來辨識出機會和威脅，除了不斷監測外部環境外，還要精明地從服務組織內部蒐集各種有關他們企業的不同資料來源。定期蒐集的客戶調查、員工的回饋、業務資料、投訴審計、競爭分析等資訊來源，指導管理人員在檢測威脅或機會時提供見解。例如，從分析客戶調查得出的社會文化環境和訊息的發展趨勢，可能表明願意接受自助服務結賬作為一個選項的意願增加了。有了這些資訊，一名服務經理可能會為這一個自動化服務改變提供服務的過程，並設置目標。

聚焦 13.2
城市的策略遊戲：IBM 的 CityOne

作為 IBM 智慧型地球方案的一部分，IBM 為商務專業人士創建了幾個遊戲。CityOne 是於 2010 年推出，為城市規劃師所做的一種策略模擬器。CityOne 是虛擬風格的遊戲，它引導玩家通過一系列的任務，並給予玩家機會去解決銀行、零售、能源和水的問題。玩家們可以下達決策，提升城市的競爭力，藉由達到收入和利潤的目標、增加顧客和公民的滿意度和使環境更加環保。這些目標經常被描述作為企業上的三個底線：也就是經濟、社會和環境的成功。作為遊戲的一部分，玩家們也可以藉由學習業務流程管理和協同合作的技術，來使所有在城市的組織運作得更順利。遊戲裡包括超過一百種真實世界的場景。你可以在 GOOGLE 搜索"CityOne game"以瞭解更多遊戲內容。你甚至可以在 YouTube 找到一個簡短的遊戲介紹視評，在 http://www.youtube.com/watch?v=Tmf0ugQrDFk。

Sources: IBM (2012), http://www-01.ibm.com/software/solutions/soa/innov8/cityone/; http://www-01.ibm.com/software/solutions/soa/newsletter/aug10/cityone.html(accessed September 19, 2012).

設計策略

為實現組織的發展目標而設計的策略，它必須仔細說明組織面對的核心行銷問題機會。這一個步驟與規劃步驟緊密相連，問題陳述應以所需要的行動措辭、識別服務行銷工具的需要、並且專注於客戶的需求。識別出徵兆與問題之間的區別是至關重要的，通過不斷更新的資料以提供管理人員知識去區分這些差別。此類資訊可能有助於判定表面上的服務缺失是否只是後台操作上的問題，或是涉及客戶與技術人員聯繫上有關人力資源的問題。

如果問題或機會被正確地指出來，很容易獲得解決方案。當在設計策略的時候，此過程需要創造力和想像力。在某些情況下，選項將會比較明顯，而在另一些情況，將需要非凡的洞察力和研究去發展它們。一個明智的行銷策略者會仔細考慮所有合理的替代方案，以確保他所選的是好的行銷做法。如第二章所示，大多數服務都有一些與其他服務相同的特色。因此，在搜索見解和解決方案的問題時，學習成功的服務行銷技巧是合理的，這種做法被稱為**基準評比法**

(bechmarking)。在某些情況下，醫院可能受益於標竿性的酒店、律師受益於學習足科醫師而教育工作者受益於審議部長。所有識別出來的可能替代方案，應該詳細說明和分析，以確定它們是否可以充分執行。進一步來講，應建立評估和比較每個替代方案的準則。

一旦選擇了一種替代方案，訂定一種能解決銷售中心之問題的行動建議方案是非常重要的。此外，考慮所有人力資源和操作要求也非常重要。例如，決定實施提供自助服務的選擇，將會影響該服務的操作設計，包括服務的設計和提供服務所需員工的數目和類型。

執行策略

執行這步驟對於任何服務組織發展的行銷策略來講都是困難的。一項計畫的擬訂，必須在執行階段對邏輯的程序做詳細的說明，並且訂定詳細的時程表來配合計畫執行。此外，逐項的預算規劃是必要的，包括短期和長期成本的具體實施。它最好要訂定應急計畫來涵蓋執行計畫的偏差。實施服務行銷策略的關鍵在於檢查預算支出的變動。實施行銷戰略允許小空間的錯誤，因為大多數服務的生產和消費是即時的。在執行計畫的過程中，對時間和金錢失去控制的服務組織是註定要失敗的。

控制策略

控制策略是指仔細評估這項策略的成功性。如果有問題威脅到目標的達成，為了克服問題可能需要更改策略。例如，可能需要雇用更多員工，使用較新的設備，或在服務過程中添加新的步驟。只有通過密切監測該策略，服務行銷人員才會知道這些新的策略是否有效。事實上，服務組織還必須評估總體策略(如規劃、設計和實施)是否取得了成功。行銷策略成果被預期以多構面評量，這些措施包括服務獲利力和品質的評價(分別見第八章和第十章)。

規劃、設計、實施和控制等步驟，這是制定所有產品行銷策略的典型過程。下一節中提出了一項服務行銷策略所應包括的額外元素。

這個過程需要兩個基本的決策:如何將服務定位,和什麼市場區隔應該被確定為目標。一旦作出這些決定,該組織就要開始考慮關於市場行銷組合策略的方案。每個策略決策都需要權變的執行計畫,和偏差或權變的控制計畫。

定位和服務區隔

定位是指行銷人員努力為他們產品創造與其他競爭者產品不同且較佳之顧客認知的程序,定位也被描述為心理佔有率(share of mind, Ries and Trout 2000)。以迪士尼世界與海洋世界(http://www.seaworld.com)這兩個最吸引遊客的對比案例,透過多年的行銷活動,兩者所發展的心理佔有率已有差異。心理佔有率會強烈影響顧客的行為,如口碑溝通、持續消費和品牌忠誠。選擇一個品牌名稱則是定位服務的第一步,服務行銷者面對的挑戰是如何為無形的服務定位出品牌策略,因為服務是一個過程,在消費者消費之前很難被檢驗,更難的是讓消費者比較出彼此的特色。透過有形可見和實體證明方式,服務行銷者可以藉此讓服務差異化,多數的服務者透過廣告、宣傳手冊或影片來顯示他們服務的特色。

> **定位**是指行銷人員努力為他們產品創造與其他競爭者產品不同且較佳之顧客認知的程序。

不是每個個人或組織是任一服務的適當客戶,因此,有效的行銷需要通過這個**市場區隔**(market segmentation)的過程,將一個異質的市場劃分成同質的區隔,藉此以選擇最好的客戶。瞭解市場區隔對行銷策略的成功至關重要,因為所選的區隔成為本組織的定位所努力的目標市場。聚焦13.3討論向婦女此一市場區隔行銷旅館服務時面對的一些挑戰。今天,大眾市場分裂成由小區隔組成的馬賽克,行銷的成功越來越需要利基行銷而不是大眾行銷。現在有許多電腦工具能幫助服務行銷者服務他們的市場區隔,許多公司建立電腦化的資料庫,使得消費者行為能被更有效率的追蹤與統計。除此之外,創造市場區隔的電腦圖示可能的,因為服務行銷者與每一位顧客進行某些互動,所以他

> **市場區隔**是將一個異質的市場劃分成同質的區隔。

聚焦 13.3
服務女性商務旅客的需求

商務旅客可以被區分為男性與女性，想當然爾，男性與女性肯定有不一樣的需求，然而大多數的旅館卻仍以男性為其主要客群。在現今的時代裡，女性商業人士的數量幾乎已經與男性相差不遠，然而對女性商業人士很不公平的一點是，僅有非常稀少的旅館注意並且在乎這一點，所以旅館經常成為這些女性商業人士批評的對象。

舉例來說，女性商業人士重視旅館的安全性高於男性，有遮蔽、明亮的停車場就是能勝出的關鍵，較嚴密的門禁控管也是如此。另外亦有數據顯示，比起男性，女性對於包含三溫暖、客房服務、健身中心設施的旅館更為青睞。裝飾華美的房間如更好的衛浴間、時尚的擺飾家具等，這些都是女性重視多於男性的特色。

幸運的是，這種現象有改善的趨勢。在丹麥哥本哈根，Bella Sky Hotel 就將他們第十七層樓打造成專屬女性的樓層，這包含了衛浴設備、家具和經過廣泛研究適合女性的設施。許多旅館同時也將最頂層留給女性顧客，或是重新設計更適合女性的房間格局。甚至有更多的飯店將燙衣板設為房間標準配備，這種概念也擴及到房間服務的項目上，像是浴帽、指甲銼刀和其他受到女性商業人士可能會需要的設備。

Sources: Gargiulo, Susan (2012), "Women-Only Hotel Floors Tap Boom in Female Business Travel" CNN.com, March 20, http://edition.cnn.com/2012/03/07/business/women-hotels-business-travelers/ (accessed September 19, 2012); Simpson, Elizabeth (2011, August 16), "Report: Focus on Women Travelers Is Growing," physorg.com, http://phys.org/news/2011-08-focus-women.html#jCp(accessed September 19, 2012).

們有很多機會累積每一位顧客的資料庫，透過累積數據得以分析建立市場區隔。監視這些資料庫，可以為行銷策略做出適合的改變，包括定位、選擇目標市場與服務行銷組合。

行銷組合策略

要將服務定位傳達給目標市場需要將行銷組依消費者需求進行調整，行銷人員需要決定進行服務的人員、設施和設備，以及他們需要創造與傳遞服務的程序設計，還有定價與推廣，這些服務行銷者面對的每個決策，都將是因服務與產品之差異所連結的獨特挑戰和機會。

組織的定位和市場區隔會反映在組織所選擇的**服務行銷方法**

(services marketing approach)，這種方法也能在核心產品和補充服務上看到，而其行銷方式也決定了創造與提供服務所需的資源。例如，一個定位在平價的旅館，可以讓預算有限的顧客想像它所提供的核心產品和周邊服務支援亦同樣平價。相對地，對旅客而言偏高價的旅館，就可能包含高級餐廳、會議室、商務中心設施和其他大量的周邊服務項目，例如代客停車、無線網路服務和視訊會議等。

在創造和傳遞核心與補充服務產品前，組織必須考量**服務運作方法** (services operations approach)。例如旅館業必須事先考量地點、設施設計、房間數和員工素質，而預約客房的服務和報到程序也必須事先被設計。這些服務的決定同時也會受行銷策略影響，並且同時對組織定價和促銷策略造成影響。例如，旅館房價和廣告活動會強烈受到服務行銷和運作決策的影響。因此，必須注意許多組織努力將服務運作方法與服務行銷方法同步。同樣地，服務組織對服務行銷組合的策略選擇也必須支持定位與市場區隔策略。

服務的每個行銷組合決策都包含與其他服務產品差異化的議題，這導致了複雜的策略選擇問題。由於服務和實體商品的差異，在第二章討論的三個 P（參與者、實體證明和過程）就是額外的挑戰和機會。在表 13.1 中，當要將這三個額外的 P 納入策略考量時，無形性、同時性、不可保存性和異質性的服務特質讓行銷人員面臨艱鉅的挑戰。然而，它們也可以提供創造與建立競爭優勢的機會。

服務的策略挑戰

總體而言，七個基本的策略相關挑戰影響大部分的服務行業：領導、員工、顧客的表演、市場需求、設施和服務品質。這些議題所以產生，是因為消費服務意味著消費體驗，而非消費某個東西，每個服務的挑戰簡述如下。

領導

領導也許是服務組織最大的挑戰之一，服務組織基本上依賴人的

表 13.1 對於服務而言的特別策略意涵

	參與者	實體證明	進行過程
無形的	第一線的服務人員也算是產品的一部分，顧客彼此間的服務體驗會互相影響，甚至分享同一服務。	消費者在消費前沒有透過實體做評估，必須使用任何裝置降低消費者可能感到的風險。	產品就是表演，透過個人、設備和設施所創造、製造的過程。
同時性	客戶和服務提供者是共同生產和交互影響的，服務提供者必須招募、訓練並扮演好角色，如此才能有效管理顧客。	客戶在過程和成果都會評估實體證明，所有的戲服和道具都會被評估，所以產品的成果應該被文件化以供顧客評估。	生產與消費是同時發生的，而且產品的生產是即時的，表演必須以藍圖和戲劇化的技術進行規劃。
不可保存性	顧客的需求必須與服務者能提供的相吻合，需求的高低波動必須被平穩化。	當工作人員、設施和設備是閒置時，就喪失了生產的產能。在高需求時應考慮外包、分包，並在低需求時出租設備與設施。	產品無法以存貨保存。服務則可以透過吸引人的價格和組合價格方式，以維持需求的一致性，就能創造最大獲利力。
異質性	從客戶到客戶和供應商到供應商，產品具有多種變化。無論是前台或後台員工都要以顧客滿意度為努力依歸。	實體證明必須依據區隔進行客製，實體設施與設備應該依不同的區隔而分割或隔離。	過程可以是客製化或是標準化，而且顧客在過程中不同步驟（自我服務）的參與可以不相同。

© Cengage Learning

表演：無論是企業員工或顧客。如同在第一章提過的，外部行銷對客戶提出承諾，而內部行銷則要使員工準備好，以便這個承諾能被實現和維持。Groysberg 與 Slind (2012) 認為領導是一種對話，需要與員工及顧客保持親密感、具互動性、包容性和企圖心。那些優秀的服務組織都是由最高管理者透過與員工和顧客對話，設立其核心服務價值並且小心培養與保護。

員工

在多數服務組織裡，有很大一部分的員工會與客戶進行互動，而客戶也透過他們的服務得出對整個組織的看法。一個粗魯的服務員、一個高傲的銷售員或草率的客房服務員，都會嚴重影響顧客的忠誠度，從小至餐廳、大到百貨和大型商場，這種情況無一差別。這種實際狀況使得組織在招聘、培訓、激勵員工面上的重要性，甚至超過生產的執行面。有人認為，人類的智慧是服務組織的核心資產 (Quinn 1992)，在 Ritz-Carlton 旅館，人力資源就被視為一項重要的商業資產。

認可那些與客戶接觸的員工是服務組織建立客戶滿意度時最重要的因素，**顛倒組織** (upside-down organization) 的概念反轉了典型的組織架構，重新將前線人員放置在頂部、中階管理人員放在中間和將總裁放在底部的企業結構圖。這種結構將強調放在招募和選擇可以達成組織卓越願景的人員之上。因此，現今許多服務業應該改以更有系統的方法來取代常見的雜亂無章雇用方法，找到一個適合的服務員工實在太重要了，所以不能只是聽天由命而已。組織需要透過發展員工福利和比以往更具吸引力的做法來爭取最好的新人。較高的起薪、更舒適的工作環境和更多在個人和職業上的發展機會，都能成為強大的招聘工具。將這些努力和成本聯繫在一起並非不合理、而是有意義的，因為對未來服務員工的需求會更多。

> **顛倒組織**的概念反轉了典型的組織架構，重新將前線人員放置在頂部、中階管理人員放在中間和將總裁放在底部的企業結構圖。

顧客

在行銷方面，所有企業都應該關心他們顧客的這件事是不言自明的。因為比起製造商，大多數的服務組織反而跟他們的顧客有更多直接的接觸，他們必須對顧客的需求特別敏銳。例如，聯邦快遞開始提供資訊追蹤後才發現，很多顧客想知道他們有時效限制的包裹能夠在任何給定的時間內寄達。此外，因為顧客往往完全在服務的體制內，因此組織與顧客對彼此的影響是息息相關的。組織也可能需要努力地管理顧客與顧客間的互動與溝通。例如，當顧客需要排隊等待服務，任何一種個人的行為都會對其他在排隊隊伍中的人有所影響。許多電影院都會呼籲顧客要相互體諒，保持自己座位周遭的環境清潔與看電影時保持安靜。

另一個重要的策略問題是有創意得鼓勵顧客共同製作服務項目，這個做法在網路上尤為普遍。Facebook 和維基百科 (Wikipedia) (www.wikipedia.com) 都是因為顧客的合作努力而取得了成功。此外，像亞馬遜和 iTunes 等網站，讓他們的客戶能夠在任何搜尋網頁上提出建議，這種共同合作的服務策略有建立強大顧客忠誠度的潛力。

表演

服務組織必須即時履行他們的服務，這些表演的互動式動態使其成為組織在規劃表演時所不可或缺的，他們謹慎地使用了諸如藍圖、劇本撰寫和戲劇化等技術，特別是戲劇化的方法 (Grove, Fisk, and John 1999) 提供了理解服務表演的整體框架。銀行客戶可能只有看到櫃員，但櫃員服務客戶的能力則是取決於基礎設施，包括幕後操作的支援和幕前實施的活動。

需求

管理變化萬千的需求是一個極大的挑戰，也增加了服務行銷的複雜性，在第十四章會有更詳細的討論。無法提供大量的服務存貨是服務的一個主要障礙，組織必須制定靈活的制度，以因應他們即時的服務供應需求。這種系統往往需要透過兼職人員、靈活的調度、特價促銷、減少行銷 (demarketing，即努力減少需求) 和基於需求的定價系統。如自動提款機的自動傳遞機制是另一種管理需求的方式。雖然實體商品行銷最關心的是建立需求，服務行銷者也會嘗試在特定的時間建立需求，但往往不得不將需求高峰期的需求轉移到非需求高峰期的需求。

設施

服務設施構成了挑戰的策略，因為它往往是服務組織唯一具體表現出品質的有形形式。因此，服務組織正在學習使用自己的設備做為一種行銷手段。當顧客需要踏進組織中取得所需要的服務時，就會出現很多有利於行銷的設置機會。例如，硬石咖啡之所以會成功，大部分是受到其精心布置的搖滾樂風格影響。同樣地，好萊塢星球餐廳使用原始的電影和名人紀念品，以證明其設置的好萊塢感覺。此外，任何在設施裡等待的時間都必須令人愉快，或者至少提供雜誌、音樂和其他令人愉快的因素來使人分散、緩解等待的無聊。宜家 (IKEA) (http://www.ikea.com) 在家居飾品店內設有兒童遊樂區，Frugal Fannie's (http://www.frugalfannies.com) 是一間為於波士頓地區的折扣女裝設計師品牌服裝店，設置了一個電視區，提供陪同女性朋友前來購物的男性們觀看體育比賽，而女性能放心在商店購物。

服務品質

已有許多關於服務品質之挑戰的文獻 (見第十章)，服務組織往往在服務品質標準化的能力上有限制，特別是由人來提供服務的時候。為了掌握任務的複雜性，可以考慮三個層次的變化。例如，髮廊的品質是取決於髮型師、客戶及超時與否。因此，許多技術已經被發展來衡量和提高服務品質，一些服務組織尋求各種策略來使他們愉悅或激發他們的客戶，而不單只是滿足他們的需求而已。為了實現這一個目標，服務組織必須先列舉出所有的服務體驗和確定每一個體驗中的關鍵變數，這樣關鍵的漏洞就可以被隔離和克服。組織必須善用人力和實體證明，以提供超出客戶最大期望的服務。但有時候，這個目標可能是既不現實也沒必要的，尤其是如果為了要完成目標而需要投注的資金過高，因而造成長期無利可圖。

不過有一點是確定的：服務組織的成長只能仰賴留住有價值的客戶和吸引新的客戶。服務行銷人員必須提供一致的服務品質，但他們也必須制定創新的策略來維持現有的競爭優勢，並創造新的競爭優勢。

獲得競爭優勢的服務策略

創新是成功服務策略的一個基本要素，也是先前評論中談到創造未來的核心[*]。這裡有五個極度推薦、能獲得競爭優勢的創新策略和實踐這種策略的例子。

超越你的競爭對手

Edward de Bono (1992) 打造了一個術語：**超越競爭** (sur/petition)，來形容他比典型以超越競爭對手之競爭型態更超越的概念。**超越競爭**提供了多種用於創建創新價值壟斷的想法，這種創新價值壟斷能更有效地為客戶提供服務。

西南航空就是一個絕佳的例子，當西南航空剛成立時，本來是要與公車業競爭，而不是航空業。就因這個簡單的決定，西南航空建立了一套優於其他航空業的高效率、低成本的系統。在911事件後，西南航空是唯一一間並未中止任何航線的公司，甚至在不久後還新增其他航線。

將表演戲劇化

莎士比亞曾說："整個世界都是一個舞台"，那些能在舞台上有好表演的就是最有效率的組織。這類組織的管理不只在前台、同時也在後台、還有他們的演員（員工）和觀眾（顧客）。服務人員組成的團隊傳遞大部分的服務，每個團隊必須合作、互相支援－透過小心的演員安排，為每一個演員發展其細節，並經過嚴謹的演練－目的無非是要創造顧客想要的單一印象。

迪士尼組織從剛開始就將主題樂園設定為一種劇場表演，它在卡通娛樂的深耕讓主題公園的管理自然就像劇場的方式。迪士尼甚至以劇場角色的方式稱呼主題樂園裡的員工為**卡司演員**，稱顧客為**客人**。迪士尼主題公園的前台永遠非常乾淨，每個公園精心設計的後台活動，確保客人不會因為未穿戲服的演員或是吵雜的垃圾車而分心。

---

[*] 此段落主要是依據Raymond Fisk在2002年9月在委內瑞拉首都卡拉卡斯舉辦之"PDVSA Services Leadership" 研討會中的簡報

建立關係

顧客關係管理 (CRM) 已經成為商業界的流行語，甚至還發展出另一種名為顧客管理的關係 (CMR) 的新方法 (Shaw and Ivens 2004)，這種做法就是讓顧客管理與組織的關係，這意味著組織需要透過顧客的允許來建立關係，穩定的顧客關係可以創造顧客忠誠，而一個忠實的顧客隨著關係愈來愈深，就可以為組織創造更多利潤，對組織而言所需花的成本相對更低，他們甚至會推薦新顧客，並且更願意正常購買而不是僅依賴折扣。

哈雷機車與它的顧客們發展出緊密的關係，在1983年，哈雷－大衛森還是間名不見經傳的小小摩托車俱樂部，它名叫 Harley Owners Group (HOG)。然而至今 HOG 擁有超過六十萬會員，還有遍布全球的十二個支會。HOG 建立雜誌、集會和各樣活動、飛車節目、路邊救援、財務援助和摩托車運輸。做為一名哈雷騎士已經不僅是一種生活方式，甚至已經成為特有文化。

利用科技

現代通訊和交通運輸科技不僅能使服務在多個國家同時運作，同時還能讓員工和客戶保持密切聯繫。讓科技成為客戶和員工的僕人，包括顧客體驗的即時客製化和個人化。理想情況下，服務科技應該讓客戶的肉眼看不到。

FedEx 快遞一直被視為是在通訊和運輸技術運用的佼佼者，他們的包裹追蹤系統在任何時候都為員工、客戶和包裹收件者提供服務。他們使用大型船隊、飛機和卡車維持這麼一個完善的運輸系統，並使包裹能在一夜之間抵達目的地。

讓你的服務傳遞變成爵士樂

爵士音樂起源於紐奧良，它的特點是獨特的集體即興創作。爵士樂即興創作是"自發性的音樂作品"。就像偉大的爵士音樂家，偉大的服務組織是偉大的即席演奏者。教導服務業的員工即興創作的技巧，可以加強他們為客戶提供服務的能力。爵士樂的做法可以激勵員工，使他們對自己的工作發展出情感上的支持與承諾。此外爵士樂還可以幫助我們創造快活的客戶體驗來取悅我們的客戶 (John, Grove and Fisk2007)。

Nordstrom 百貨公司提供了堪稱傳奇的服務，Nordstrom 開始於一家鞋店"模範服務店家"的稱號，為了迎合客戶的需求，Nordstrom 創造符合個人生活方式的時尚部門，以取代了傳統的部門。而為使這種方法行之有效，Nordstrom 聘雇優秀的員工，賦予他們權力與自由裁量權，要求他們自發性地解決客戶的問題。Nordstrom 公司的員工以他們能即時反應滿足顧客需求的能力著稱。

摘要與結論

行銷策略對於任何服務組織的成功是絕對重要的，警覺的服務機構持續掃描環境中的威脅及機會。一個服務行銷策略在發表之前必須被妥善的規劃及設計，執行及控管服務行銷策略需要仔細的監測及評價。服務定位及市場區隔對於在消費者心中建立定位及市場的利基是絕對必要的。服務組織必須使用具創意的行銷策略來克服他們所面對的不同挑戰。創新的服務行銷策略是達到永續競爭優勢的有力手段。

在任何一年，許多服務組織倒閉，並有需多新的服務組織興起。服務組織不會因為環境改變而失敗，而是由於組織疏於在預測及應對這些改變上而失敗。而創新服務組織因改變而蓬勃發展，並且透過具創意性的策略帶出了這些改變。

練習題

1. 概述你的學院或學系或你光顧過的服務組織所使用的行銷策略。
    a. 該服務組織的環境中有哪些威脅及機會？
    b. 服務組織如何設計規劃其策略？
    c. 服務組織如何執行及控管其策略？
    d. 服務組織如何處理有關服務表演、需求、員工、設施、顧客和服務品質等事項？
2. 說明在你社區中最近經營失敗的服務組織，什麼樣的策略失誤可能造成了生意的失敗?
3. 說明在你的社區中經營成功的服務組織,什麼樣有創意的策略造就它的持續成功?
4. 檢視你的社區環境,並且運用你的觀察來預測未來環境中的變化。選擇一個會被這些改變影響的服務產業,並且提供其組織應該採用或應該重新設計的策略建議。
5. 尋找並討論一個服務組織:(a) 在不可控制的環境因素下重新自我定位,以及 (b) 選定一個或多個新的市場區隔。

網際網路練習題

利用網路來研究一個服務組織的策略,很多組織在它們的網站上透露很多該組織行銷策略上的細節。看看是否你能找到以下資訊:
1. 目標宣言
2. 目標市場
3. 行銷組合策略
   a. 產品策略
   b. 定價策略
   c. 推廣策略
   d. 通路策略
   e. 實體證明策略
   f. 參與者策略
   g. 過程策略

References

de Bono, Edward (1992), *Sur/petition: Creating Value Monopolies When Everyone Else Is Merely Competing,* New York: HarperCollins.

Grove, Stephen J., Raymond P. Fisk, and Joby John (1999), "Services as Theater: Guidelines and Implications," in *Handbook of Services Marketing and Management,* Teresa Swartz and Dawn Iacobucci, eds., Beverly Hills, CA: Sage, 21–36.

Groysberg, Boris and Michael Slind (2012), "Leadership Is a Conversation," *Harvard Business Review,*

90 (June), 76–84.

Hamel, Gary and C. K. Prahalad (1994), *Competing for the Future,* Boston: Harvard Business School Press.

John, Joby, Stephen J. Grove, and Raymond P. Fisk (2007), "Improvisation in Service Perfomances: Lessons from Jazz," *Managing Service Quality,* 16 (3), 247–268.

Quinn, James Brian (1992), *Intelligent Enterprise: A Knowledge and Service Based Paradigm for Industry,* New York: Free Press.

Ries, Al and Jack Trout (2000), *Positioning: The Battle for Your Mind, The 20th Anniversary Edition,* New York: Warner Books.

Shaw, Colin and John Ivens (2004), *Building Great Customer Experiences: Revised Edition,* New York: Palgrave Macmillan.

第十四章
處理服務的波動需求

正如我們在 IBM 的小品文中看到，因各種服務的不同，造成服務的組成、體積、時機和存放位置的需求也不同，使得預測和調適需求變成一個艱鉅的任務。以大都會區的公共事業為例，政府要為市民提供員警保護、公共工程、緊急醫療和交通控制等，有關人員、設施和設備必須即時回應市民的需求。如果對公共服務的需求是可以預見的，事情就容易解決。不幸的是，事實常和理想相違背，這就是為什麼 IBM 提倡 " 智慧型地球 " 很吸引眾人的原因。" 智慧型地球 " 所處理和提供的資訊，可以長期協助城市在動態變化的需求與公共服務產能間取得平衡能力，最終導致城市資源的使用效率與效果。本章涵蓋了波動需求管理，這是幾乎所有服務都會面臨的挑戰。本章有五個具體目標：

- 說明為何需求管理是服務行銷的重要問題
- 解釋服務需求的本質
- 探討服務產能如何追逐需求
- 檢討如何平穩需求以滿足服務產能
- 討論最大和最佳產能之間的差異

2012 年初，在少數的反對聲浪中，第一家貓頭鷹餐廳 (Hooters) (http://www.hooters.com) 在加州的羅內特帕克公園 (Rohnert Part) 開店。靠著穿著暴露的女服務生成為比其食物更吸引人的招牌，貓頭鷹餐廳在短時間內，設立超過430個連鎖店，橫跨全美四十六州，以及全球二十七個國家。貓頭鷹餐廳的員工達到25,000人，其中17,000人為女性，並且該組織管理階層中的女性比例也很不錯 (Hooters.com 2012)。正如經常發生的情況一樣，**餐廳剛開幕時，大批熱切等待的男性食客蜂擁而至，對於許多人來說，餐廳的門永遠打開得太慢。當門一旦打開，除了急切湧入的客人外，有更多人排隊甚至溢出人群線，大家等待著輪到他們的機會，來吃喝和"看漂亮的小姐"。第一週，餐廳的業務蓬勃發展，大大地超出了預期 (Solomon 2012)**，直到眾人冷卻熱情以前，每天也是輕輕鬆鬆地就爆滿。隨著時間推移，潮水般的顧客可以預見地逐漸減少。貓頭鷹餐廳現在在繁忙時段，仍然享有穩定的客源。但一天中的其他時段或平常天，它的生意已經不能和剛開幕時食客盈門的盛況相比。羅內特帕克公園的貓頭鷹餐廳，現在面臨著像大多數餐館相同波動的顧客需求。

航空公司、電訊公司、餐廳、旅館、送貨服務、甚至網路服務都受到相同的困擾。通常，當新的服務企業第一次開張時，會吸引龐大客戶群的興趣。許多因素可能有助於刺激大眾，如渴望去嘗試新的東西，或公司舉行了成功的促銷活動。然而，當新鮮感逐漸消失後，很快地，公司就必須應付客戶需求產生的大幅波動。在某些時期，公司的業務可能會令人沮喪，客戶稀少，席上的空位和閒置的房間比比皆是。在其他時段，公司可能又要服務源源不斷的顧客，收銀機清脆的響聲保持不斷。另外還有一段時間，公司可能會面臨令人沮喪的情況，就是它沒有足夠的空間或服務人員，來處理源源不絕的客戶需求，使客戶必須抱怨或失望地轉身離開。

為什麼服務需求會造成問題呢？

幾乎所有的服務組織所面臨的服務需求問題核心，可歸納成以下兩種情況：服務需求的週期和閒置的服務產能。在第一種情況下，客戶根深柢固的行為模式，使公司必須經常應付衰退或繁忙的服務需求。這些模式通常會造成業者"要不然是盛宴，要不然是饑荒"的局面。例如，**餐廳必須配合當地文化所定義之用餐時間來營運，旅館及**

航空公司必須處理商務旅客週一到週五不同的工作時間表，迎合家庭度假的風景區必須接受氣候條件和兒童學校行事曆的影響。要滿足每一項服務的需求，有時可能會令公司疲於奔命，難於應付。

第二種造成服務需求問題的情況，就是服務產能的閒置。這是因為服務通常發生在需要它們的時段和地方。因此，如果一個組織的產能足以提供服務，而客戶的需求相對較低時，在該時段內，它將無法產生服務收益。此外，空閒的旅館房間或飛機座位亦無法加以儲存，以提供日後客戶需求大增而公司無法消化時使用。因此，業者都認為服務產能的行銷，是最具有挑戰性的問題。若公司能將他們未使用的服務能力儲存，以備不時之需，那將會容易地解決服務能力短缺的問題呢！

服務管理者如何應付業界所面臨的服務需求不均呢？為了回答這個問題，我們需要清楚地瞭解服務需求的本質。

服務需求的本質

為了瞭解服務的需求，我們必須研究入許多關鍵的問題。我們要按照可預測的週期，來確定客戶需求的高峰和低谷。隨機波動在沒有警告的情況下，其結果是很難適應的。例如，惡劣的天氣可能讓球迷駐足不前，毀了通常人氣頂旺的大學足球賽。而一個不預期的災難，會擠爆一家醫院的急診室，服務組織難於處理這種不可預知的需求情況。

當客戶的需求遵循一種模式隨著時間推移重演，就會發生可預測的波動。幸運的是，服務組織通常遇到的是這種比較容易管理、**可預測波動**(predictable fluctuations)的服務需求。服務組織的重點是在認識和理解這種模式，使他們可以從容調整產能，然後應對起伏不定的需求。仔細地研究各個不同層次的客戶需求，可以使公司提供跨越時、天、週、月、季或年的客戶服務。例如，通過客戶流量圖表，一家電影院可能會發現客人服務的需求，在傍晚時會達到高峰，而深夜則相對減少。它也可以了解，每週的需求從週一到週四是穩定地增加,週五和週六會是高峰,而週日則大量下滑。同樣地,投資經紀人可能分辨出,投資服務的高峰發生在每月的第一天和第十五天。在北半球的滑雪勝地,你肯定會發現一個季節性的需求週期,它的高峰會落在十一月下旬到三月中旬之間。有的需求週期是顯而易見的,有的則不一定。此外,以電影研究為例,服務需求的分析隨時間而機動調整。總體來看,測定一種服務的需求模式,可能提供有價值的資訊,使服務組織能夠計畫並成功地適應變化的需求。確認需求週期,還可以幫助客戶相應地調整他們的行為。例如考慮住宿的模式,聚焦14.1說明業主和客戶兩方面都要配合,以處理需求週期的動態變化。

　　一旦組織揭示了某種需求模式,它應該建立對這些模式的解釋,這項任務尤為重要,因為這些模式是用來解決客戶需求的。然而,情況若超越組織和客戶所能控制的因素,它還是可能無法解決客戶的需求。一週工作五天,導致酒店和航空公司的客戶需求波動是一個很好

聚焦 14.1

義大利人之喜好對八月份來的旅客造成了挑戰

你八月想在義大利做生意或渴望度一個假嗎?你一定需要好運,八月一直是歐洲人過生活和做業務最主要的假期,商店幾乎關門,人人都跑到海邊或山上去度假。但這趨勢在義大利更加明顯,在那裡因大批人口移動,戲劇性地改變了該國的人口統計資料。整個國家的生產立,因義大利人逃離大城市去度假,而下降了近50%。大部分的中型和大型企業只保持基本營運人員,許多小公司乾脆關門一個月。據悉,國家股票交易量,直線下降了三分之一。簡單地說,商業和生活的步伐大大放緩,對八月去義大利的旅行者,帶來一些潛在的挑戰。雖然城市的物價,因義大利人去度假而有一些便宜,旅遊勝地的物價卻比平時高出許多。如果你的目的地是一個內陸城市,你會發現很多商店都不營業了。智者一言:此時絕不要冒然開車上路,即使是最大的A1國道。因為在八月任何一個星期六,A1國道是義大利人去度假的必經之路,整天都是車潮高峰,道路一定被堵塞。順便一提的是,如果現在是六月,而你希望八月能在時髦的義大利島度假村或該國的海岸線訂到精緻的房間,你最好要快一點,因為有可能現在一半的房間,都被義大利八月的度假提前訂走了。

Source:http://www.dreamofitaly.com/public/The-Lowdown-on-Traveling-to-Italy-in-August-Free-Italy-Travel-Advice.cfm (accessed september 14, 2012).

的例子。在美國的商務旅客通常沒有選擇，只能在星期一到星期五的上午八點到下午五點之間進行業務。因此，在這些主要城市的清晨和晚上，航班的座位和旅館客房需求量都很大，服務業者很難改變他們的需求週期。縱使業者全力促銷一些商業旅館的週末折扣和空中旅行的中午特價，以便利用未能使用的產能，也是收效甚微。相反地，旅館和航空公司以及其他服務商業旅客的業者，應該尋找其他方式來改善這些低需求週期。譬如吸引完全不同於商務旅客類型的客戶，來使用那些空閒座位和客房。

　　服務需求週期可以在某些情況下更靈活地被加以運用。例如，餐廳服務的需求週期，是與每餐的習慣用餐時間密切相關。這些時間行之有年，卓然成為一種文化，但它們很多只是個人可以自由忽略或變通的社會公約。因此，餐館比許多其他的服務業可能會有更多的機會，能制定更成功的策略來轉變客戶的需求。許多服務業者提供淡季特價，說服他們的客戶錯開旺季來消費，成功地在淡季達到很大一部分的銷售目標。圖14.1描繪在德克薩斯州奧斯汀 (Austin, Texas) 的一家餐館的銷售例子。

圖 14.1　Kerbey lane

Source: www.flickr.com/photos/neunzehn/31431830

幾乎所有服務都有不同的需求模式，這些模式可以追溯到具體的原因。為了說明需求週期和其來源，我們已經討論了一些簡單的案例。但在現實生活中，服務需求週期往往更為複雜。因為任何既定的行業中，可能針對多個市場區隔，每個市場區隔都有自己的服務需求模式和原因。以汽車租賃業為例，對其服務的需求可分為兩大客群：即商務旅客和休閒旅客，每個市場區隔在不同的時間、因不同的需要而租車。商務旅客的需求很可能類似於前面討論過的旅館和航空公司，休閒旅行的需求週期則可能根據學校行事曆或社會休假日的安排。若要形成準確的整體需求，汽車租賃業必須將這兩條需求線標註在同一圖表裏。這樣的圖表揭示了高、低需求時期，比單線的圖表估計得更為確切。它還可以清楚地提供特定業者一個起伏不定的服務需求。表14.1描繪各種的需求週期、發生原因和相關的服務業。

服務產能追逐需求

到目前為止，波動需求的問題被大家視為因客戶忽多或忽少所造成。然而，這種兩難境地又引出另一層面的考量，就是服務產能的問題。畢竟，過度需求導致沒有足夠的產能，正如需求不足會導致產能過剩，同樣不利於市場。根據這一推理，超額的航班顯然是因為航空

表 14.1 服務需求的本質

需求週期	需求週期波動的原因	服務案例
一天的時數	工作時間表	停車庫，飯店
一週的天數	工作時間表放映時間表	電影院，醫院急診室
一月週數或天數	付薪期間	銀行，既定賽程運動場觀眾
一年月數或季數	政府法規	所得稅條例
	學校行事曆	海灘或滑雪場，預測的天氣模式
節日或特別事件	文化規範	電話服務
	政府法規	零售服務

© Cengage Learning

公司提供的機位不足,而座無虛席的美髮沙龍等候室,可能反映了人手短缺或工作站太少的原因。相反地,太多病床空置的醫院,可能是產能過剩或病人的需求較低的結果。

大多數服務業者都有服務**產能限制**。其產能限制了它們可以容納的客戶數和他們提供的服務品質。**服務產能** (service capacity) 包含三個方面:(1) 服務執行或提供所需的**實體場所** (physical facility)(如酒店、飛機、公寓建築群和牙醫的辦公室)以及周邊支援場所(例如停車場、等候區、交付空間);(2) 服務**人員** (personnel) 的勞動力和技能水準(例如,髮型師、接待人員、教師和配送人員);和 (3) 使服務能夠執行的**設備** (equipment)(例如,電腦硬體和軟體、爐灶和洗碗工、X 光機和聽診器、電影放映機和螢幕)。

> **服務產能**包含三個方面:
> (1) 服務執行或呈現所需的場所。
> (2) 服務人員的勞動力和技能水準。
> (3) 使服務能夠執行的設備。

一個組織可以提供的服務受限於其各自的能力,包括實體設施、服務人員和各項設備。例如遊輪就只能容納這麼多乘客、律師就只能接這麼多案件、網站就只能處理這麼多的傳輸,而電影院就只能放映這麼多的電影。

任何服務組織最重要的是要有足夠的能力應付尖峰客戶的需求,但標準也不要訂得太高,免得沒有那麼多需求發生時形成浪費。換句話說,成功的組織可以獲得需求與產能之間的平衡,要達成此平衡的一種方式是產能**追逐需求** (chase demand),可以機動地擴展或縮小其本身組織和服務產能,如設施、人員和設備,以滿足波動的需求。舉個例子,在需求高峰期間,一家餐館可以安排更多的服務員和廚房助手,以便更快地消化點餐。同樣地,地鐵可以添加額外的車廂,以適應高峰期的運客流量。與此相反的是,在淡季的時期,一家旅館可能會關閉某個樓層的房間,而零售商也可能安排員工去休假。當然還有其他方式可以調整產能來滿足需求,例如,業者可以聘請兼職員工、加租場所或擴充設備、投資員工第二專長,或者對未使用的設備或設施出租、安排年度維修,以節省成本。使用多種方式做產能調整已被業界普遍採用，然而，要成功地滿足需求，組織必須獲得其需求週期的精確分析。聚焦14.2 提供了簡單的實例，說明有關每年在喬治亞州的亞特蘭大桃樹公路大賽，其中需要有大量的規劃，以處理數以千計的選手們的需求。

在某些情況下，以擴充產能來滿足可能的需求是不切實際的。以汽車租賃業為例。每年在耶誕節期間，租賃公司通常會面臨令人沮喪的場面，就是客多車少，部分客人必須被拒於門外。在美國的假日旅遊需求，使得從耶誕節前到新年元旦後的兩週期間，租車服務業達到尖峰，客戶對車的需求遠遠超過許多租車公司的庫存車量。當然，如2001年9月11日在美國突發的911事件，可能干擾了所有服務業或生產業預測的需求模式。但在通常情況下，汽車租賃業還是可以預測每

聚焦 14.2
桃樹公路大賽：亞特蘭大秀出其最好的一面

每年七月四日，做為獨立紀念日慶祝活動的一部分，大批參賽者從全國和世界各地湧向亞特蘭大，來參加桃樹公路大賽。這個號稱世界上最大的十公里賽跑，目前最多的報名記錄為55,000人。參賽者沿著桃樹公路，一路從亞特蘭大巴克黑德(Buckhead)地區跑到皮德蒙特公園。很顯然地，這需要大量的籌備工作才能支持這項活動，其規劃過程幾乎是沒有止境。大會考慮事項包括：參加的人數、所需設備的數量和類型、各種配套設施的可用性。直接參與的義工達到3,500人，他們引導觀眾、控制交通、設置或拆卸障礙、在終點線發T恤，以及提供醫療支援等。沿途和終點線多處都有樂隊表演，無數的桌子和義工被安置在各個合適地點，以發放500,000杯的水，以確保跑步者的舒適。數以百計的障礙物設置在可能出麻煩的地點（估計沿途有200,000觀眾），用以控制人群並有效地引導跑者。由於獲得路權和主要道路控制得當，七月四日早晨，參賽群花了幾個小時，從時髦的巴克黑德(Buckhead)地區跑到皮埃蒙特公園(Piedmont Park)，輕鬆地穿過亞特蘭大的心臟地帶。沿途可以發現主辦單位安排的支援設施，並有多種配套活動，如年度運動員博覽會，賽前和賽後表演，並確保過境好客和大眾的支援，以迎合大眾的口味，這都是事先重要規劃的一部分。總之，所有三種形式的能力：設施、人員和設備，都是用來達成一年一度的桃樹公路大賽的需求。

Source: *The Peachtree Road Race Magazine* (2012), July 4, Atlanta, GA: Atlanta Track Club.

年發生的客戶需求，都遠遠超過他們的汽車供應量。問題是租車業者無法有效地為短暫的耶誕假期，提高他們的汽車供應量。一位業界發言人指出，"你不會單為復活節星期日，而建造一座教堂"。購買額外的汽車，以滿足節日期間的需求，會造成淡季產能過剩的大問題。切記，利用擴充產能來解決一個臨時的需求，實際上無法增加公司永遠持續的產能。

平穩需求以滿足服務產能

除了以增加產能來滿足需求外，另一個被廣泛使用的方法，是試圖影響或改變客戶需求的本質。許多服務組織採取這種策略，以調和其過剩或不足的產能條件。請記住，缺乏的需求會造成多餘產能的浪費，而超過產能的需求，會使客戶不耐久等，或更糟的是逃到競爭的對手那邊。這種需求策略的摘要請參閱表14.2。

平穩需求 (smoothing demand) 是指將需求移轉至產能沒有充分發揮的時段，或將超額時段的需求加以冷卻或轉移。許多行銷人員專注於增加服務需求，但是對冷卻或轉移需求的概念還是十分陌生。然而，兩者都是有效的手段，業者可以用之將產能發揮得更徹底或更有效

> **平穩需求**是指將需求移轉至產能沒有充分發揮的時段，或將超額時段的需求加以冷卻或轉移。

表 14.2 需求策略

策略因應	方法
追逐需求	設施 人員 設備
平穩需求	價格 產品 促銷 地點/通路
庫存需求	正常出貨 預訂系統
什麼都不做	

© Cengage Learning

率,讓我們逐個來分析。

一個組織可以在顧客量較低、或未充分發揮其服務產能的時段,採用傳統可用的行銷組合,以增加其服務需求。例如,業者可能以降低價格,來吸引客戶在淡季時使用其服務。為了達到最大產能使用率,航空公司會提供特價機票、旅館住宿會打折、電話公司會在離峰時段減價。遊客會發現夏季到加勒比海度假,比冬季去度假花費更便宜。此外,業者也可能會改變他們的產品來增加需求性。例如,許多滑雪勝地透過添加室外游泳池、騎馬、遠足、網球場和其他野外活動,以轉換它們的設備機能,來吸引夏季的旅客。聚焦14.3提供另一個的例子,說明如何透過改變以增加產品的銷售。此外,服務或產能過剩的問題,可能通過修正地點或通路得到解決。一個不願錯過客戶需求的獸醫,可以考慮設計包括電話訪問的工作時間表,用來填滿每週清淡的工時,服務以前他忽略的客戶。而業者也可以雇用宣傳活動,來擴大潛在客戶的需求。一名醫生可能通過廣告,提醒市民安排每年體檢預約。同樣地,速食店定期使用優惠券,廣告促銷品,抽獎和比賽活動,來增加其客戶的需求。

正如透過使用包括:價格、產品、地點或通路的組合,成功地增加客戶的需求;同樣地,組織也可以使用部分或全部相同的行銷手段,來減少超過本身負荷時的客戶需求。通常情況下,組織實際的

聚焦 14.3
殯葬業變得多樣化

在美國各地,殯葬業正吸引著完全不同於往昔的客人。為有效地利用其大部分閒置的典雅場所,有些殯葬業者已經將觸角推銷到不同的層面。譬如為人舉辦婚禮、節日聚會、舞會,和其他適合的場合。修剪整齊的草坪,大理石地板、吊燈、噴水池,再加上他們比傳統市場提供更高的效率和低價位,在某些情況下,有些殯葬業者一個月能接到十幾個訂單。很顯然地,改變其服務本質,可以充分地利用閒置的設備,建立一個蒸蒸日上,不同於往日的業務。

Source: Hayes, Melanie D. (2011), "Funeral Homes Discover New Life," http://www.usatoday.com/news/offbeat/2011-01-19-weddingsandfunerals19_ST_N.htm (accessed September 14, 2012).

做法,是希望轉移這些需求到淡季時利用。這種減少市場需求的方式,可能包括使用淡季促銷活動,鼓勵顧客在非尖峰時段消費。例如美國郵局的促銷廣告,目的是要說服客戶為了省錢,早點郵寄他們的聖誕包裹。相對地,一些業者利用類似方法,在熱門時段提高價格,以分散尖峰時段的客戶需求。一個休閒旅行者會在週期間花199美元在旅館過夜,或在週末花109美元在旅館同樣的房間過一晚,值得他詳細考量!產品和地點或通路的設計,也可以處理需求過剩的問題。例如,許多餐館在耶誕節或新年除夕服務需求很大的期間,限制客戶將點餐轉為自助餐,或簡化點餐的選擇。這種手法一方面增加食客處理的效率,另一方面也說服那些想多樣用餐的客戶,選擇在另一個時段來造訪。此外,業者也可能在服務有很大需求的時候,減少營業時間。這種策略的使用,是希望轉移尖峰時段的需求到非尖峰時期。

除了增加產能或減低服務需求的行銷手段外,當然還有其他方法來處理超額需求。這也就是許多組織寧可在特定的時間,儘量容納客戶而不願冒失去他們的風險。畢竟,套用一句老話,"口袋中的一個客戶,勝過街上的兩個客戶"。然而,組織可用甚麼方法達到不增加容量也可以滿足需求,或將尖峰需求轉到另一個離峰時段呢?答案之一,就是使用庫存需求的戰略。

建立預訂系統是執行庫存需求的一種方法,許多組織使用預訂系統來簡化一次處理大量客戶所引起的潛在問題。如航空公司、汽車維修店、飯店、遊輪、醫生和餐館,都使用預訂系統有效地管理客戶的需求。預訂系統使組織能有效地識別和組織客戶需求,以提供最佳的服務產能。這種制度也利於向客戶保證,他們在指定的時間,將獲得他們想要的服務。今天,電腦化的預訂系統,使業者能監視和規劃大量客戶的需求。

庫存需求的另一種手段,是利用**正常出貨系統** (formal queuing system)。傳統上,許多業者都採用 "先到先服務" 的原則。但某些業者認識到,並不是所有的顧客都有同樣的需求,因此制定出不同的辦法,以優先處理大量共同需求的客戶。例如,時髦的夜總會在入口等候的人群中,會允許與他們要求契合的客戶優先進入。此外,許多餐館、零售商和其他的服務業者,往往會優先服務那些週期性的、高消費的、高需求的,以及那些他們認為有潛力的客戶。考慮一般商務航班的登機,或一家醫院急診室的候診,因不同情況的需求,有些人被准許享有優先權。服務組織知道無論如何設計排隊的方法,總免不了要一些顧客等待。因此,他們也設計了一些服務,來安撫這些等候中的顧客(例如,提供免費的飲料),或幫他們打發時間(例如,提供視聽娛樂)。此外,提供一些必須等待的理由來說服客戶,也是一個好的方法。畢竟,如下列等待的原則說明的:"合理的等待,大家容易接受"。

- 無招呼的等待顯得漫長
- 處理中的等待容易接受
- 不知道的等待令人不耐
- 有預期的等待令人心安
- 合理的等待眾人接受
- 重覆的保證平息焦慮
- 可見的加速處理令人寬心

另一個平衡業者服務產能和客戶需求的方法,是**什麼都不做**。看似不可能,但這一策略有時是明智的,而且它經常有效。透過不採取積極應對:如提昇能力、平穩化或控制需求,業者讓別的其他因素來幫忙解決波動需求的問題。氣餒的客戶從自己的經驗中,學習到他們不可能一直從業者獲得滿意,他們就會據此修改行為模式來配合業者。客人們意識到,除非提前幾天或幾週訂位,否則想在一個受歡迎的餐廳,星期五或星期六晚上八點用餐,真的需要出現奇蹟才行。否則,他們只有將吃飯的時間提前或延後,或選擇另一個非週末的晚上去消費。同樣地,銀行客戶可能會發現,如果他們早上中間時段或下午中間時段去銀行辦事,排隊的人少服務又好。透過不採取任何行動,業者實際上可能已轉移一些多餘的客戶需求,到其能力擔當較不緊張的時段。但是，無所事事的策略，不能保證客戶需求會轉移到某個期待的時段。它還可能導致客戶轉移陣地，到其他地方尋求服務，而造成客戶流失的現象。不過，業者會發現，縱使需求尖峰會給客戶帶來擁擠和不便，但實際上已轉移一些客戶的需求到其他較不繁忙的時段。因此，有時什麼也不做是有其道理的。

最大產能與最佳產能的比較

不論是否為隨機事件或組織主導的行為，當需求超過最大產能時，狀況就經常會發生。傳統認為，**最大產能** (maximum capacity) 就是**最佳產能** (optimum capacity)。然而，如前面所介紹的，服務的最大產能是由組織設施的大小、工作人員的數量、技能水準和其裝備的性質來決定的。當產能推到極限時，服務品質往往會惡化。**最佳產能** (optimum capacity) 是指組織在理想條件下，可以有效地處理的客戶數目。當超過了最佳產能時，設施感到擁擠、人員變得煩悶和粗心，設備被過度使用。以一個每間客房都客滿的旅館為例，最大產能可能產生的影響，包括電梯變慢、櫃台反應變慢、客房服務變慢、設備負擔過重，以及工作人員脾氣暴躁。在某些情況下，這會變成點燃客戶憤怒的導火線，如第七章中的討論。

> **最佳產能**指的是在理想條件下，業者可以有效地處理顧客的數目。

在某種意義上，每個超過最佳產能的客戶需求，都會減低組織提供的最佳服務，以及影響客戶對組織滿意的印象。因此，追求超過最佳產能的需求是令人質疑的。而追逐需求超過最大產能，導致必須擴充設備更是愚昧。不過，在某些情況下，最大產能和最佳產能倒是相同的。例如，在一場體育盛會，填滿每個座位的最大容量，可能導致人們負面的經驗（例如，長長的隊伍和擁擠的環境），但滿場的興奮感，可能會讓觀眾忘掉這些不便。

討論過超越最大產能所帶來的負面後果，其他問題就不算什麼了。例如，客戶需求超過最大產能極限，會導致客戶必須等待進入或等待被服務。等待是一種令人不愉快的經歷，對大多數人來說，等待通常被認為是浪費他們的時間。等待也是昂貴的，據估計，等待電纜修復、零售送貨到家、或電話修理所花的時間，在美國每年浪費將近四百億美金，還令60%的美國人痛苦到以拳頭擊牆 (Perman 2011)。然而，組織必須承認，需求週期迫使等待成為一種普遍的現象，他們必須設法讓顧客在等待中學習忍耐。業者們可以參考上述的等待原則，例如，當大眾認識到"不被招呼的等待，令人覺得漫長"時，促使遊樂場業者安裝螢幕，播放一些影音節目，來幫助等待中的遊客打發時間。此外，了解到顧客若不知道他們等待的情況，可能認為須等待更長的時間（即"不知道的等待，令人不耐"）。許多業者會持續提供消息，讓顧客瞭解須再等多久，他就可以享受到期待的服務。這些做法反映出，如果我們善用等待原則，就可以使等待顯得較短，並有助於平息客戶的情緒。總之，提供顧客預知等候的時間，可以大大改善客戶被服務的感受，同時也可以改善業者與顧客之間的互動。

在發揮產能和增加收入的規劃中，組織通常由訂位系統導入過多的需求，因為他們預期有些客戶會取消預訂或乾脆不來。儘管這種做法從增加收入的角度來說是合理的，但一些負面的影響需要考慮。當顧客有訂位而組織無法服務，這樣的情形發生多次以後，會減少顧客再來消費的意願，並視組織在未來的促銷活動為一種欺騙行為。有證據顯示，高級消費的顧客群也常常受到超額消售的傷害（例如，"黃金"級銷售傳單）也受到超售的傷害 (Wangenheim and Bayon 2006)。

固然，過剩的客戶需求會使顧客離開，而導致收入損失；但需求不足造成資源浪費，更是可怕。需求波動的困境，是每個組織需要應對的。需求增加也可能產生不利財務的後果。例如，設計低價或特別的促銷活動，雖然可以增加客流量，但相對地，他們的消費活動所產生的收入可能不成比例。一家貨運公司可能藉由降低價格、提供誘因及從事廣告促銷，而使每一輛卡車滿載。然而，結算起來，組織花出去的錢可能比它收入的更多。高入住率、滿載和高利用率，可以達到最大的產能，但不等於獲得最大的利潤。因此，仔細評估增加的成本和獲得回報之間的關係後，再做決策是明智之舉。理想情況下，精明的組織會試圖追逐需求,並平穩需求,使產能和需求取得平衡。

摘要與結論

對於大多數的組織而言,波動的顧客需求是一個重大的問題。組織必須瞭解他們的需求模式,在管理需求波動和它們的影響之前,先考慮所有的相關因素。組織的目標應該是在產能和需求之間求得平衡,以便盡可能地發揮他們的最佳產能。最佳產能通常是小於最大產能,即使最大的產能可能會增加收入,但它涉及一些潛在的重大成本。因為擁擠的條件和不周到的服務,可能傷害顧客的體驗,員工可能過度勞累,設備可能過度損耗。其結果是,顧客可能無法返回,員工可能會選擇別家較輕鬆的工作。設備可能會提早損毀。總之,要確保員工為顧客提供卓越的服務,一個成功的組織將追求合適的顧客需求,並將自己的服務能力發揮到最佳的水準。

超過產能的服務需求會令組織感到沮喪,但需求不足會帶來更不好的影響。組織面臨過度需求時,必須努力保持服務水準,以滿足每一位的顧客。不要因為需求量太高而將服務縮水,這是不足為取的經營方式。但是,組織可能需要多費心思來努力,以便在清淡或不方便的時期,仍能繼續吸引顧客來光臨。一個好的開始,就是把重點放在全時段都能提供顧客優良的服務。如果組織可以完成這一壯舉,需求不足和產能過剩的問題會大大降低。行銷組合是說明如何管理服務需求的工具,產能管理和行銷組合技術的結合,可以有效地平衡顧客的需求和組織的產能。最後,任何組織都必須評估如何有效地管理波動需求。產能和需求管理的花費,也必須與所帶來的利潤成比例。

練習題

1. 請辨識出那些在表 14.1 以外的服務類型,舉例說明以下事項:
   a. 服務需求如何隨著時間發生變化?
   b. 造成服務需求波動的每個原因?
2. Billy Ardd 最近在家鄉堪薩斯州的中型 Cuestick 鎮,開設高檔游泳池會館。像許多的業者,比利建立"初級班和高級班"來配合不同客戶的需求。請利用表 14.2 和這一章的題材,提供比利一些建議,幫他解決:(1) 追逐需求和 (2) 平穩需求的問題。
3. 根據前述的等待原則,假設你被訪問對一個訂貨要很久才送達的業者的觀感。

a. 你等了多長的時間？
b. 在等待中你有何感覺，為什麼？
c. 你對這個業者的印象？
d. 你認為怎麼做，可以使等待更愉快些？
e. 業者有提供甚麼服務，以減少你等待的單調乏味嗎？

網際網路練習題

找出三個網路服務企業，它們可以是網路零售商、網路資訊服務商或網路銷售平台服務商。請確認您選擇的組織有透過網路邀請客戶發問或提出請求。請向他們求問：(1)他們每天、每週、每月、每年最忙的時段；(2)甚麼因素造成這種繁忙情況。如何做，可能會改變這些模式。

References

Haynes, Paula J. (1990), "Hating to Wait: Managing the Final Service Encounter," *Journal of Services Marketing*, 4 (4), 20–26.

Hooters.com (2012), http://www.hooters.com/About.aspx (accessed September 13, 2012).

Lovelock, Christopher H. and Jochen Wirtz (2011), *Services Marketing; People, Technology, Strategy*, 7th ed., Englewood Cliffs, NJ: Prentice Hall.

Perman, Cindy (2011), "How Much Is Waiting for the Cable Guy Costing You?", http://www.usatoday.com/money/industries/story/2011-11-05/cnbc-cable-costs-toa-technologies/51073006/1 (accessed September 14, 2012).

Solomon, Ricky (2012, February 6), "Locals Flock to Hooters Grand Opening," http://www.sonomastatestar.com/features/locals-flock-to-hooters-grand-opening (accessed September 13, 2012).

The Peachtree Road Race Magazine (2012, July 4). Atlanta, GA: Atlanta Track Club.

Wangenheim, Florian V. and Tomas Bayon (2006), "Effects of Capacity-Driven Service Experiences on Customer Usage Levels: Why Revenue Management Systems Are Due for Change," *Marketing Science Institute*: Report No. 06-103.

第十五章
全球化思維："這個世界很小"

IBM 是一個名副其實的多國籍公司，它的業務遍及全球 170 個國家，雇用約五十萬的員工。聯合國目前有 193 個會員國，這意味著 IBM 在世界上 88% 的國家都有營業。在世紀之交，IBM 已從一家電腦公司轉向為電腦服務公司，只有 35% 的收入來自銷售硬體。2011 年，IBM 在硬體的收入只有 16%，IBM 已是全球性的服務公司。因此，IBM 正利用其專門的知識和經驗在"萬事數位化"上，並因而在一個"智慧型地球"的概念上成為領先的公司。

本章將研究如何成為一個全球化服務公司的各種方法，包括六個具體主題：

- 探討服務與文化的關係
- 研究全球服務貿易的現象
- 考慮進入全球服務市場的策略
- 對比全球服務標準化和適應化的策略
- 討論適應一個多語言之全球市場的必要性
- 檢視科技和全球化服務的關係

João (葡萄牙文，相當於英文名字的 John) 是一名葡萄牙波爾圖大學的學生，在去學校的路上，他買了殼牌石油公司 (Shell Oil) (http://www.shell.com) 的汽油，他用他的 Visa 信用卡支付消費；到學校後教他市場行銷學的教授，是屬於學校與美國交流專案的一部分：João 和幾個同學喜歡在當地的必勝客餐 (Pizza Hut) (http://www.pizzahut.com) 吃午飯；當他回到家時，他透過衛星收看在 CNN 國際頻道的世界新聞，然後和幾個同學在購物中心的巴西餐廳共進晚餐；後來，又和他的朋友去一個當地的俱樂部，聽牙買加雷鬼音樂和跳舞。就像這一代許多的年輕人，Joao 理所當然地享受全球服務的各項資源。

很少有服務趨勢像快速變遷至全球市場這樣具有重大的意義。荷蘭東印度公司建立於 1602 年，被認為是第一個真正的跨國貿易公司，也是一個服務公司。傳統上，製造廠商向來比服務組織可以更快

聚焦 15.1
阿拉伯之春，改變了中東地區的政權

在突尼西亞 (Tunisia)、埃及、利比亞和葉門這些幾十年獨裁統治之下的國家，民主改革的浪潮風起雲湧。它始於突尼西亞，從 2010 年 12 月 18 日發動到 2011 年 1 月 14 日結束，突尼西亞的政府被人民推翻。接著在 2011 年 1 月 25 日埃及人走上街頭，兩個星期後埃及政府也被推翻。2012 年的夏天，已當了三十年埃及總統的穆巴拉克 (Hosni Mubarack) 被判處終身監禁，因為他在抗議活動中殺害了近千的抗議者。接下來是利比亞，起義始於 2011 年 2 月，到 8 月 23 日政府被推翻。四十多年的利比亞總統格達費 (Muammar Gaddafi)，被叛軍殺害。據估計七個月中，近三萬人死於利比亞的起義運動。在葉門，經過一年一個月的起義後，政府在 2012 年 2 月 27 日被推翻。已統治葉門二十二年的總統薩利 (Saleh)，被葉門立法委員會罷免。

至於敘利亞，內戰仍在持續中，估計在那裡已經死了近三萬人。另外，鮮為人知的民間起義繼續發生在巴林、阿爾及利亞、約旦、摩洛哥、馬里和其他國家。這場運動將傳播到多遠還不曉得，可以肯定的是，這種影響深遠的事件正在重塑該地區的社會、經濟和政治型態。

在這些起義地區，社交媒體的力量是不容忽視的。它使全世界能夠通過網路論壇的各種圖片和消息，隨時瞭解各項活動，和反政府武裝的進展。網路大眾視頻 YouTube (http://www.youtube.com/watch?v=IMyiLkIQQRk) 有個十分鐘的視頻，是 2011 年 1 月 25 日精彩圖片的彙編。由於交通和通訊技術的發展，今日的世界從很多方面來看，已變成一個小的地方。

Source: http://www.huffingtonpost.com/raymondschillinger/arab-spring-social-media_b_970165.html (accessed September 18, 2012)

找到全球市場。然而,在二十世紀後期,許多服務組織開始擴展他們的業務,國際市場也繼續提供他們許多發展的機會。根據日益興盛的全球服務貿易趨勢,有關 João 的例子完全令人理解。事實上,如聚焦15.1所示,阿拉伯之春蔓延到整個北非和中東地區,證明了現代的交通和通信,促進了國與國之間的交互影響。

服務與文化

服務業者在國際市場會面臨有趣的挑戰和機會,前線人員執行的服務,因語言、風俗,傳統價值和行為揭示了一系列的差異。業者必須因應或適應國內外市場的區別,除了經濟、競爭、法律和技術層面的不同外,文化問題也形成跨國間的重要差異。**文化**是一個社會的共同價值觀和信仰,研究人員已經依層次,將各個文化分類。每個層次應用到其服務領域,都會帶來有趣和有益的觀念。Edward Hall (1959) 依人們互相溝通的方式,將文化分類為高語境 (high-context) 文化和低語境 (low-context) 文化。高語境文化通常依賴語境和非口頭提示來聯繫,而低語境文化則較重視口頭提示。

因此,在跨文化交往中,來自美國等低語境文化的個人,傾向直接陳述和澄清各種因果關係。而高語境文化如日本,從個人觀點看這種做法,認為非常突然、無情,或有侵犯性。在相關的研究中,管理顧問和學者 Hofstede (2001),依四個不同的文化層次,來研究管理人員和員工的行為模式。這些層次包括:權力的等級(個人被不平等要求時的接受度)、個人主義(私人利益和公司利益誰為優先)、不確定性的規避(應付不確定性的能力)和英雄氣概(呈現生物學的社會角色)。同樣地,人類社會學家 Kluckhohn 與 Strodtbeck (1960),也依五個不同層次:上帝、自然、活動、時間和其他因素,來做文化分類研究。現在我們從以下四個方向,來探討文化和服務間的關係(參見 John 1996年所著:在衛生保健方面的應用)。

文化的自然取向

人與環境的關係是什麼？人們應該設法控制它？或人們認為不可能或不應該控制它？因為文化背景不同，個人在服務遭遇中期待不確定性被控制的程度就不同，還有將缺乏控制歸因到服務提供者或是服務本質的程度也不相同。大致而言，西方的文化背景像美國和加拿大，人們很少接受服務失敗的藉口，人們期待服務提供者要承擔服務失敗的責任。

文化的活動取向

人類活動的方式是什麼？或者說，個人應注重活動的本身或活動的結果？個人應強調"存在"的體驗，或"正在做"的體驗？文化可能根據個人專注於服務的過程或服務的結果而有所不同。東方的文化如南亞，比較傾向於強調服務的體驗，而不是服務的結果。

文化的時間取向

社會是如何看待時間的？人類生活的時間重點是什麼？人們專注於過去、現在，還是將來？時間是相對的或絕對的？文化的差異表現在個人如何看待服務遭遇的時間或迫切性。例如，與東方文化的觀念不同，德國等西方文化嚴格講求時間的精確性。提供服務的時間，在東方文化如沙烏地阿拉伯，會根據社會地位或業者與客戶間的熟悉程度，可能會加快或拖延。在西方文化中，時間是絕對的，守時是提供服務的一項重要因素。因此，管理預訂系統中的服務需求，比較容易實現在西方的文化中。

文化的他人取向

人們是如何看待與他人的關係？個人利益與群體利益哪一個重要？群體導向的文化，會將社會階級的利益、和主要群體如家人和朋友的利益，看得比個人利益更重要。在這種文化裏，當客戶有更高的地位時，在服務的佇列中，他享有更快的優先權，這會造成對其他人的不公平。美國等的西方文化中，採取平等的等待方法，任何違反"先到先服務"原則的，都將被眾人拒絕。

全球化的服務貿易

服務業很久以前就取代製造業和農業，成為世界經濟的驅動力。在目前工業化的世界中，服務在大多數國家已佔有超過一半的國內生產總值 (GDP)。近年來大幅增加的貿易量，和外資對服務業的投資，說明了強有力的全球影響力正跨越許多服務性行業：尤其是保健、娛樂、和旅遊業。全球貿易在銀行、保險、海運、航空、和通訊各方面，對製造業扮演了重要的支援角色。事實上，若沒有這些關鍵的服務業，大多數貿易製造業是不可能存在的。近年來，歐盟中央銀行因為採用單一貨幣，現在遭受弱小會員國國債的拖累，其幣值正在動盪中掙扎（見聚焦15.2）。

有幾個因素使得評量服務業的全球性變得複雜。第一，當組織規模增長時，人們經常沿用舊公司所採用的策略（如類似的廣告、法律和行銷行為）。這種傾向，常使業者偏重於製造的產能，而忽略了服務的產能。

第二，當一個顧客到服務提供者的國家消費時，其交易紀錄應該被列為對外貿易。譬如國外的學生、病人和遊客在本地的消費。這種來自國外客戶的不容易在貿易統計中被列入，主要是因為這種花費的資訊很難被獲知。

第三，隨著越來越多婦女投入勞動行列，以前在家庭中的許多服務，現在會由專業人員執行（例如日間看護和洗衣服務等）。婦女在工作市場中對經濟的影響，因國家不同而有很大的差異。這將導致國際服務力評比更加複雜。也就是說，工作婦女的比例、適用的職業類別和支付的平均工資，各國都差別很大。

第四，業者經常將服務數據合併在非服務數據中，這使獲得每種服務為整體經濟作出的個別貢獻變成幾乎不可能。因此，到底甚麼是構成服務的要素，大家很難達到共識。不幸的是，按照金融收支平衡

聚焦 15.2
全球化和金融服務

2008至2010年全球經濟衰退，持續改變了全球金融的景觀。根據一個成立於1920年，私人、非營利、無黨派、專門研究經濟運作的一個組織—國家經濟研究局(NBER)—的研究，近代大蕭條開始在2007年12月。國家經濟研究局(NBER)的商業委員會，確定經濟衰退在2009年6月觸底。此時，經濟衰退已經在美國持續了十八個月。典型地，經濟衰退是代表一個全面性經濟或商務減少的時期。值得注意的是，這次經濟衰退不只是自二次大戰以來最長，也是自1930年代經濟大蕭條以後，造成最嚴重的一個金融危機，並且它是全球性的。此期間，大規模的金融事件—在美國：如銀行倒閉，抵押貸款巨擘房利美(Fannie Mae)和房地美(Freddie Mac)，接連發生的次貸危機。

在希臘、愛爾蘭、義大利、葡萄牙和西班牙：造成嚴重的國債問題—迫使世界各地的中央銀行，在市場上下調關鍵利率、收購不良資產、注入大量流動現金、並採取了其他前所未有的財政措施。國家評級機構：如Moody's、Standard and Poor's和Fitch，也為此修正了評級標準，並在爾後進行更嚴格的審查。事實上，金融市場的效率已令人質疑。聯合國貿易暨發展會議(UNCTAD)呼籲：全球化的貿易金融，須要全球的合作、監管以及共同解決，因擴大多邊貿易在全球化中所產生的各種問題。全球化已勢在必行，孤立的個別國家已成過去，我們都生活在一個相互聯繫的世界中。

Sources: http://www.nber.org/cycles/sept2010.html#navDiv=6; http://www.ft.com/indepth/global-financial-crisis; http://unctad.org/en/Docs/gds20091_en.pdf

---

的概念來分類，對服務的解釋仍有很大的空間。有時解釋它們不是什麼，比解釋它們是什麼更容易。這種粗略的劃分方法，常使服務貿易在典型的會計系統中成為漏網之魚。

儘管在衡量服務的全球影響上有這些困難，但世界經濟幾乎可以肯定會逐漸變為服務經濟。例如在中國，衡量國內生產總值(GDP)的方式已改變，其經濟的40%以上是由服務經濟產生。在此之前，中國經濟的結構是產品輸出，而不是服務輸出(Economist 2006)。

服務經濟另一感人興趣的方面，是服務輸出比實物輸出更複雜。從根本上說，只有一種方式來輸出實物商品，就是我們必須將它們運送到國外市場。然而，服務商品具有互動性，使得輸出它們，必須考慮不同的策略。我們輸出服務商品有三種主要方式：境外服務輸出、境內服務輸出和遠端服務輸出。

境外服務輸出：將服務提供者送到國外市場

境外服務輸出 (outbound service export) 的策略，是將服務提供者送到其他國家去服務。這種方法多應用在快餐店及類似的服務業。在世界上，你很難找到一座城市沒有麥當勞、肯德基炸雞或必勝客，麥當勞在世界開著數以千計的分店。同樣地，許多專業服務和衛生保健服務，也使用類似的輸出策略。例如，建築師透過旅行，到其他國家設計新的建築物，以此將他們的服務提供到國際市場。當然，不一定所有的建築師的工作都要在國外完成，而是他需要會見當地客戶，共同討論重要的部分，或監督國外施工現場。

> **境外服務輸出**的策略是將服務提供者送到其他國家去服務。

境內服務輸出：帶國外客戶到自己的國家服務

境內服務輸出 (inbound service export) 的策略，是將國外客戶帶到服務提供者的國家來服務。此類服務包括招呼國外人士來本國旅遊、保健和受教育。例如，若要接受特殊或重要的治療，許多患者會前往他國，尋求更先進的醫療服務。此外，每年有相當數量的大學生，離開自己的祖國到國外學習，也是一種例子。美國、英國和澳大利亞，是三個最受國外學生歡迎的國家。但如前所述，這種形態的服務，容易造成全球服務貿易的低估。

> **境內服務輸出**的策略是將國外客戶帶到服務提供者的國家來服務。

遠端服務輸出：以電子方式向外國市場提供服務

遠端服務輸出 (teleservice export) 的策略，是以電子方式向外國市場提供服務。這類輸出多用於電信、金融、管理諮詢和電腦軟體事業。它也用於產品製造業，促進其顧客服務熱線的服務。此外，因為在電訊方面爆

> **遠端服務輸出**的策略是以電子方式向外國市場提供服務。

炸性的技術革新，使得遠端教育和遠端醫療服務變得可行。而即時性服務（即生產和消費同時進行），要求業者和客戶之間的即時互動，更使遠端服務輸出變成一個需求。業者不需要投入大量資源，就可藉由電子工具進入地理上遙遠的市場。電子通訊技術的發達，已使很多服務呈現無距離障礙，特別是對那些有關人們思想和無形資產的行業。

離岸外包 (offshoring)：一種特別的外包，是公司遠端服務輸出的一種外包方式。任何的商業機能或業務流程都可以外包。一個公司可以外包它的資訊和運營，包括管理、客戶服務、財務、人力資源、銷售和市場行銷。聚焦15.3為美國離岸外包到印度的一個例子。公司受益於降低運營成本，和釋放內部資源來解決重要性的策略問題。最重要的是，公司藉此獲得世界級的營運能力，而不只侷限在所在地的服務。

聚焦 15.3
離岸外包到印度

2011年，全球離岸外包收益達到美金四億六千四百萬元，最經常外包的服務是：物流、採購、配送服務、資訊技術(IT)、業務流程(BPO)、話務中心、金融交易處理、人力資源管理等。印度是被離岸外包的主要國家。許多美國公司在印度和其他國家，雇用工程師、市場行銷員、分析員和其他職位的人員。事實上，這本書原文版的副本和許可權編輯服務，就是外包到中國和印度處理的。印度的離岸外包服務市場，近三分之二來自美國，其餘的來自歐洲。在2009年，資訊技術(IT)和業務流程(BPO)離岸外包行業，在印度雇用了大約220萬人。根據首席財務長雜誌(CFOs)的一項調查，印度是離岸外包最受歡迎的國家，其次是印尼和中國。印度服務貿易的增長遠快於貨物貿易的增長。由於服務佔貿易總額的35%，使印度成為世界第十二大服務輸出國，並在2008年至2009年的世界服務輸出總額中佔2.7%。

Sources: http://www.plunkettresearch.com/outsourcing-offshoring-bpo-market-research/industry-statistics;http://www.sourcingline.com/outsourcing-location/india;http://www.rbi.org.in/scripts/bs_viewcontent.aspx?Id=2249.

全球服務市場的進入策略

一個服務組織可能採用幾種策略進入全球市場，但所採用的策略，不外是為尋求最大的機會和最小的風險。最受歡迎的三種進入全球服務市場的策略是：直接投資國外、授權與加盟和合資企業。

直接投資國外

直接投資國外是指服務公司選擇將其資源直接投入另一個國家。因為派遣服務提供者到該國，是服務輸出的主要形式，因此向該國直接投資的比率相當高。例如，國際服務公司 Service Corporation International (http://www.sci-corp.com)，是美國最大的殯葬業者，透過購買當地國家的殯儀館營運商，將其業務擴大到阿根廷、澳大利亞、加拿大、智利、法國和英國。零售商如 Laura Ashley (http://www.lauraashley.com)、美體小鋪 (http://www.thebodyshopusa.com) 和 Benetton (http://www.benetton.com)，也用直接投資國外這種方式，加速他們國外業務的成長。

加盟

加盟 (franchising) 服務是一種日益流行的策略。速食業如麥當勞和漢堡王，創先利用加盟擴大其在世界各地的營運。加盟目前在零售業已非常普遍，以作為它們全球化的一種手段。加盟在旅館業也頗為成功，像溫德姆全球集團 (Wyndham Worldwide) (http://www.wyndhamworldwide.com) 擁有 Days Inn (http://www.daysinn.com)、Howard Johnson (http://www.hojo.com)、Ramada (http://www.ramada.com) 及 Super 8 (http://www.super8.com) 等旅館品牌。

合資企業

合資企業也是一項普遍的策略，使業者與一個當地公司簽訂合約，從而分享經營的風險和報酬。例如，俄羅斯馬戲團和美國搖滾業者，經常就是採用合資企業的方式做全球巡迴表演。此外，在本地市場的知識不可或缺的情況下，合資企業在零售業也是頗受歡迎。例如，美國領先的零售商沃爾瑪與印度 Bharti Enterprises (http://www.bharti.com)，在印度合資開設了沃爾瑪連鎖店。

全球化服務的標準化與適應化

標準化是指以同樣的方式，在世界各地提供同樣的服務。

適應化意味著制定特別服務，以適應每個地方特別的市場條件。

全球性的服務必須在標準化和適應化之間做出選擇。**標準化** (standardization) 是指以同樣的方式，在世界各地提供同樣的服務。相反地，**適應化** (adaptation) 意味著制定特別服務，以適應每個地方特別的市場條件。在為國外市場做策略決定時，一個服務組織必須從服務的各個構面考慮標準化和適應化，包括前台和後台元素的設計。其中各式各樣的討論，已在第二章 (服務行銷組合、服務生產、或劇場服務模式) 中加以說明。

當使用 "劇場服務模式" 做為討論框架。表 15.1 顯示這類型的服務，在標準化和適應化之間必須考慮的問題。在這個演練中，組織首先要考慮觀眾的問題。那就是，當前提供給國內市場觀眾的服務，是否也適合提供給國外市場的觀眾。組織可能要考慮，"國外的客戶和目前我們服務的國內客戶有何不同?" 例如，在西方的市場，一家旅館可能具備一些給商務人士使用的精心設施 (如餐廳、酒吧、會議室、商務服務等)，因為西方人喜歡在旅館談生意。然而，在一些亞洲國家，生意通常是在廠商的辦公室裡商談的。因此，亞洲旅館可以省略這些精心設施，除非在該地區有大量的西方人進行國際業務。

第二，服務業者要審查演員 (員工) 有關的政策和做法，也要審查關於遴選、招聘、培訓和激勵員工的人事政策，因為這些都會影響客戶與供應商間的互動。例如，在一些文化中，到旅館工作可能被人看不起，從而很難為一家連鎖旅館招募到一些員工，而這些員工在其國內通常是很容易招募到的。其結果是，旅館可能要因應修改其人事政策。

表 15.1　把節目介紹到國外—標準化或適應化？

服務劇場決策	以問答方式的例子來討論國外服務的標準化或適應化
聽眾	我們以相同類型的客戶（聽眾）為目標嗎？這些客戶之間有何不同？核心和周邊產品應該如何適應國外市場，有針對性需要的部分？客戶彼此間的交往關係，和他們與業者（演員）在國外市場時的交往關係，是否相同？
演員	我們使用同一類型的員工（演員）嗎？我們的員工和管理階層的本質是什麼？我們對員工應該如何調整培訓？在國外特定環境中，什麼樣的補償和估價機制對員工比較適合？
設施	我們的設施應該如何設計和做什麼修改？我們應該考量當地的文化因素，來做招牌、服裝和道具嗎？
表演	我們應該如何設計表演？演員和腳本應該如何配合？所需的技術性基礎設施有嗎？對於演出有否其他備份方案？我們演出的結構、內容、過程，適合當地的文化、經濟、法律和行規嗎？

　　第三個要考慮的是設施。如果當地文化顯示，某些色彩會使實體設施更討人喜歡，旅館可能需要做配合的設計。對每一個細節，從餐廳紙巾、地毯、家具面料、外牆油漆和公司的標誌，業者都應該仔細審查。例如，紅色在中國被認為是最討好的顏色、在中東流行的是綠色，在印度的大部分地區，橙色或藏紅色是代表神聖的顏色。有時候公司標示也需要配合修改，例如，旅館可以將其浴室設施標示為：廁所、男人間、女人間、衛生間、WC 或者浴室，主要取決於當地所接納的名稱。在南亞，即使提供了餐具，人們還是習慣用手指抓食，所以在那裡開設的西式餐廳，將需要符合民情，在餐廳後面提供洗手台或洗手碗（一碗放一片檸檬的水），好讓食客們吃完飯後可以洗手。

　　最後，表演（執行）也需要仔細規劃。演員們的腳本可能要符合國外市場的需要。對於一間旅館，問候和接待客戶的適當禮儀會因國家而異：在印度是雙手合掌、在遠東地區是輕微的彎腰。在許多東方文化裡，很多活動需要納入一些宗教儀式。總之，從服務藍圖的第一步到最後一步，所有的行動和言詞，可能都要經過多次嘗試修改，才能適應全球市場的需要。

標準化

標準化的策略，就是在所有市場提供的服務都是相同的服務。一般情況下，有形貨物的標準化使它們具有相同的品質，以便更容易打入世界性的市場 (Johansson 2005)。可口可樂公司 (Coca-Cola) (http://www.coca-cola.com) 常被認為是一個全球性品牌代表的例子，可口可樂公司在其產品分布的近二百個國家，為其核心產品做的行銷活動都是一樣的。但是如前所述，服務的標準化會因為互動的本質而更為複雜。對於服務組織而言，其後台雖然做了標準化的統一設計（例如，電腦化的旅館訂位、品管的食物供應、和國際化的空中交通管制）。但其前台實際運作會直接影響與客戶的互動，所以各方面更需要仔細考量。同時，也因為其前台服務的互動性和即時性，使得標準化變得比較艱難，而承諾有時也無法兌現。

一個公司要透過全球化行銷其服務而能實現規模經濟，大部分取決於標準化努力的結果（見聚焦 15.4）。當一個服務業者標準化了其後台操作，它其實就提高了品質的控制。在許多例子，後台的標準化比起前台的策略活動，更容易調整來適應當地的情況。再者，當後台

聚焦 15.4
全球性的漢堡王

漢堡王發現全球化頗為容易，如今它在世界超過七十六個國家，經營超過 12,300 頗受歡迎的速食分店。從香港地區、到智利 Santiago 的街市、到美國南卡羅萊納州彭德爾頓市的鄉村，每天服務超過一千一百萬客人。

在全球化的努力中，漢堡王盡全力達到全面的標準化，包括許多方面的佈局、研究、開發和一些其他的促銷活動。然而，像許多全球性的公司，漢堡王也留下一定的空間，來容納當地消費者的口味和偏好。包括它在臺灣提供辣子雞腿三明治、在薩爾瓦多提供早餐玉米粉蒸肉、在西班牙提供季節性肉捲。漢堡王是一個試圖滿足各營業地點，不同客人喜好的速食業者。

Source: http://investor.bk.com/phooenix.zhtml?c=87140&p=irol-IRHome (accessed September 19, 2012)

使用標準化的設備和系統流程後，公司的生產變成可預見性和可控制性。最終，品質穩定的後台操作，為所有的客戶和市場創造了效益。例如，標準化的國際空中交通管制，降低了各地乘客的飛行風險。在這種情況下，標準化包括了飛行員和空中交通管制員使用的英語，這樣可避免災難因不同的通訊模式而發生。雖然標準化可以帶來益處，但業者不應該只是為了效率，而犧牲本地客戶的需求。

適應化

以聚焦所舉的漢堡王為例，全球化服務組織可能需要調整其與客戶間的互動，以適應當地市場的需要。服務的適應化需要注意各個方面，不論是大或小的議題，只要是屬於當地的環境因素 (Johansson 2005)。大議題包括調適當地語言、客戶喜好和商業做法等明顯的差異。小的細節包括不明顯和看似輕微的文化差異，如不同的數學符號和不同的上班時間。例如，從第二十世紀跨入二十一世紀時，自2000年到2032年的日期標示法，對許多國家都形成挑戰。在美國，日期的縮寫為月／日／年，如07/28/08。然而在大部分的國家，日期的縮寫為日／月／年，與美國的同一天，在這些國家被標示為28/07/08。還不僅如此，在世界某些地區的縮寫順序是年／月／日，他們對同一天的標示是08/07/28。雖然這樣的縮寫混亂一直存在，但直到1999年年底，人們通常還能很容易地將其破譯。然而自2000年到2032年，這樣的縮寫將會增加混亂。例如寫成04/06/08的日期，讓人無法確定是哪年哪月哪一天。因此，在多個國家開展業務的時候，服務組織應格外小心地使用適合當地文化的符號表示法。

培訓合適的服務人員也是全球化服務的一個主要課題。很多服務經濟發達的國家如美國、瑞典、日本和澳大利亞，均依賴高技能的服務人員來提供服務。衛生保健、髮型設計、航空運輸、教育、汽車維修、零售業和其他類似的服務，都是勞力密集的事業。因此，熟練的人員成為這種服務品質好壞的關鍵因素。人員一旦被錄用，組織都應該給予全面的適應性培訓。前面章節中討論過的技術和社會技能，都是員工培訓的重點,使他們在工作中與人互動能得心應手。仔細確定客戶的需求、開發滿足潛在需要的能力、建立對客戶真誠的服務態度,都是培訓前線服務人員重要的課題。

多語言的服務系統

有關標準化與適應化過程中的各種考慮,都面臨一個多語言世界環境的挑戰。多語言服務系統在滿足全球市場的需要,尤其是為講各種不同語言的客戶提供服務時,更顯得日益重要。一位作者訪問奧美廣告公司在維也納的辦事處,觀察到一個多語言服務的優秀典範。在內部,所有的奧美員工都說和寫英語。在外部,他們總是說客戶的母語。因此,維也納辦事處用英語舉行員工會議,但用德語對客戶進行服務。總之,對於任何多語言服務系統,最重要是同時兼顧本身的需求和客戶的需求。

服務組織可以採用眾多的方法來提供多語言服務,例如設計多語言的看板、引入自動翻譯系統、建立多語言文宣和招聘培訓多語言的員工,使他們在整個全球市場上,可以處理不同語言客戶的各種需求。根據最近一次訪問葡萄牙里斯本的 Miraparque 旅館 (http://www.miraparque.com),他們許多方面都呈現了有效的多語言系統能力。旅館的標牌是葡萄牙文和英文寫的,而櫃台人員可以從葡萄牙文毫不費力地切換到英文、德文、法文,為不同需求的客人做服務。房間裡的客人資訊,也都印有好幾種文字。在早晨,旅館提供自動化多語言叫醒電話。另外舉一個例子,在蘇格蘭的愛丁堡城堡,非英語系的遊客可以租到一個磁帶播放機,播放以他們母語說明的城堡的導覽。

有好幾種語言是全球化市場的業者應該考慮使用的。這些語言的考量,適當地歸納在 Lovelock (1994),語言考量的七個關鍵問題:
1. 單一語言是否限制了你服務的前景?
2. 目前什麼樣的看板、文宣和電子展示,可以使用其他語言(何種語言)?
3. 每種外語宣傳的工具,它們的品質有多好?
4. 你的英語宣傳材料,能使非英語系的人易於理解嗎?

5. 你使用於看板或文宣上的標誌，是否被世界廣泛認知和理解？
6. 你的員工能夠聽懂哪些語言打入的電話？
7. 你知道公司的每個員工擁有哪些語言能力嗎？

上述所提到語言考量的問題，直接指出全球化服務業者與不同文化背景的客戶間互動時，可能會碰到的一些潛在問題。任何服務組織推行一項全球策略時，都應該要考慮這些問題。一般而言，組織會先以英語代替其母語作為基礎，再比較採用其他的語言。最後，我們應該注意，雖然組織以英語作為商業的基礎語言，但並不意味著其他的語言並不重要 (Naisbitt 1994)。英語可能成為每個人的第二語言，但母語將繼續被廣泛地使用，這是因為人們總是喜歡和說相同話語的人在一起。何況，因為電子通信技術的發達，使那些在不同國家工作的人，更容易繼續使用母語來通電話、發電子郵件和在 Web 上互傳消息。

科技和全球化服務

科技正迅速成為擴大全球化服務的重要工具，尤其是先進的通訊和運輸技術，允許一個服務業者在多個國家，同時對員工及客戶保持密切的聯繫。科技進步使之前討論的三種服務提供方式：將服務業者送到國外服務、帶客戶到業者國內服務，或以電子方式提供遠距離服務等，變得更為可能。科技也許是市場全球化的唯一最有影響的力量。這本書中，特別是第三章提供了許多的例子，說明科技如何使服務業者在跨國的背景中，達成以往不可能的業務。試考慮一位旅行者，從世界上任何一家銀行的自動提款機，提取以當地貨幣計算的資金為例子。這個看似簡單的行動變為可能，是因為旅行者本地的銀行與其他國家的銀行，通過紐約貨幣交易所 (NYCE) 或其他電子資金轉移網路，為他提供服務的結果。另外相同的舉例，一位商務旅行者，在美國 AT&T 提供網路服務的任何地方，可以透過電子郵件，很方便地與其總部或家裡聯絡。

聚焦 15.5

世界奧運會：一個最大的國際服務

你聽說過索契(Sochi)嗎？這是俄羅斯位於黑海邊上、人口只有四十萬的小地方。索契是舉辦 2014 年冬季奧運會的地點。2018年，韓國的平昌縣已經使出渾身解數，打敗了德國的慕尼黑和法國的安納西，爭取到第二十三屆冬季奧運會的舉辦權。國際奧林匹克委員會(IOC)是奧運場所選擇的最高決策者。正如你所想像的，每個選擇總是受到猛烈的抨擊。2016年第三十一屆夏季奧運會，也將在巴西的里約熱內盧舉行。

夏季和冬季奧林匹克運動會每四年一次，夏季奧運會和冬季奧運會每隔兩年交互舉行，可以說是世界上最大最複雜的事件。例如，在2012年倫敦夏季奧運會的兩週期間內，每天平均有 180,000 的觀眾入場，並且一共售出八百八十萬門票。約有 10,500 的選手，參加 302 項金牌的角逐。有超過 21,000 個被認可的媒體，會將賽事傳達給全球四十億的人。而推動這件事發生的，只有 2,961 位技術官員和 5,770 位團隊官員，加上20萬的工作人力，包括六千名員工、70000 名志願者和 100,000 名的承包商。再觀其規模：共須提供約一百萬件的設備—包括 356 雙拳擊手套、510 個可調跨欄、600 個籃球和 2,700 個足球—以支援各項賽事。另外在競賽期間，大約須供應一千四百萬份餐食，包括每日 45,000 份給運動員們入住兩個星期的奧運村。

前英國金牌長跑選手 Sebastian Coe，是倫敦奧運會的主要召集人。談到他的壓力，你會喜歡他的工作嗎？此外，除了奧運會這個主體事件，還有其他重要的附屬事件：如六十天的體育嘉年華會、文化橫跨英國的活動和殘障奧運會的舉行，都緊接著夏季奧運會而來。

古代奧運會於西元前776年開始，他們繼續了近十二個世紀，直到希臘皇帝狄奧多西禁止為止。現代奧運會開始於1894年。正如法國以葡萄酒、義大利以時尚、印度以咖哩聞名，在奧運會上，日本聞名的是柔道、印度是曲棍球、中國是乒乓球、肯亞是長跑、牙買加是大雪橇。你也可能還記得一些2012年奧運會的風雲人物：如美國泳將 Michael Phelps 和牙買加徑賽明星 Usain Bolt。

國際奧會(IOC)成立於1894年。自現代第一屆奧運會1896年4月在雅典召開以來，奧運會的成長至今就沒有停止。事實上，總共有29,132個獎牌在現代奧運會被獲得。奧林匹克運動的目標是"透過運動教育青年，本著奧林匹克精神及其價值，對建設一個和平和更美好的世界作出貢獻"。奧運會可說是一個最具國際化的全球服務。

Source: http://www.olympic.org/ (accessed September 19, 2012)

摘要與結論

很少有服務趨勢像快速變遷至全球市場這樣具有重大的意義。聚焦15.5描述了奧運會，這是最具全球性的一個國際服務。全球服務擴張，需要服務組織熟悉影響它們全球業務的許多文化差異。雖然我們知道，科技革新能導致全球化服務的量增加，但測量全球化服務仍是非常困難。組織輸出服務要靠三個方面：(1) 將服務人員送到國外市場，(2) 將國外客戶帶到業者本國市場，和 (3) 以電子方式向外國市場提供服務。然後，服務組織可以考慮要選擇全球化或當地化來提供服務。這一決定牽涉到要有系統地審查服務互動架構的各個層面，組織必須考慮所有的外國市場的環境因素，來決定是否標準化或適應化其行銷策略。科技的力量，在全球市場中提供了組織更多的選擇。多語言服務系統必須建立，以滿足外國客戶的需求。服務組織可以使用幾種策略進入全球市場，其中包括直接投資國外、授予經銷權和合資企業。

練習題

1. 清點過去一週，你已經買的服務。
   a. 由本國業者提供的服務有多少？
   b. 由全球服務業者提供的服務有多少？
2. 利用電子郵件訪問一個在你城市運營的全球服務業者，並要求採訪其經理，以尋求下列發現：
   a. 在世界各地，該公司的業務標準化到達何種程度？
   b. 在當地市場，該公司的業務適應化已到達何種程度？
3. 在你的社區，尋找一個大企業，它的能力可能向其他國家輸出服務。
   a. 它能用什麼方法來輸出服務？
   b. 你會向它推薦什麼策略？

網際網路練習題

在你的城市或地區，選擇一個大型的跨國服務公司，在它的 Web 網站做下列訪問：
1. 此公司在多少個國家運作？

2. 那些業務是國內的而非國外的？

3. 該 Web 網站提供多少不同國的語言版本？

4. 你能找到多少有關他們的服務標準化或適應化的證據？

References

Economist (2006, January 14), "Are You Being Served?," 61.

Hall, Edward T. (1959), *The Silent Language,* New York: Doubleday.

Hofstede, Geert (2001), *Culture's Consequences:Comparing Values, Behaviors, Institutions, and Organizations across Nations,* 2nd ed., Newbury Park, CA: Sage Publications.

Johansson, Johnny K. (2005), *Global Marketing: Foreign Entry, Local Marketing, and Global Management,* 4th ed., Chicago: McGraw-Hill/Irwin.

John, Joby (1996), "A Dramaturgical View of the Health Care Service Encounter: Cultural Value-Based Impression Management Guidelines for Medical Professional behavior," *European Journal of Marketing,* 30 (9), 60–74.

Kluckhohn, F. and F. Strodtbeck (1960), *Variations in Value Orientations, Evanston,* IL: Row, Peterson.

Lovelock, Christopher H. (1994), *Product Plus,* New York: McGraw-Hill.

Naisbitt, John (1994), *Global Paradox: The Bigger the World Economy, the More Powerful Its Smaller Players,* New York: Morrow.

附錄

服務業的職涯

此附錄主要是協助讀者評估其在服務業的可能職涯選擇，並規劃職涯搜尋的程序。

服務業的職涯選擇

大學畢業生可以在許多不同的服務業中尋求行銷的職涯，在所有服務產業中，組織的成長與行銷就業趨勢都非常強，雖然有些服務業在採用行銷實務上較慢，但大多數的服務業都積極參與行銷，並聘用行銷的人員。以下是在不同服務產業中的職涯評論。

健康照護產業

在幾種不同的健康組織中都需要行銷的職位，如醫院、診所、照護中心，醫生團體也聘用行銷人員來行銷其服務。在此產業的行銷已快速成熟。

金融服務

在金融服務的行銷職位已存在於銀行、保險公司與經紀業務中，雖然此產業經歷了重大的合併與重整，金融機構發現，必須聘用好的行銷人員，才能在激烈的競爭中生存。

專業服務

專業服務組織的行銷人員主要是會計、法律、不動產、廣告、建築、工程、營造與諮詢廠商工作。對許多這類型的服務而言，行銷是新的職位，但機會卻呈現快速的成長。

知識服務

在教育服務業的行銷人員主要工作於安親班、家教組織、公立或私立的小學和中學、職業學校、學院、大學或人員培訓公司，行銷職位也存在於許多不同的研究服務、資訊服務或圖書館服務中。這些服務業的競爭日益激烈，不論公立或私立組織，對行銷的依賴日依增高，特別在私立的部分更是如此。

旅行與觀光業

在休閒服務產業的行銷人員主要工作於旅館、度假飯店、餐廳、航空公司與旅行社，這產業成長快速，所以也導致行銷工作的快速增加。

娛樂服務

娛樂服務產生許多就業的機會，包括運動組織如賽車、籃球、棒球、足球與冰上曲棍球等，娛樂服務也包括藝術如芭蕾舞、歌劇、音樂、劇場與博物館等。雖然這些組織多為非營利，但仍常聘用行銷人員。其他娛樂服務還有大型活動、遊樂園、馬戲團與嘉年華活動等。大型娛樂服務組織提供許多不同的行銷職位。

資訊服務

資訊服務提供的行銷職位主要在廣播、電視、有線電視、電話、衛星、電腦網路與網際網路公司，這些服務(特別是需要網站的服務)都在快速成長，這些資訊服務業的行銷人員必須擁有複雜的科技技能。

支持服務

在通路、實體配銷、租賃服務產業的行銷職位需求在成長中，通路服務業包括零售、批發、加盟與代理等，這些服務(特別是零售與加盟)已依賴行銷專業非常久了。實體配銷服務包括船運與運輸，世界貿易的快速全球化增加了此方面的行銷人員需求。租賃公司從小公司到大型的連鎖企業，此產業的許多大公司都聘有專業的行銷管理人員。

個人與維修服務

大學畢業生在個人與維修服務業的行銷機會較少,因為這些行業的組織通常規模較小。個人服務業包括就業仲介、髮型設計、健身、殯葬業與房屋清潔,維修服務包括汽車維修、電腦維修、水電與草坪照護等。只有這類產業的大型組織如美髮沙龍的連鎖店或連鎖健身業者,才可能聘雇行銷經理人員。

政府、準政府與非營利產業

對這些行業而言,行銷是相對較新的工作,行銷職位在這些產業中多數都有存在,但其頭銜多不會冠上行銷兩個字。政府服務包括中央政府、地方政府、公用事業與警察等,準政府組織包括社會行銷、政治行銷與郵政等,非營利組織包括宗教、慈善團體、博物館與俱樂部等。非營利組織在行銷方面的實務已快速成熟,也引發此領域行銷職位的成長。

職涯搜尋程序

要成功進行職涯搜尋,必須遵循一系列的步驟(如表 A.1)。整個規劃的程序是由內省階段開始,先決定個人的目標、偏好與技能歷程記錄。首先,檢視表 A.1 在每個步驟所列出的問題、考慮點與議題,這些資訊可以讓你創造一個潛在雇主的列表。你可以注意到本書的劇場架構之效果與其變化,在應徵一個服務行銷職位的時候,你實際就在行銷一項服務(你從教育與經驗中學習而得的技能與知識,還有你個人的特質)。你將自己視為一個在組織服務生產中的服務演員,具備了組織期待表演成果所需要的特別技能,觀眾(在此案例中)就是目標市場,也就是潛在的雇主及他的客戶。你尋找一個最能滿足個人目標與偏好的服務設施,因此,你正嘗試獲得在此服務劇場中某角色之試演邀請,可能是前台或後台的角色。

表 A.1 協助職涯搜尋的劇場架構

如劇場的服務	類似的職涯搜尋
演員─你自己	你的目標與技能： • 職涯軌道：什麼是你整體的職涯成長目標？ • 產業選擇：你有興趣工作的產業型態？ • 功能領域：哪些行銷工作或組織功能領域是你有興趣工作的？ • 地理區域：哪個國家或世上哪個區域是你有興趣居住的？
觀眾─你的潛在服務雇主	潛在雇主的需求： • 成長領域：哪個經濟區塊是你認為有成長潛能的？ • 成長的地區：哪個國家或世上哪個區域是上述成長領域最多的？ • 技能缺口：什麼技能式組織要滿足其顧客所最需要的？ • 就業趨勢：職位型態與工作描述的趨勢是什麼？
表演─你與服務雇主的角色	特定的貢獻 • 能力領域：你具有哪些潛在雇主最相關的功能技能、教育、經驗或其他資歷？ • 成長潛能：你具有哪些與組織共同成長的潛能？ • 個人特性：你具有哪些能補充你想要之角色的相關個人特質？
設施─工作環境	工作地點與環境： • 地理彈性：你的目標雇主可以讓你在喜歡的地理區域工作嗎？ • 公司文化：你的工作同事或工作場所的本質、組織氣候能適合你的工作方式？ • 居住成本與生活型態：居住成本與生活型態符合你的偏好？

© Cengage Learning

　　接著繼續進行職涯搜尋的程序，分析組織對人員技能 (如你所有的) 的要求，此一**需求評估** (needs assessment) 在行銷任何產品時都是合理的起點。要進行此一分析，你必須了解就業市場的議題，包括現在與未來的趨勢。這些趨勢在職業市場形成許多機會，但不可避免地，也影響我們個人的生存。個人在發展生活目標時，不論是有意或無意，都來自從教育或經驗中的學習。認真的自我檢視應該能展現出你個人的目標，然後你應該進行**技能評估** (skills assessment)，以確認你所擁有的技能是否協助你達到個人的目標。檢視你各方面的資格，包括教育、工作相關經驗、個人特質，並檢視這些資格對組織所能產生的貢獻。

下一步驟是進行你的技能與就業市場之需要配對的**需求一技能評估** (needs-skills evaluation)，此一步驟可以顯示出你的技能在就業市場之特定需求中的定位，也就是你的**定位策略** (Positioning strategy)。完成此一評估後，你可以找出你想要設定的目標職位型態與目標產業，也就是你的目標雇主。此一雇主的規格可以協助找出符合你的描述輪廓且可能提供適合職位的組織。最後，你必須設計一個**推廣活動** (promotion campaign) 的計畫，將你的需求-技能觀念化成仔細的訊息，並傳送給你的目標組織中的適合人員。

服務職涯市場的趨勢

如同我們在本文中所看到的，科技進步是上一世紀中最重要的現象之一，科技(特別是電腦與通訊的整合技術)是造成商業活動朝數位化與全球化趨勢的主要因素。資訊時代讓組織需要聘用能處理資訊科技的人員，這些能力在某些產業中是必備的基本條件。要檢視報紙或網站中的就業機會頁面，或與有知識的人交談，或使用任何可以讓你評估就業趨勢的資訊來源，包括你的目標產業型態、職業或機會。

需求評估

當工作場所改變，許多機會就會以新職位、新組織型態或新產業的形式出現，這些機會也因為其所面臨之挑戰而需要特別的知識與技能。例如，越來越多的組織開始建構企業資源系統 (ERP)，這是一個連結企業內所有不同資訊系統的資訊系統，這些組織就需要能有強烈科技背景的人員，而不僅僅是商管教育背景。同樣，全球化的趨勢也反映出組織餐與外國市場的事實，所以也會增加對外語能力人員的重視。

你的個人目標

就像你評估就業市場已發現雇主的需求，你也必須了解與認知你的個人目標。確認你的目標式設計你職涯發展的第一個步驟，你決定的目標會指引你後幾年的職涯軌道。你可能希望成為企業家，或可能在某個特別產業中工作，又或許非營利組織會引起你的興趣，也或許你會想要在某些特定的地方工作。你也可能因為某些服務職位的生活型態而避開，其他的職涯領域可能在某些特定情況下才有吸引力，例如，只有在可以協助顧客決定軟體需求與設計可以滿足顧客需求的電腦程式時，你才會覺得點腦軟體的職涯是具有吸引力的。有些時候，興趣會驅動你的目標，例如，你可能有設計網頁的才能，所以你會將此才能視為你的專業職位之關鍵構面。

技能評估

要達成你的個人目標需要使用你的技能，清楚說明你的特定技能很重要，檢視本書的各章節，選擇出你認為是你強項的管理功能。你的資歷總和是什麼？從學術工作與在工作場所發展出的實務經驗去檢視你的才能，例如，如果你的工作是顧客服務代表，你的顧客互動技能可以是學歷以外的一項資歷。如果你的能力有很大的需求，或是你的技能比其他候選人更好，你在服務業的就業前景是十分看好的。

競爭定位

你的一項任務是確認你在就業市場中相對其他競爭者的定位，要完成此項工作，你必須建立你的技能集合的特色，這些特色與你在就業市場中之不同機會有關。首先，你將之前評估的需求評估結果與你特定技能評估結果進行配對，現在選出潛在雇主可能會發現有意義且相關的差異點。一點點的不同是不夠的，重點在於此差異化要能吸引雇主。例如，一位現在已全球化的雇主可能會偏好選擇有多國語言能力的應徵者，或可能是已居住在其他國家的應徵者。

目標雇主

　　確認你具有特別競爭優勢的產業型態、組織與職位會比較好，因為在這些地方你的貢獻會比其他類似競爭者更突出。考慮就業市場趨勢，並選擇在成長領域或有良好績效的組織，然後依你的個人目標與偏好，考慮這些組織相關的議題如組織文化、對待員工的名聲、留任率與其他對你而言很重要的議題。例如，若你對在金融服務領域工作有興趣，你可能要比較員工穿著規定、環境的正式化，相對於員工打扮、成長機會與工作保障。

　　不同的求職網站列出公開的工作機會，在台灣，包括104人力銀行、1111人力銀行、yes123人力銀行等。

推廣你自己

　　建立一個能表現你競爭定位與技能特色的推廣訊息，這訊息（在你履歷封面上的）必須能反映出你的技能有多符合潛在雇主的需求，它必須能讓讀者很快就清楚你能為他的目標做出貢獻。接著，決定可以接觸關鍵決策者的方法，這些決策者選擇與聘用能滿足職位的人員。如何確保你的訊息可以傳達給他們？你有不同的選擇，可以將履歷貼在人力銀行網站，或透過email、郵寄將履歷寄給組織中的決策者，你也可以嘗試直接打電話給關鍵人員，同時使用這些方法可以讓你享受不同方法的優點。

持續追蹤

　　即使你透過職涯搜尋獲得了一份職位，你仍然必須持續了解產業趨勢與雇主需求的變化。"職涯搜尋"與"工作搜尋"不同，它的含意是指，找到工作並不是搜尋程序的終點，只是職涯發展的一個步驟。因此，追蹤機會是長期職涯成長的必要活動，掃描就業市場的需求，持續檢視與考量你個人目標的改變，更新你個人技能的履歷，並努力做到最好；善用專業發展機會，當可以對組織目標做出貢獻且雇主也可以對你的個人成長與目標達成做出貢獻時，要對雇主真實與忠誠。當你的個人目標改變或你的雇主不能在滿足你的需求時，準備改變你的職涯路徑。持續更新你的履歷。最後，持續評估就業市場的趨勢與需求，更新你個人的目標與技能，並經常對職涯維持一個動態的檢視。

索引

中文

二劃
人員 (personnel) 267

三劃
口碑行銷溝通的資本化 (capitalizing on word-of-mouth communication) 164

四劃
不可分割性 (produced and consumed simultaneously) 11
不可保存性 (perishable) 11
互動式圖像化策略 (interactive imagery strategy) 167
內部行銷 (internal marketing) 107
內部廣告 (advertising to employees) 166
分散性 (divergence) 70
分攤成本 (shared costs) 145

五劃
出城者效應 (out-of-towner effect) 121
正常出貨系統 (formal queuing system) 271
主動的策略 (proactive strategy) 241
市場區隔 (market segmentation) 249
可預測波動 (predictable fluctuations) 263
平穩需求 (smoothing demand) 269

六劃
行動 (action) 162
早鳥 (early-bird) 139
任意的努力 (Discretionary effort) 106
地獄來的顧客 (Customers from hell) 114
行銷策略 (marketing strategy) 237

七劃
成本基礎方法 (cost-based approach) 142
告知 (informing) 159
技術技能 (technical skills) 94
利潤 (net profit) 146

八劃
社交技能 (social skills) 94
服務工廠 (service factory) 77
服務有形化 (tangibilizing the service) 157
服務行銷方法 (services marketing approach) 250
服務行銷組合 (service marketing mix) 27
直接成本 (direct costs) 144
服務架構 (service frameworks) 24
服務品質資訊系統 (service quality information system, SQIS) 228

服務保證 (service guarantee) 193
服務產能 (service capacity) 267
服務場景 (servicescape) 76
服務運作方法 (services operations approach) 251
服務補救 (service recovery) 204
服務劇本 (service script) 67
服務劇場架構 (service theater framework) 31
服務遭遇 (service encounter) 24
服務藍圖 (service blueprint) 69
服務 (service) 8
注意 (attention) 162
承諾能力所及之服務 (promise what is possible) 166

九劃

建立廣告持續性 (establish advertising continuity) 165
便利服務 (convenience services) 60
威脅 (threats) 239
負載因素 (load factor) 140
客製化 (customization) 64
建議式銷售 (suggestive selling) 171

十劃

租用／使用 (rental/access) 11
容忍區 (zone of lerance) 192
純的 (pure) 150
特殊服務 (specialty services) 60

神祕購物 (Mystery shopping) 221
追逐需求 (chase demand) 267

十一劃

組合式定價 (Price Bundling) 147
混合的 (mixed) 150
被動的策略 (reactive strategy) 241
設備 (equipment) 267
基準評比法 (bechmarking) 247
推廣組合 (promotion mix) 160
採購服務 (shopping services) 60
授權 (empowerment) 99

十二劃

最大產能 (maximum capacity) 273
無形性 (intangibility) 11
提供有形的線索 (providing tangible cues) 164
最佳產能 (optimum capacity) 273
間接成本 (variable costs) 145
超越競爭 (sur/petition) 256
提醒 (remind) 159

十三劃

電子服務場景設施 (e-servicescape setting) 88
損益平衡分析 (breakeven analysis) 147
損益平衡點 (breakeven point) 147
過動的策略 (hyperactive strategy) 241

十四劃

境內服務輸出 (inbound service export) 283
境外服務輸出 (outbound service export) 283
說服 (persuading) 159
遠端服務輸出 (teleservice export) 283
實體場所 (physical facility) 267

十五劃

增加價值 (add value) 159
整合行銷溝通 (integrated marketing communication, IMC) 156
價格／需求彈性 (price/demand elasticity) 144
價值 (Value) 143
慾望 (desire) 162
標準化 (standardization) 286
興趣 (interest) 162
適應化 (adaptation) 286
複雜性 (complexity) 70

十六劃

親近環境 (approach environment) 81
機會 (opportunities) 239
隨機友好行為 (random acts of kindness) 121

十七劃

鮮活度策略 (vividness strategy) 167
避開環境 (avoidance environment) 81
環境掃描 (Environmental scanning) 239

十九劃

邊界人員 (boundary spanners) 94
顛倒組織 (upside-down organization) 253
邊際貢獻 (contribution margin) 146
關鍵事件技術 (Critical Incident Technique) 226
關鍵時刻 (moment of truth) 206

二十劃

競爭基礎方法 (competition-based approach) 142

二十一劃

顧客抓狂 (customer rage) 125
顧客相容性管理 (Customer Compatibility Management) 123
顧客組合 (customer mix) 114
顧客基礎方法 (customer-based approach) 142
顧客喜悅 (customer delight) 184

二十三劃

變動性 (variable) 11

二十四劃

讓服務被了解 (make the service understood) 164